高等职业教育教材

HUAGONG DCS CAOZUO YU KONGZHI

化工DCS操作与控制

樊陈莉　何心伟　主编　　王 凯　副主编

化学工业出版社

·北京·

内容简介

《化工 DCS 操作与控制》为新型活页式、工作手册式、融媒体教材。本书全面贯彻党的教育方针，有机融入党的二十大精神，落实立德树人根本任务，主要介绍化工产品生产 DCS 操作与控制的相关知识和技术。

本书选取乙酸生产、煤气化和甲醇生产三个企业真实生产案例作为典型工作任务，并加入了职业技能大赛的考核项目——丙烯酸甲酯生产。全书分为化工 DCS 操作理论基础、化工 DCS 仿真操作实训和化工 DCS 半实物仿真操作实训三个模块。其中，化工 DCS 操作理论基础模块包括化工设备、化工仪表、DCS 操作界面和化工操作安全基础四个项目；化工 DCS 仿真操作实训模块包括乙醛氧化制备乙酸和丙烯酸甲酯生产两个项目；化工 DCS 半实物仿真操作实训模块包括德士古水煤浆气化和甲醇生产两个项目。

本书可作为高等职业教育化工技术类专业及相近专业的教材，也可作为职教本科相关专业的教材，还可供行业企业相关人员培训和参考使用。

图书在版编目（CIP）数据

化工DCS操作与控制 / 樊陈莉，何心伟主编；王凯副主编. —北京：化学工业出版社，2023.9

ISBN 978-7-122-44311-3

Ⅰ. ①化…　Ⅱ. ①樊…②何…③王…　Ⅲ. ①化工生产 - 高等职业教育 - 教材　Ⅳ. ① TQ06

中国国家版本馆 CIP 数据核字（2023）第 193192 号

责任编辑：提　岩　江百宁　熊明燕　　装帧设计：王晓宇
责任校对：宋　玮

出版发行：化学工业出版社（北京市东城区青年湖南街13号　邮政编码100011）
印　　装：中煤（北京）印务有限公司
787mm×1092mm　1/16　印张18½　字数417千字　2024年1月北京第1版第1次印刷

购书咨询：010-64518888　　售后服务：010-64518899
网　　址：http://www.cip.com.cn
凡购买本书，如有缺损质量问题，本社销售中心负责调换。

定　　价：58.00元

前言

随着科技的飞速发展，化工生产行业已成为生产装置大型化、生产过程连续化和自动化程度较高的技术密集型行业。为保证化工生产过程满负荷、最优化、长周期地安全稳定运行，从业人员必须接受相关的教育或培训。但由于化工生产行业的特殊性，如工艺过程复杂、工艺条件严苛及高温高压、易燃易爆、有毒性和腐蚀性等不安全因素，常规的职业教育方式和培训方法已经不能满足要求，而化工仿真培训技术可利用计算机模拟真实的操作控制环境，为职业教育提供丰富生动的实践教学手段，为受训人员提供安全、经济的离线培训条件，因此越来越受到人们的重视。我国多家仿真公司在这方面做了大量的工作，为职业教育和在职培训提供了优质平台。本书以东方仿真科技（北京）有限公司和北京欧倍尔软件技术开发有限公司开发的部分软件为例进行编写，旨在为化工 DCS 操作培训提供教学服务。

在本书编写前，主编团队对相关化工企业进行了广泛调研，最终选取乙酸生产、煤气化和甲醇生产三个企业真实生产案例作为教材的典型工作任务，并加入了职业技能大赛考核项目——丙烯酸甲酯生产。书中理论模块的编写以“必需、够用、适度”为原则，将 DCS 操作必备的基础知识与“1+X”证书要求、职业技能标准相结合。化工 DCS 仿真操作实训模块以东方仿真科技（北京）有限公司开发的 DCS 仿真操作软件为例进行编写，包括乙醛氧化制备乙酸和丙烯酸甲酯生产两个项目。化工 DCS 半实物仿真操作实训模块以北京欧倍尔软件技术开发有限公司开发的 DCS 仿真操作软件结合半实物仿真工厂为例进行编写，包括德士古水煤浆气化和甲醇生产两个项目，此部分加入了更多的实际生产操作要点，更接近企业真实生产。

本书适应职业教育转型升级要求，创新教材编写形式，将企业的工作手册与学生的学习规律相结合，设计为新型活页式、工作手册式、融媒体教材。教材内容丰富，科学严谨，深入浅出，图文并茂，形式新颖。实训模块的任务单元中设计了“任务内容—任务导入—知识储备—任务实施—教师点拨—任务评价”等环节，部分任务单元还增加了用于拓展的“任务提升”环节。本书有机融入党的二十大精神，落实立德树人根本任务，在一些任务单元的“知识储备”环节中融入与任务内容相关的“拓展阅读”，在每个项目后精心编排了相关的“阅读材料”，内容覆盖我国科技发展前沿、大国工匠事迹等，集知识性、趣味性和思政教育于一体，与专业内容学习相辅相成。

本书由校企“双元”合作开发，芜湖职业技术学院樊陈莉、安徽师范大学何心伟担任主编，安徽华谊化工有限公司王凯担任副主编。具体编写分工为：项目一的单元一～单元六、项目二的单元一、单元二、单元四由安徽工业职业技术学院王小英编写；项目一的单元七、单元八由铜陵有色金属集团股份有限公司金冠铜业分公司王贤编写；项目二的单元三由安徽工业职业技术学院江安琪编写；项目三由芜湖职业技术学院冯光峰编写；项目四由东华工程科技股份有限公司赵杰编写；项目五由樊陈莉编写；项目六由安徽水利水电职业技术学院张艳编写；项目七由王凯编写；项目八由何心伟编写；全书的阅读材料由芜湖职业技术学院华飞编写。全书由樊陈莉、华飞统稿，淮南联合大学董海丽主审。

本书得到了东方仿真科技（北京）有限公司和北京欧倍尔软件技术开发有限公司的大力支持，谨致衷心谢意！

由于笔者经验、水平所限，书中不足之处在所难免，敬请广大读者批评指正。

编者

2023 年 6 月

活页式教材使用说明

一、页码的编排方式

为了便于教材内容的更新和替换，本教材页码采用“项目序号—单元/任务序号—页码号”三级编码方式，例如“2—1—2”表示“项目二的单元一的第二页”。

二、教材的使用方法

在各项目的“任务实施”环节，学生接受教师发布的具体任务后，在“任务实施”中填写基本信息和操作记录，同时在“任务评价”的第一项“DCS操作过程评价”中记录每次软件操作分数以及操作过程中出现的问题。部分常见问题可在“教师点拨”中找到原因和解决方法。操作结束后，学生对自我学习情况进行自评，填写“学习成果自我评价”，再将“任务实施”部分交给教师进行“教师评价”，教师可根据“任务实施”环节反馈的情况，组织集中研讨、答疑，以深化学生对操作的理解，帮助学生提高操作能力。“任务提升”环节可供学有余力的同学进行拓展学习。

三、教材中需要学生提交的内容

基于职业教育转型对新型教材的要求，借鉴企业培训DCS中控岗位操作工的思路和方法，本教材设计了符合本课程教学需求的“任务实施”（理论模块中为“知识巩固”）和“任务评价”（理论模块中为“学习评价”），以便于专栏评价。

模块一为理论模块，学生需提交“知识巩固—学习评价”（部分单元包含“知识提升”）工作页；模块二和模块三为DCS仿真及半实物仿真操作实训模块，学生需提交“任务实施—任务评价”（部分单元包含“任务提升”）工作页；半实物仿真操作实训模块的两个项目中，每个项目的最后一个任务都是半实物仿真实训，即“煤气化DCS半实物仿真实训”和“甲醇生产DCS半实物仿真实训”，这两个任务需由小组合作完成，完成后提交全部工作页。

四、活页卡的使用

本教材设计了活页卡。活页卡正面为“DCS操作过程记录表”，与“任务评价”的第一项“DCS操作过程评价”类似，当教材中这部分版面不够填写时，学生可使用活页卡。活页卡反面为“研讨记录表”，可利用此表格记录研讨时间、地点、主题、研讨过程及研讨结论等，为成长赋能。

五、活页圈的使用方法

使用活页圈，可灵活方便地将教材中的部分内容携带至机房或半实物工厂，也可将作业、习题、笔记等单独上交或保存。

六、信息化资源的使用方法

本教材配套开发了丰富的信息化资源，包含设备或流程图、设备结构或工作原理动画、理论知识讲解微课等，扫描教材中的二维码即可按需学习。

目录

模块一　化工 DCS 操作理论基础

模块三　化工 DCS 半实物仿真操作实训

二维码资源目录

续表

序号	资源类型和编码	资源名称	页码
31	动画 1-7-5	蒸汽喷射泵工作原理	1—7—2
32	动画 1-8-1	多级叶轮离心式鼓风机	1—8—2
33	动画 1-8-2	轴流式鼓风机	1—8—2
34	动画 1-8-3	罗茨鼓风机	1—8—2
35	微课 1-8-1	往复活塞式压缩机	1—8—2
36	微课 1-8-2	滑片式压缩机	1—8—2
37	彩图 2-1-1	化工储存设备	2—1—1
38	微课 2-1-1	玻璃管液位计	2—1—1
39	微课 2-1-2	玻璃板液位计	2—1—1
40	微课 2-1-3	磁翻板液位计	2—1—1
41	微课 2-1-4	浮筒液位计	2—1—4
42	微课 2-2-1	电磁流量计	2—2—3
43	微课 2-2-2	超声波流量计	2—2—3
44	微课 2-2-3	涡轮流量计	2—2—6
45	文档 2-3-1	热电偶温度计的结构	2—3—2
46	文档 2-3-2	热电偶的分度号	2—3—2
47	微课 2-3-1	热电阻温度计结构原理	2—3—2
48	彩图 2-4-1	液柱式压力计	2—4—1
49	微课 2-4-1	CWD-430 型差压计	2—4—2
50	彩图 2-4-2	电测式压力计	2—4—2
51	微课 2-4-2	压力变送器的故障及处理	2—4—4
52	微课 3-1-1	精馏工艺流程	3—1—1
53	图纸 3-1-1	烃类混合物分离工艺流程图 1	3—1—5
54	图纸 3-1-2	烃类混合物分离工艺流程图 2	3—1—5
55	动画 3-2-1	旋塞阀	3—2—2
56	动画 3-2-2	截止阀	3—2—2
57	微课 3-2-1	针形阀	3—2—2
58	微课 3-2-2	闸阀	3—2—2
59	微课 3-2-3	球阀	3—2—2
60	微课 3-2-4	蝶阀	3—2—3
61	动画 3-2-3	隔膜阀	3—2—3
62	动画 3-2-4	升降式止回阀	3—2—3

续表

序号	资源类型和编码	资源名称	页码
63	动画 3-2-5	旋启式止回阀	3—2—3
64	微课 3-2-5	弹簧式安全阀	3—2—3
65	微课 3-2-6	先导式安全阀	3—2—3
66	微课 3-2-7	疏水阀	3—2—3
67	图纸 3-2-1	精馏单元 PID 图	3—2—5、3—3—5、3—4—5、3—5—4、3—6—4
68	视频 3-3-1	常用管件	3—3—4
69	彩图 4-4-1	甲醇精馏工艺流程图	4—4—1
70	微课 5-1-1	原理	5—1—1
71	彩图 5-1-1	流程图	5—1—2
72	微课 5-1-2	工艺流程	5—1—2
73	微课 5-2-1	塔结构	5—2—1
74	动画 5-2-1	具有塔内热交换单元的鼓泡塔	5—2—1
75	彩图 5-2-1	酸洗反应器工艺流程图	5—2—2
76	微课 5-2-2	酸洗反应器流程	5—2—2
77	微课 5-2-3	灌液时间长的原因	5—2—7
78	微课 5-2-4	V16 阀门红色的原因	5—2—7
79	微课 5-3-1	建立循环流程	5—3—2
80	微课 5-3-2	T101 塔底温度控制	5—3—5
81	微课 5-3-3	V20 红色的原因	5—3—5
82	彩图 5-4-1	第一氧化塔投氧工艺流程图	5—4—2
83	彩图 5-4-2	第二氧化塔投氧工艺流程图	5—4—2
84	微课 5-4-1	投氧原理	5—4—2
85	微课 5-4-2	FIC110 投氧显示 0	5—4—4
86	微课 5-4-3	跳车怎么解决	5—4—4
87	微课 5-5-1	T103 和 V103 液位控制方法	5—5—4
88	微课 6-1-1	工艺流程	6—1—2
89	彩图 6-1-1	酯化部分工艺流程图	6—1—2
90	微课 6-2-1	抽真空时间久	6—2—5
91	微课 6-2-2	违规操作扣分	6—2—5
92	动画 6-3-1	醇萃取塔	6—3—2
93	微课 6-3-1	V130 液位低于 20%	6—3—4
94	微课 6-3-2	V141 液位增长缓慢	6—3—4

续表

序号	资源类型和编码	资源名称	页码
95	动画 6-4-1	丙烯酸分馏塔结构	6—4—1
96	动画 6-4-2	T110 流程示意图	6—4—2
97	动画 6-4-3	E114 流程示意图	6—4—2
98	文档 6-4-1	R101 引粗液操作步骤	6—4—2
99	文档 6-4-2	启动 T110 系统操作步骤	6—4—2
100	微课 6-4-1	反应器温度	6—4—8
101	微课 6-4-2	反应器压力	6—4—9
102	微课 6-4-3	V111 液位增长缓慢	6—4—9
103	微课 6-4-4	TG110 温度	6—4—9
104	动画 6-5-1	R101 流程示意图	6—5—2
105	文档 6-5-1	反应器进原料，T130、T140 进料操作步骤	6—5—2
106	微课 6-5-1	T130 压力控制	6—5—7
107	微课 6-5-2	T130 排液时间长	6—5—7
108	微课 6-6-1	T150 液位增长缓慢	6—6—8
109	微课 6-6-2	T150 底部温度超高	6—6—8
110	文档 6-7-1	提负荷操作步骤	6—7—1
111	彩图 6-7-1	工艺报警及联锁系统操作界面	6—7—1
112	微课 6-7-1	状态分出现“红叉”	6—7—10
113	微课 6-7-2	支路流量	6—7—10
114	微课 6-7-3	质量分评价	6—7—10
115	彩图 7-1-1	气化炉 DCS 图	7—1—2
116	彩图 7-1-2	洗涤塔 DCS 图	7—1—2
117	彩图 7-1-3	闪蒸系统 DCS 图	7—1—2
118	彩图 7-1-4	灰水及除氧现场图	7—1—2
119	微课 7-1-1	工艺流程	7—1—2
120	动画 7-1-1	锁斗系统	7—1—2
121	动画 7-2-1	德士古气化炉	7—2—1
122	彩图 7-2-1	气化炉炉砖图	7—2—1
123	彩图 7-2-2	气化炉烘炉 DCS 流程图	7—2—2
124	彩图 7-2-3	气化炉烘炉现场图	7—2—2
125	微课 7-2-1	烘炉工艺流程	7—2—2
126	微课 7-2-2	烘炉过程操作要点	7—2—3

续表

序号	资源类型和编码	资源名称	页码
127	微课 7-2-3	熄火后再次点火操作要点和烘炉注意事项	7—2—3
128	微课 7-2-4	烘炉过程中的不正常现象和处理	7—2—3
129	彩图 7-3-1	闪蒸系统流程图	7—3—1
130	微课 7-3-1	沉降系统和除氧系统设置的原因	7—3—4
131	微课 7-3-2	闪蒸系统运行控制要点	7—3—4
132	微课 7-3-3	沉降系统和除氧系统日常控制要点	7—3—4
133	微课 7-4 -1	气化炉工艺烧嘴	7—4—1
134	彩图 7-4-1	洗涤塔 DCS 图	7—4—2
135	动画 7-4-1	某气化炉结构	7—4—2
136	微课 7-4-2	烧嘴切换操作要点	7—4—5
137	微课 7-4-3	气化系统除尘系统的设置	7—4—5
138	微课 7-4-4	煤浆氧气开车准备操作要点	7—4—5
139	微课 7-4-5	气化炉投料前检查要点	7—4—5
140	微课 7-4-6	开车后操作控制要点	7—4—5
141	微课 7-5-1	气化炉加减负荷控制要点	7—5—5
142	微课 7-5-2	中控操作员的岗位职责	7—5—5
143	微课 7-5-3	现场操作员巡检要点	7—5—5
144	微课 7-5-4	交接班要点	7—5—5
145	微课 7-5-5	停车后的工艺处理要点	7—5—5
146	微课 7-5-6	停车检查的内容及要点	7—5—5
147	彩图 8-1-1	甲醇合成与精制工艺总流程图	8—1—2
148	微课 8-2-1	甲醇合成工艺流程	8—2—1
149	微课 8-2-2	甲醇合成工段半实物仿真工艺操作流程	8—2—1
150	动画 8-3-1	甲醇精制工艺流程示意图	8—3—1

化工 DCS 操作理论基础

项目一
化工设备

知识导图

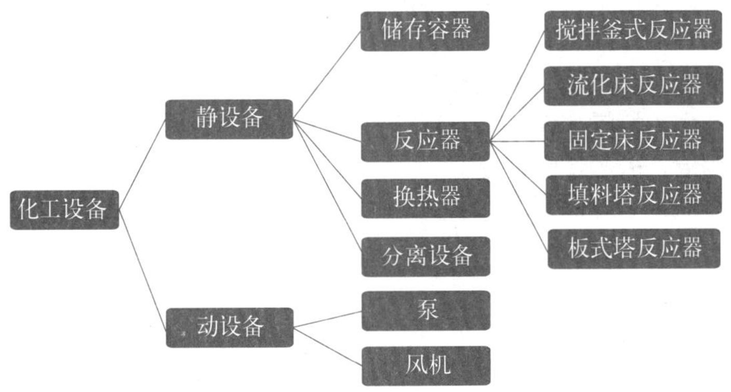

项目导入

化工生产过程中或多或少要用到化工设备，化工设备根据工作过程中是否需要驱动装置，可分为静设备和动设备。静设备主要包括但不限于储存容器、反应器（常见的有搅拌釜式反应器、流化床反应器、固定床反应器、填料塔反应器、板式塔反应器等）、换热器、分离设备等，动设备主要包括但不限于泵、风机（鼓风机、压缩机）等。

本项目介绍了以上各类化工设备的分类、结构和原理，结合设备结构图片、动画、微课等，条理清晰地展示了各类化工设备的相关知识。同时，通过“知识巩固”进一步提升对知识的综合运用能力，通过“知识提升”对相关知识进行拓展，提升理论知识的深度和广度。

学习目标

知识目标

掌握化工设备的分类。

熟悉各类化工设备的结构。

熟悉各类化工设备的工作原理。

技能目标

能够熟记各类化工设备的原理及应用场合。

能够对照设备实物说出设备名称。

能够对照设备实物指出其各部分组成名称。

素质目标

树立正确的安全认知观，增强安全意识。

培养一丝不苟、科学严谨的工匠精神。

培养民族自信，锻造爱国情怀。

培养节能、低碳、环保意识。

知识单元

单元一　储存容器

单元二　搅拌釜式反应器

单元三　流化床和固定床反应器

单元四　填料塔和板式塔反应器

单元五　换热器

单元六　分离设备

单元七　泵

单元八　风机

单元一　储存容器

知识导入

课前查阅资料，化工储存容器的作用是什么？常见的化工储存容器主要有哪些形式？

知识储备

储存容器主要用于原料、产物及其他物料的储存和计量，如各种储罐、计量槽、高位槽等。

一、储存容器的形状

常见的储存容器有圆柱形（卧式、立式）、球形等，外形如图 1-1-1 所示。详细介绍见微课 1-1-1。

微课 1-1-1
储存容器
的形状

图 1-1-1　常见储存容器的外形

二、储存容器的结构和作用

以最常见的卧式圆柱形储存容器为例，介绍其主要组成部分。图 1-1-2 为卧式圆柱形储存容器结构示意图，其结构介绍见微课 1-1-2。

微课 1-1-2
卧式圆柱形
储存容器

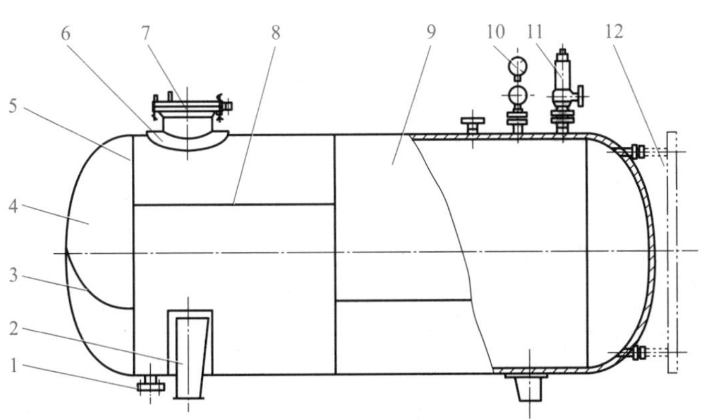

图 1-1-2　卧式圆柱形储存容器结构示意图

1—法兰；2—支座；3—封头拼接焊缝；4—封头；5—环焊缝；6—补强圈；7—人孔；8—纵焊缝；9—筒体；10—压力表；11—安全阀；12—液面计

1. 筒体

筒体又称壳体，是用于储存物料的空间，其内直径和容积往往需由工艺计算确定。圆柱形筒体和球形筒体是工程中最常用的筒体结构。

2. 封头

彩图 1-1-1
常见封头
形式

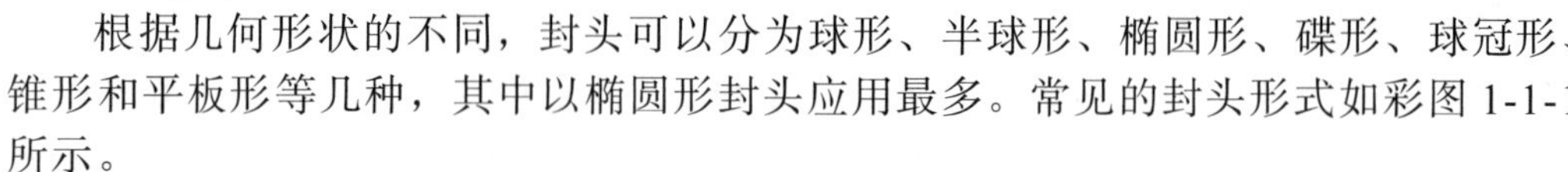

根据几何形状的不同，封头可以分为球形、半球形、椭圆形、碟形、球冠形、锥形和平板形等几种，其中以椭圆形封头应用最多。常见的封头形式如彩图 1-1-1 所示。

封头与筒体的连接方式有可拆连接与不可拆连接（焊接）两种，可拆连接一般采用法兰连接方式。常见的法兰形状如图 1-1-3 所示。

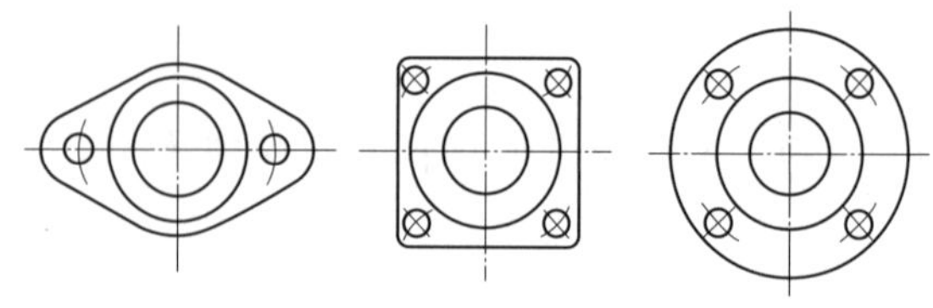

图 1-1-3　常见的法兰形状

3. 密封装置

储存容器上需要有许多密封装置，如封头和筒体间的可拆式连接，容器接管与外管道间可拆连接以及人孔、手孔盖的连接等，可以说储存容器能否正常安全地运行在很大程度上取决于密封装置的可靠性。

4. 开孔与接管

储存容器中，由于工艺要求和检修及监测的需要，常在筒体或封头上开设各种大小的孔或安装接管，如人孔、手孔、视镜孔、物料进出口接管，以及安装压力表、液面计、安全阀、测温仪表等接管开孔。

5. 支座

储存容器靠支座支承并固定在基础上。随安装位置不同，储存容器支座分立式容器支座和卧式容器支座两类。立式容器支座有腿式、支承式、耳式和裙式四种，大型立式容器一般采用裙式支座。卧式容器支座有支承式、鞍式和圈式三种，以鞍式支座应用最多。球形容器多采用柱式或裙式支座。

6. 安全附件

由于化工储存容器的使用特点及其内部介质的化学工艺特性，往往需要在容器上设置一些安全装置和测量、控制仪表来监控工作介质的参数，以保证压力容器的使用安全和工艺过程的正常进行。

化工储存容器的安全装置主要有安全阀、爆破膜、紧急切断阀、安全联锁装置、压力表、液面计、测温仪表等。

化工生产中，强调“安全生产，预防为主”，每一位操作者都要有强烈的安全意识，保证巡查次数和质量。化工储存容器如果发生泄漏，能第一时间发现，就有可能避免事故的发生。

班级：__________　姓名：__________　学号：__________　日期：__________

知识巩固

1. 常见的化工储存容器的形状有（　　）。

A. 圆柱形　　B. 球形　　C. 梯形　　D. 三角形

2. 化工储存容器的开孔、接管、安全装置有哪些？

3. 回答下列问题。

（1）化工储存容器的封头形式有哪些？

（2）卧式容器的支座形式有哪些？

（3）立式容器的支座形式有哪些？

4. 写出下图中卧式圆柱形储存容器部分结构的名称。

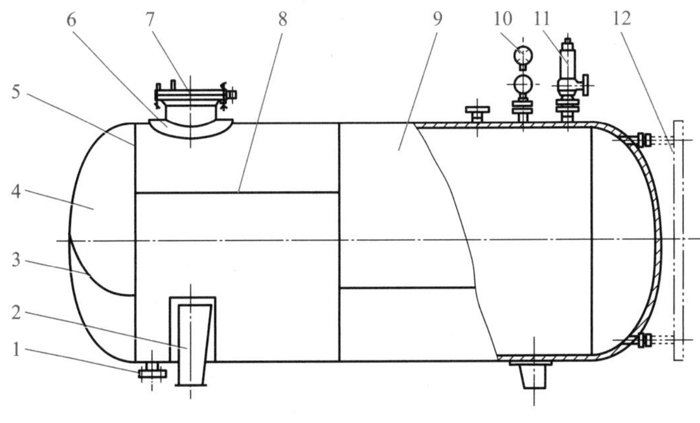

1—　　　　；2—　　　　；7—　　　　；9—　　　　；

10—　　　　；11—　　　　；12—

学习评价

1. 学习成果自我评价

□已了解储存容器的形状类型	□未了解储存容器的形状类型
□已熟悉卧式圆柱形储存容器的结构和作用	□未熟悉卧式圆柱形储存容器的结构和作用
□已能够说出卧式储存容器各部分的名称	□未能够说出卧式储存容器各部分的名称

2. 教师评价

完成情况：

□优秀　□良好　□中等　□合格　□不合格

知识提升

查阅资料，了解立式储罐、球形储罐的外观样式，并写出各自的主要组成部分。

单元二　搅拌釜式反应器

知识导入

图 1-2-1 所示为搅拌釜式反应器。观看动画 1-2-1，了解搅拌釜式反应器的结构、物料的流向等。查阅相关资料，了解搅拌釜式反应器的组成部分，写出主要部件的名称。

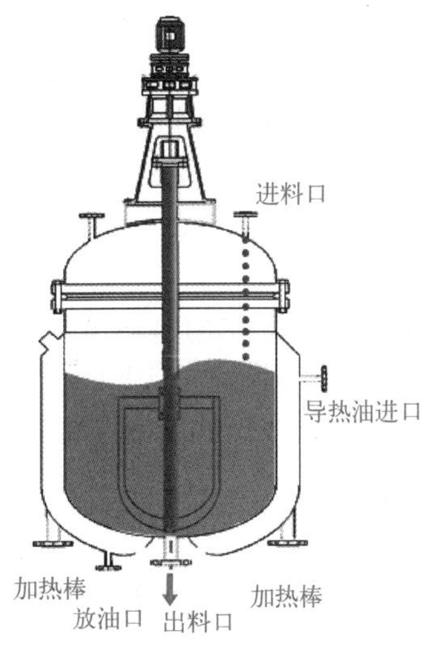

图 1-2-1　搅拌釜式反应器

动画 1-2-1
搅拌釜式
反应器

知识储备

反应器主要用于盛装化学反应原料及产物，提供化学反应场所及环境等。根据反应器内反应混合物的相态，可将反应器分为均相反应器和非均相反应器两大类。均相反应器是反应物料均匀地混合或溶解成为单一的气相或液相，又分为气相反应器和液相反应器。而非均相反应器则分为气液相、气固相、液固相和气液固相等类型。

常见的均相反应器有搅拌釜式反应器、管式反应器等；气固相反应器有固定床反应器、流化床反应器等；气液相反应器有鼓泡塔反应器、填料塔反应器和板式塔反应器等。

本单元以搅拌釜式反应器为例，介绍其主要组成部分。搅拌釜式反应器的结构如图 1-2-2 所示，详细介绍见微课 1-2-1。

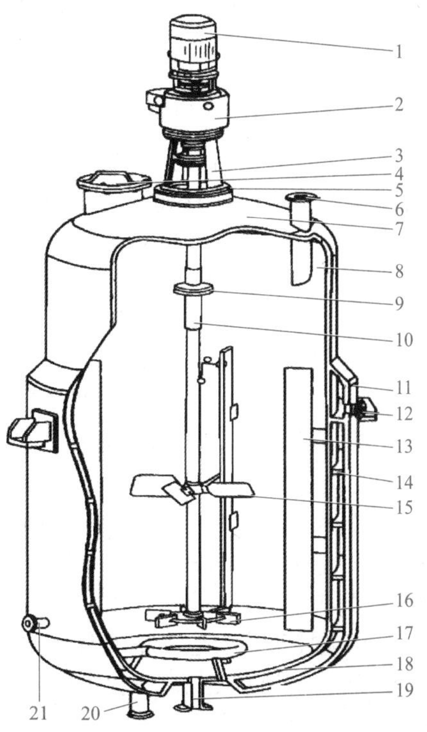

图 1-2-2　搅拌釜式反应器的结构

1—电动机；2—减速器；3—机架；4—人孔；5—密封装置；6—进料口；7—上封头；8—釜体；9—联轴器；10—搅拌轴；11—夹套；12—载热介质出口；13—挡板；14—螺旋导流板；15—轴向流搅拌器；16—径向流搅拌器；17—气体分布器；18—下封头；19—出料口；20—载热介质进口；21—气体进口

微课 1-2-1
搅拌釜式
反应器

一、釜体

内筒通常为钢制圆柱形壳体，提供反应所需的空间。釜体的实际容积由圆筒部分容积和下封头容积构成。不少介质反应时可能产生泡沫或呈沸腾状态，所以釜体实际容积往往大于计算所需容积。

二、换热装置

换热装置为反应提供热量或者移走反应热，是控制反应温度的关键部分，可分为很多种不同的形式。搅拌釜式反应器中的夹套即为本反应器的换热装置。换热装置在本项目的单元五中作详细介绍。

三、搅拌及辅助装置

彩图 1-2-1 常见搅拌器形式

在反应过程中，为了加快传质、传热速率，通常设置搅拌及辅助装置，主要有搅拌器、支承结构以及挡板、导流筒等部件。常见的搅拌器形式如彩图 1-2-1 所示。我国搅拌装置的主要零部件均已标准化，可根据需要选取。

四、传动装置

彩图 1-2-2 传动装置

传动装置的作用是将电动机的转速通过减速器调整到工艺要求的转速，再通过联轴器带动搅拌轴旋转，从而带动搅拌器工作。传动装置包括电动机、减速器、联轴器、机架、搅拌轴等，如彩图 1-2-2 所示。

五、轴封装置

彩图 1-2-3 带夹套的铸铁填料密封箱

搅拌釜式反应器的密封除了各种接管的静密封以外，还要考虑搅拌轴与顶盖（上封头）之间的动密封。由于搅拌轴是旋转运动，而顶盖是固定静止的，这种运动件与静止件之间的密封称为动密封，也叫轴封。常用的轴封装置有填料密封和机械密封。彩图 1-2-3 为带夹套的铸铁填料密封箱结构。

六、顶盖

反应釜的顶盖（上封头）为满足装拆通常需要做成可拆式的，即通过法兰将顶盖与筒体相连接。带有夹套的反应釜，其接管口大多开设在顶盖上。此外，反应釜传动装置也大多直接支承在顶盖上。故顶盖必须有足够的强度和刚度。顶盖的结构形式有椭圆形盖、平盖、碟形盖、锥形盖等，使用最多的是椭圆形盖。

七、工艺接管

反应釜筒体的接管主要有：物料进出所需要的进料管和排出管；用于安装检修的人孔或手孔；观察物料搅拌和反应状态的视镜接管；测量反应温度用的温度计接口；保证安全而设立的安全装置接管等。

搅拌釜式反应器适用于各种物性和各种条件的反应过程，广泛应用于合成树脂、合成纤维、合成橡胶、医药、农药、化肥、燃料、涂料、食品、冶金、废水处理等领域。

在搅拌釜式反应器的具体生产过程中，需要一线操作人员特别细心地关注参数的微小变化，严谨认真、一丝不苟，防微杜渐，才能为安全生产保驾护航。

班级：__________ 姓名：__________ 学号：__________ 日期：__________

知识巩固

1. 常见的搅拌釜式反应器的组成部分有（ ）。

A. 釜体　　B. 顶盖　　C. 换热装置　　D. 传动装置

E. 搅拌辅助装置　　F. 轴封装置　　G. 工艺接管

2. 搅拌釜式反应器的传动装置包括______、______、联轴器、机架、_____等。

3. 搅拌釜式反应器的搅拌桨叶有哪些形式？

4. 识图。

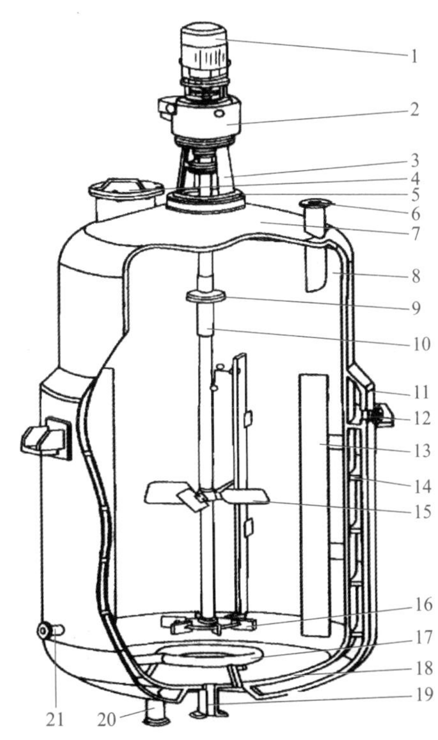

（1）写出上图中搅拌釜式反应器部分结构的名称。

1— ；2— ；4— ；6— ；8— ；10—

11— ；12— ；15— ；16— ；19— ；21—

（2）图中搅拌釜式反应器的换热装置是__________。

学习评价

1. 学习成果自我评价

□已了解反应器的作用	□未了解反应器的作用
□已熟悉搅拌釜式反应器的结构和作用	□未熟悉搅拌釜式反应器的结构和作用
□已能够绘制出搅拌釜式反应器结构示意图	□未能够绘制出搅拌釜式反应器结构示意图

2. 教师评价

完成情况：

□优秀　□良好　□中等　□合格　□不合格

知识提升

动画 1-2-2
管式反应器

观看动画 1-2-2 并查阅资料，了解管式反应器的结构，写出其主要部件的名称和作用。

单元三　流化床和固定床反应器

知识导入

图 1-3-1 为丙烯腈流化床反应器结构示意图。观看动画 1-3-1，了解流化床的结构、物料的流向等。查阅相关资料，了解流化床反应器的组成部分，写出主要部件的名称。

图 1-3-1　丙烯腈流化床反应器

动画 1-3-1
丙烯腈流化床反应器

知识储备

气固相反应器主要有流化床反应器、固定床反应器、移动床反应器等。本单元以流化床反应器和固定床反应器为例，介绍其主要组成部分。

一、流化床反应器

流化床反应器是指固体催化剂颗粒悬浮在流体中，流体通过悬浮的催化剂床层而进行反应的设备。

1. 流化床反应器的特点

与固定床反应器相比，流化床反应器采用细粒催化剂，传质、传热效率高，床层温度均匀，催化剂容易方便地往来输送。但存在返混较严重，不适用于高转化率过程，催化剂和反应器均有磨损等缺点。

2. 流化床反应器的结构

常见的流化床反应器的结构如图 1-3-2 所示。流化床反应器通常由壳体、扩大段、气体分布装置、气固分离装置、换热装置及内部构件组成。流化床反应器的介绍见微课 1-3-1。

（1）壳体　壳体包含下部锥底（气体进口）、中部筒体（反应部分）、上部扩大段（颗粒沉降）。

（2）气体分布装置　气体分布装置包含设在锥底的气体预分布器和气体分布板两部分，作用是使气体均匀分布，以形成良好的初始流化条件，同时支撑固体催化剂颗粒。

（3）内部构件　一般设置在筒体部分，用来破碎气体在床层中产生的大气泡，增大气固相间接触机会，减少返混，从而提高反应速率和转化率。内部构件包括挡网、挡板和填充物等。在气流速度不高时，可以不设内部构件。

（4）气固分离装置　由于流化床内的固体颗粒不断运动，引起粒子间及粒子与器壁间的碰撞而磨损，使上升气流中带有细粒和粉尘。气固分离装置

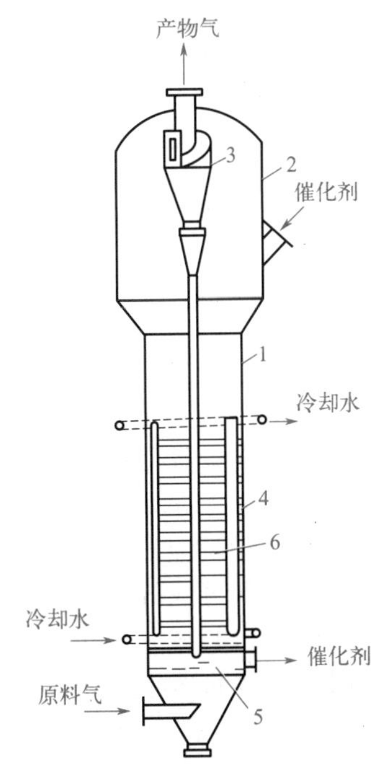

图 1-3-2　常见的流化床反应器的结构
1—壳体；2—扩大段；3—旋风分离器；4—换热管；5—气体分布器；6—内部构件

微课 1-3-1
流化床
反应器

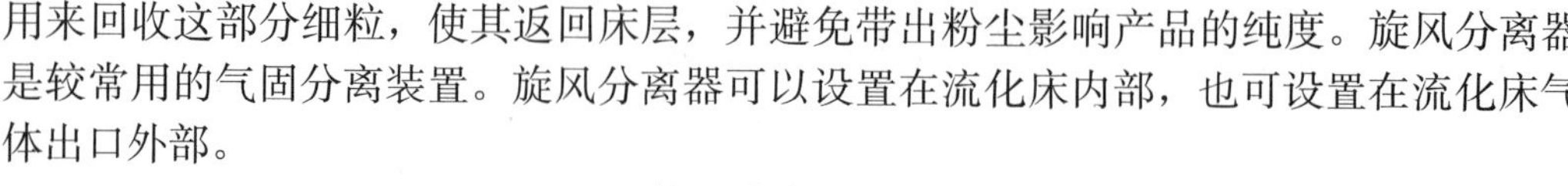

用来回收这部分细粒，使其返回床层，并避免带出粉尘影响产品的纯度。旋风分离器是较常用的气固分离装置。旋风分离器可以设置在流化床内部，也可设置在流化床气体出口外部。

微课 1-3-2
旋风分离器

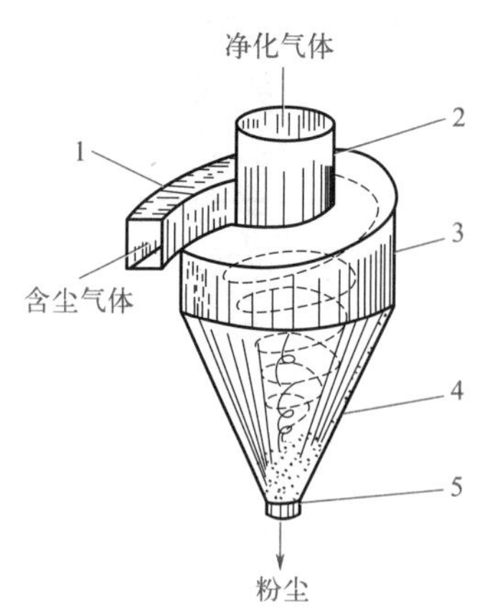

图 1-3-3　旋风分离器结构示意
1—矩形进口管；2—螺旋状进口管；3—筒体；4—锥体；5—灰斗

旋风分离器是一种靠离心力作用把固体颗粒和气体分开的装置，结构如图 1-3-3 所示。含有催化剂颗粒的气体由进气管沿切线方向进入旋风分离器内，在旋风分离器内作回旋运动而产生离心力，催化剂颗粒在离心力的作用下被抛向器壁，与器壁相撞后，借重力沉降到锥底，而气体则由上部排气管排出。旋风分离器的介绍详见微课 1-3-2。

(5) 换热装置　流化床反应器中的换热装置主要在内部。列管式换热器有单管式和套管式，根据换热面积的大小排成一圈或几圈。鼠笼式换热器可以安排较大的换热面积，但是焊缝较多。管束式换热器分为直列管束式和横列管束式两种，其中横列管束式常用于流化质量要求不高而换热量很大的场合。U 形管式换热器是经常采用的种类，具有结构简单、不易变形和损坏、催化剂寿命长、温度控制十分平稳的优点。蛇管式换热器也具有结构简单、不存在热补偿问题的优点，但同时与水平管束式类似，对床层流化质量有一定影响。换热装置在本项目的单元五作详细介绍。

二、固定床反应器

固定床反应器是指流体通过固定不动的床层进行反应的设备。

1. 固定床反应器的特点

固定床反应器中流体的流动皆可看成是理想置换流动，因此化学反应速率较快，在完成同样生产能力时，所需要的催化剂用量和反应器体积较小；气体停留时间可以严格控制，温度分布可以调节，因而有利于提高化学反应的转化率和选择性；催化剂不易磨损，可以较长时间连续使用；适宜在高温高压条件下操作。

动画 1-3-2
列管式固定床反应器

但固定床反应器导热性差，温度分布复杂；不能使用细粒催化剂，催化剂的活性内表面得不到充分利用；催化剂的再生、更换均不方便。

2. 固定床反应器的结构

动画 1-3-3
轴向固定床反应器

固定床反应器有三种基本形式：列管式固定床反应器（详见动画 1-3-2）、轴向固定床反应器（详见动画 1-3-3）和径向固定床反应器（详见动画 1-3-4）。

设计化学反应器时，会充分考虑反应物在反应器中的停留时间、催化剂的用量、催化剂的加入方式等，以保证反应物的高效反应，确保产品质量。在学习化学反应器的结构时，也要充分感知化学反应器的设计理念，进而将“珍惜时间、高效高质”的理念融入日常的学习生活中去。

动画 1-3-4
径向固定床反应器

班级：__________　姓名：__________　学号：__________　日期：__________

知识巩固

1. 常见的流化床反应器的组成部分有（　　）。

A. 壳体　　B. 内部构件　　C. 传热装置

D. 气体分布装置　　E. 气固分离装置

2. 对流化床反应器来说，最常用的气固分离装置是__________。

3. 写出旋风分离器的分离原理。

4. 图 1-3-4 是铜陵市某化工企业设备外观，该设备是（　　）。

A. 换热装置　　B. 旋风分离器　　C. 气体分布装置　　D. 内部构件

图 1-3-4　某化工企业设备外观图

5. 流化床中气体分布装置有两个作用，分别是什么？

学习评价

1. 学习成果自我评价

□已熟悉流化床反应器的结构和作用	□未熟悉流化床反应器的结构和作用
□已熟悉固定床反应器的结构和作用	□未熟悉固定床反应器的结构和作用
□已能够准确描述流化床反应器和固定床反应器的区别	□未能够准确描述流化床反应器和固定床反应器的区别

2. 教师评价

完成情况：

□优秀　　□良好　　□中等　　□合格　　□不合格

知识提升

移动床反应器是一种用以实现气固相反应过程或液固相反应过程的反应器。钢铁工业和城市煤气工业发展之初，移动床反应器就曾被用于煤的气化。1934 年研制成功的移动床加压气化器（鲁奇炉），至今仍是规模最大的煤气化装置，其单台日生产能力已达到 $1Mm^3$ 以上。查阅资料，了解鲁奇炉的结构。

单元四　填料塔和板式塔反应器

知识导入

图 1-4-1 是填料塔反应器中装填的不同类型的填料，请查阅填料的作用、分类及性能评价标准。

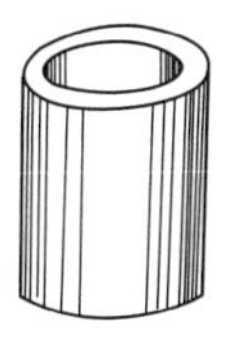
(a) 拉西环

(b) 鲍尔环

(c) 阶梯环

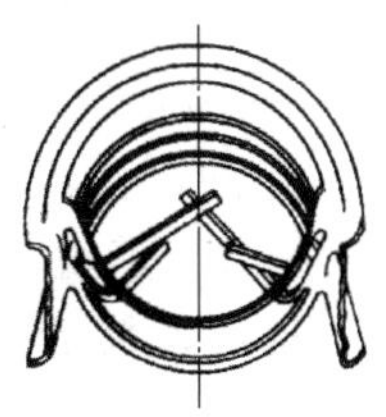
(d) 环矩鞍

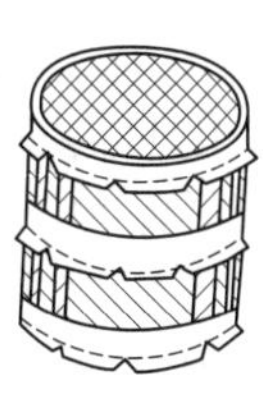
(e) 丝网波纹填料

图 1-4-1　常见的填料结构

知识储备

气液相反应器是一种以连续方式进行气、液相反应的设备，按照气液相的接触形态可以分为三类：第一类是气体以气泡的形式分散在液相中，典型代表有鼓泡塔反应器、板式塔反应器和搅拌鼓泡釜式反应器；第二类是液体以液滴的形式分散在气相中，典型代表有喷雾反应器、喷射反应器和文氏反应器；第三类是液体以液膜的形式分散在气相中，典型代表有填料塔反应器和降膜反应器。本单元主要介绍填料塔反应器和板式塔反应器。

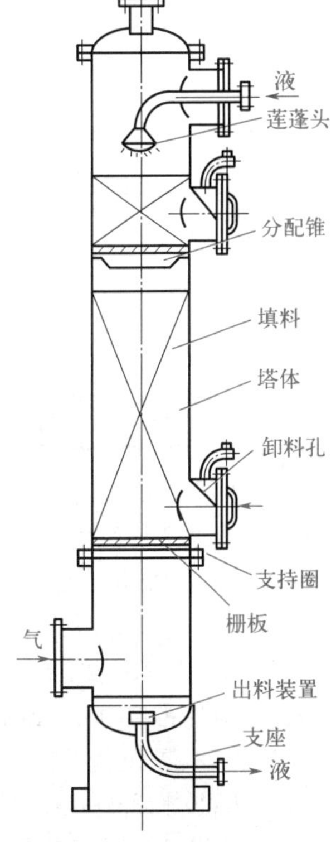

图 1-4-2　填料塔反应器结构示意

一、填料塔反应器

填料塔反应器的介绍详见微课 1-4-1。如图 1-4-2 所示，常见的填料塔反应器主要包括塔体、填料、液体喷淋装置、液体分布器、填料支承装置、支座、人孔等。

微课 1-4-1
填料塔
反应器

填料是填料塔气液接触的元件，填料的性能优劣直接决定着填料塔的操作性能和传质效率。按照填料的装填方式不同，可以分为散装填料（又称为乱堆填料）和整砌填料（又称为规整填料）。图 1-4-1 所示的几种常见的填料类型中，拉西环、鲍尔环、阶梯环、环矩鞍属于散装填料，丝网波纹填料属于整砌填料。

填料支承装置的结构对填料塔的操作性能影响较大。若设计不当，将导致填料塔无法正常工作。对填料支承装置的基本要求有以下几点：①有足够的强度以支承填料的重量；②有足够的自由截面，以使气液两相通过时阻力较小；③装置结构要有利于液体的再分布；④制造、安装、拆卸要方便。常用的填料支承装置有栅板、格栅板、波形板等。

二、板式塔反应器

板式塔反应器内部装有多层相隔一定间距的开孔塔板，是一种逐级（板）接触的气液反应设备。塔内以塔板作为基本构件，气体自塔底向上以鼓泡喷射的形式进入塔板上的液层，液体从塔顶部进入，顺塔而下。上升的气体和下降的液体主要在塔板上接触反应。板式塔反应器的介绍详见微课 1-4-2。

微课 1-4-2
板式塔
反应器

随着生产的需要和技术的进步，板式塔出现了各种不同的类型。根据塔板的结构，尤其是气液接触元件的不同，板式塔主要分为泡罩塔、浮阀塔、筛板塔等形式。

泡罩塔是最早应用于工业生产的典型板式塔。泡罩塔由塔板、泡罩（最常用圆形泡罩）、升气管、降液管、溢流堰等组成。泡罩塔的优点是操作稳定性好、易于控制，负荷有变化时仍有较好的弹性，介质适用范围广；缺点是生产能力低，流体流经塔盘时阻力和压降大，结构较复杂，造价较高，制造加工难度大。

浮阀塔是 20 世纪 50 年代发展起来的板式塔，现已应用广泛。其塔盘结构是在塔板上开设阀孔，阀孔中装有可上下浮动的浮阀（阀片），浮阀可分为盘状浮阀和条状浮阀两大类。浮阀塔生产能力大，操作弹性好，液面落差小，塔板效率高（优于泡罩塔 15% 左右），液体压降和流体阻力小，且结构简单，造价较低，综合性能较好。

筛板塔的塔盘为一钻有许多孔的圆形平板。筛板分为筛孔区、无孔区、溢流堰、降液管区等几个部分。与泡罩塔相比，生产能力提高 20% ～ 40%，塔板效率高 10% ～ 15%，压力降小 30% ～ 50%，且结构简单，造价较低，制造、加工、维修方便。筛板塔的缺点是操作弹性不如泡罩塔，当负荷有变动时，操作稳定性差。当介质黏性较大或含杂质较多时，筛孔易堵塞。

各类板式塔性能比较见表 1-4-1。

表1-4-1　各类板式塔性能比较

塔形	与泡罩塔相比的相对气相负荷	效率	操作弹性	85%最大负荷时的单板压降 / mm（水柱）	与泡罩塔相比的相对价格	可靠性
泡罩塔	1.0	良	超	45 ～ 80	1.0	优
浮阀塔	1.3	优	超	45 ～ 60	0.7	良
筛板塔	1.3	优	良	30 ～ 50	0.7	优
舌形塔	1.35	良	超	40 ～ 70	0.7	良
栅板塔	2.0	良	中	25 ～ 40	0.5	中

拓展阅读

1914 年瓷质拉西环的问世，标志着填料塔进入了科学发展的年代。1970 年，我国建成第一座金属丝网波纹填料塔。在推广新技术的过程中，天津大学填料塔新技术公司也得到了迅速发展，从 1985 年资金为零，到成立研究推广中心后的 1990—1995 年，共创利税 3500 万元。1990 年经中华人民共和国国家科学技术委员会（简称国家科委）和中华人民共和国国家教育委员会（简称国家教委）批准，在天津大学成立了国家级行业性研究推广中心——新型填料塔和高效填料研究推广中心。该中心依靠化学工程学科在填料技术方面的优势，在全国改造各类塔器近万个，取得了巨大的经济效益。其之所以能够长期居于填料新技术的行业龙头地位，与不断创新、重视技术研发有着密切联系。

创新是民族进步的灵魂，是一个国家兴旺发达的不竭源泉，也是中华民族最深沉的民族禀赋，正所谓“苟日新，日日新，又日新”。我们当前所处的时代，就是以创新为发展动力的时代。创新无处不在，有创新意识的人才能在社会竞争中生存和发展。

班级：__________　姓名：__________　学号：__________　日期：__________

知识巩固

1. 选择题

（1）常见的填料类型有（　　）。

A. 拉西环　B. 鲍尔环　C. 阶梯环　D. 弧鞍
E. 环矩鞍　F. 丝网波纹填料

（2）板式塔根据塔板结构的不同，主要有（　　）等类型。

A. 筛板塔　B. 浮阀塔　C. 泡罩塔
D. 填料塔　E. 喷射塔

2. 填料支撑装置的常见类型有哪三种？

3. 图 1-4-3 是铜陵市某化工企业板式塔设备外观，该设备的主要组成部分有（　　）。

A. 塔板　B. 填料　C. 裙座　D. 液体喷淋装置
E. 进料口和人孔　F. 塔体

图 1-4-3　某板式塔设备外观

4. 分别写出泡罩塔、浮阀塔、筛板塔三类板式塔的优缺点。

学习评价

1. 学习成果自我评价

□已熟悉填料塔的结构和作用	□未熟悉填料塔的结构和作用
□已熟悉板式塔的结构和作用	□未熟悉板式塔的结构和作用
□已能够描述填料塔反应器和板式塔反应器的区别	□未能够描述填料塔反应器和板式塔反应器的区别

2. 教师评价

完成情况：

□优秀　□良好　□中等　□合格　□不合格

知识提升

动画 1-4-1 鼓泡塔反应器

观看动画 1-4-1 并查阅资料，了解鼓泡塔反应器。写出其结构的主要部件和工作原理。

单元五 换热器

知识导入

本项目单元二、单元三和单元四学习了各种类型的反应器，有些反应器中为了进行热量交换，会在内部或外部安装换热装置，如图 1-5-1 所示立式搅拌釜式反应器外部安装的夹套、图 1-5-2 所示鼓泡塔内部安装的换热盘管等。但是对于某些换热量较大的反应，以上方式无法满足换热需求，需要将物料移到设备外部进行外部换热，因此要用到换热设备。请查阅常用的外部换热设备有哪些种类？

图 1-5-1 立式搅拌釜式反应器

图 1-5-2 换热盘管

知识储备

在化工生产中，一般都包含化学反应过程，为了使反应顺利进行，适宜的反应温度是非常重要的工艺条件。在工艺流程中常常需要将低温流体加热或者将高温流体冷却，这些操作都可以通过换热器来实现。

使热量从热流体传递到冷流体的设备或容器叫换热器。根据传热原理和实现热交换的形式不同，换热器可分为三大类：混合式换热器、蓄热式换热器和间壁式换热器。

一、混合式换热器

混合式换热器如图 1-5-3 所示，通过冷热流体直接混合进行热量交换，如冷却塔、冷凝器等，其特点是结构简单、传热效率高，但只适用于允许两流体混合的场合。

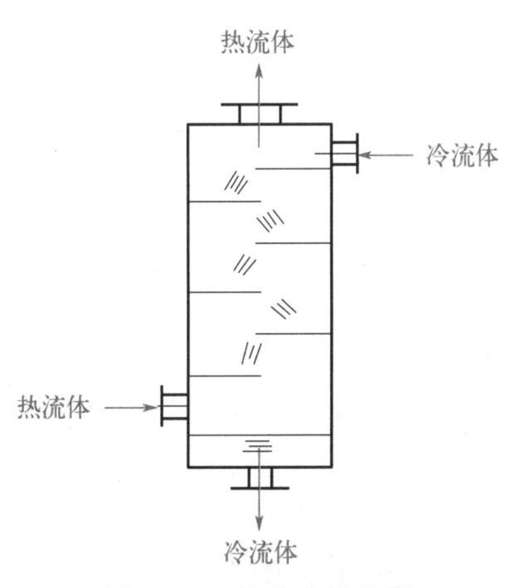

图 1-5-3 混合式换热器

二、蓄热式换热器

蓄热式换热器如图 1-5-4 所示，利用冷热两种流体交替通过换热器内的统一通道进行热量传递，当热流体流过时，把热量传给换热器的蓄热体（如固体填料、多空格子砖等），待冷流体通过时，将积蓄的热量带走。由于冷、热流体交替通过同一通道，不可避免地会有两种流体的少量混合，因此，该换热器不能用于两流体不允许混合的场合。

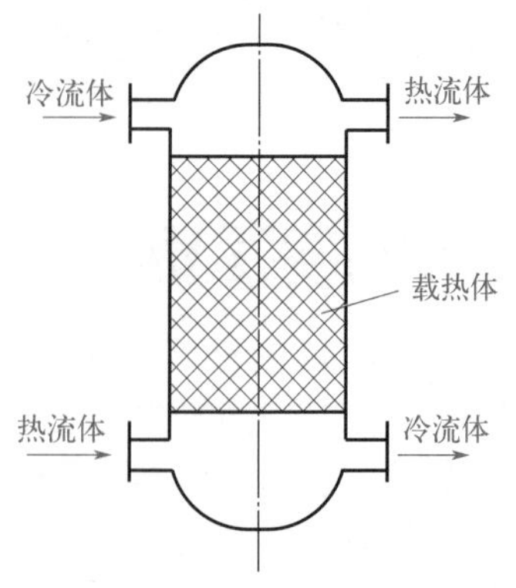

图 1-5-4　蓄热式换热器

三、间壁式换热器

间壁式换热器内的冷流体和热流体被固定的壁面隔开，通过固体壁面（传热面）进行热量传递。间壁式换热器的特点是能将冷、热两种流体截然分开，适应两种流体不允许混合的要求，因此应用较为广泛。间壁式换热器根据换热面的形式可分为管式和板面式两大类。

管式换热器是以管子作为传热元件的传热设备，常用的有套管式、蛇管式、螺旋管式和管壳式。套管式换热器如图 1-5-5 所示，螺旋管式换热器如图 1-5-6 所示，蛇管式换热器如图 1-5-7 所示。管壳式换热器又叫列管式换热器，详细介绍见动画 1-5-1。板面式换热器中最常见是板式换热器，详细介绍见动画 1-5-2。

动画 1-5-1
列管式
换热器

动画 1-5-2
板式换热器

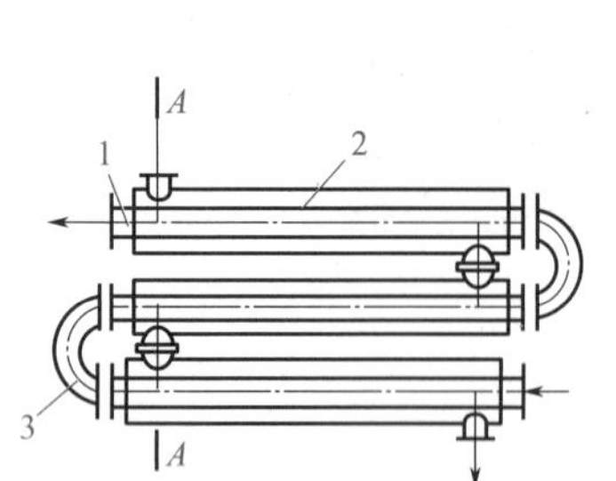

图 1-5-5　套管式换热器

1—内管；2—外管；3—U 形弯管

图 1-5-6　螺旋管式换热器

1—壳体；2—传热管；3—入口管；4—壳侧出口；5—出口管；6—壳侧入口

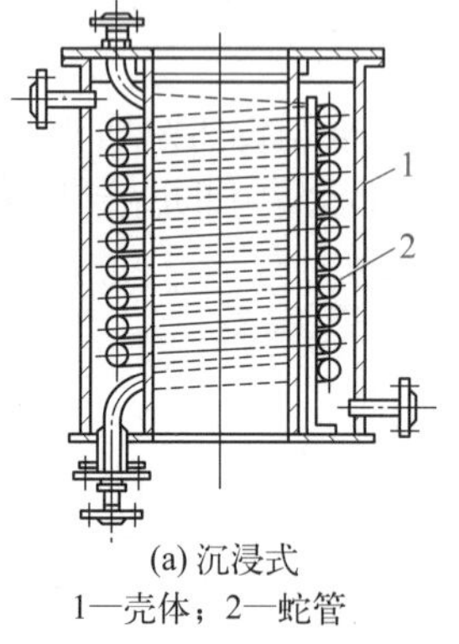

(a) 沉浸式

1—壳体；2—蛇管

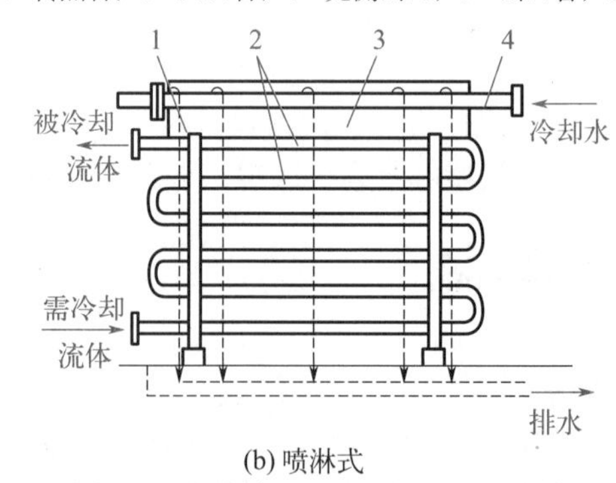

(b) 喷淋式

1—支架；2—换热管；3—淋水板；4—喷淋管

图 1-5-7　蛇管式换热器

化工生产中，有的工段放出热量，有的工段需要热量，在工艺流程设计时，会将放热工段放出的热量传递到需要热量的工段，避免热量的浪费，从而达到节能减排的目的。

节能减排是生态文明建设的重要内容，是推进碳达峰、碳中和，促进高质量发展的重要支撑。节能减排是整个国家、社会乃至人类都必须积极开展的关键发展措施，可有效推动国家、社会、人类的可持续发展。近十年，我国以年均 3% 的能源消费增速支撑了年均 6.6% 的经济增长，能源的消耗强度累计下降了 26.4%，这些成绩来源于科技的进步和人们节能意识的提升。

班级：__________　姓名：__________　学号：__________　日期：__________

知识巩固

1. 选择题

（1）常见的换热设备可分为（　　）三大类。

A. 混合式换热器　B. 蓄热式换热器　C. 间壁式换热器　D. 辐射式换热器

（2）间壁式换热器根据换热面的形式可分为（　　）两大类。

A. 管壳式　B. 管式　C. 套管式　D. 板面式

（3）管式换热器是以管子作为传热元件的传热设备，常用的有（　　）。

A. 套管式　B. 蛇管式　C. 螺旋管式　D. 管壳式

2. 识图

（1）图 1-5-8（a）是铜陵市某企业换热设备外观，该设备的名称是（　　）。

A. 管壳式换热器　B. 套管式换热器　C. 板式换热器　D. 螺旋板式换热器

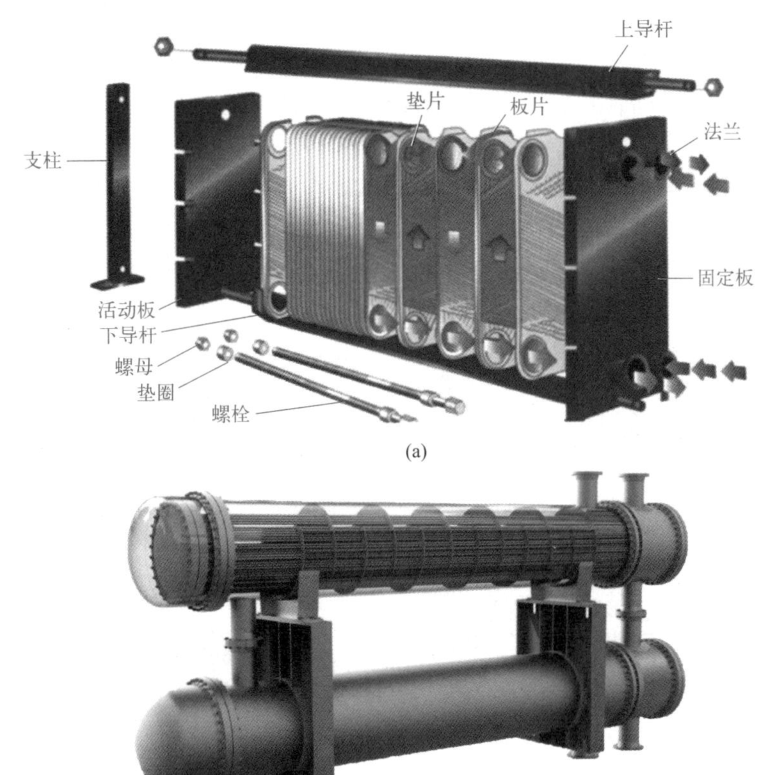

(a)

(b)

图 1-5-8　换热设备外观图

（2）图 1-5-8（b）是某企业换热设备外观，该设备的名称是（　　）。

A. 管壳式换热器　B. 套管式换热器　C. 板式换热器　D. 螺旋板式换热器

3. 间壁式换热器的优点是什么？

学习评价

1. 学习成果自我评价

□已熟悉换热器的结构和作用　　□未熟悉换热器的结构和作用

□已能够分辨不同类型的换热容器　　□未能够分辨不同类型的换热容器

□已能够描述管壳式换热器和板式换热器的区别　　□未能够描述管壳式换热器和板式换热器的区别

2. 教师评价

完成情况：

□优秀　　□良好　　□中等　　□合格　　□不合格

知识提升

管壳式换热器由管束、管板、壳体和各种接管等主要部件组成。根据其结构特点，可分为固定管板式、U 形管式、浮头式和填料函式等，如图 1-5-9 所示。

固定管板式换热器的管束两端通过焊接或胀接固定在管板上，结构简单、布管数较多、管程容易清洗、堵管和更换方便、造价低，但壳程清洗困难，且管程和壳程介质温差较大时，需要设置温差补偿器。其适用于壳程介质清洁、两流体温差较小的场合。

U 形管式换热器内只有一块管板，管束弯成 U 形，管子两端都固定在一块管板上，管束可以抽出清洗，不会产生温差应力，布管较少、管板利用率低、U 形管内难于清洗，拆修、更换管子困难。其适用于两流体温差大，特别是管内流体清洁的高温、高压、介质腐蚀性强的场合。

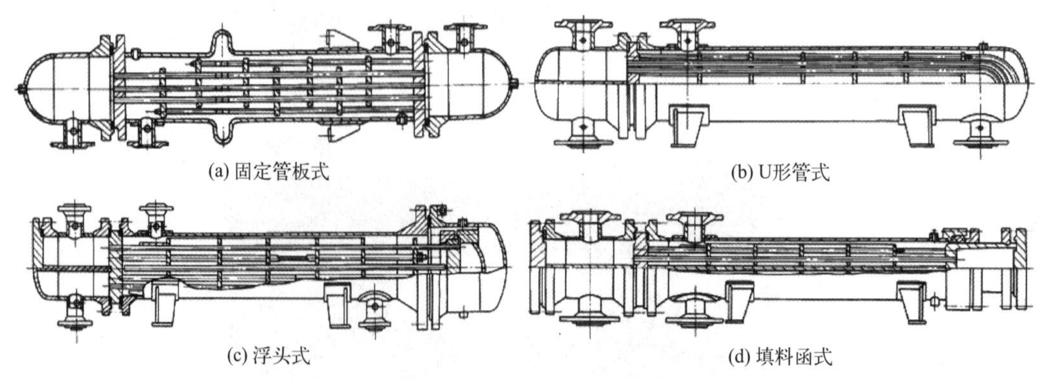

图 1-5-9　管壳式换热器

微课 1-5-1 浮头式换热器

浮头式换热器一端管板与法兰用螺栓固定，另一端可在壳体内自由移动（称为浮头），管束可以抽出，便于管子内外清洗，管束伸长不受约束，不会产生温差应力，但结构复杂、造价较高。其适用于两流体温差较大且容易结垢需要经常清洗的场合。详细介绍见微课 1-5-1。

填料函式换热器两管板中一块与法兰通过螺栓固定连接，另一块类似于浮头，与壳体间隙处通过填料密封，可作一定量的移动。填料函式换热器结构较简单，加工、制造、检修、清洗较方便，但填料密封处容易产生泄漏。其适用于温度、压力都不高，非易燃、难挥发的介质。

单元六　分离设备

知识导入

图 1-6-1 是一种气固相分离设备，在本项目单元三中有过介绍，该设备的名称和工作原理是什么？工业中，除了气固相分离设备，还有气液相分离设备、液固相分离设备等，请查阅资料进行了解，写出常用气液相分离设备和液固相分离设备的名称。

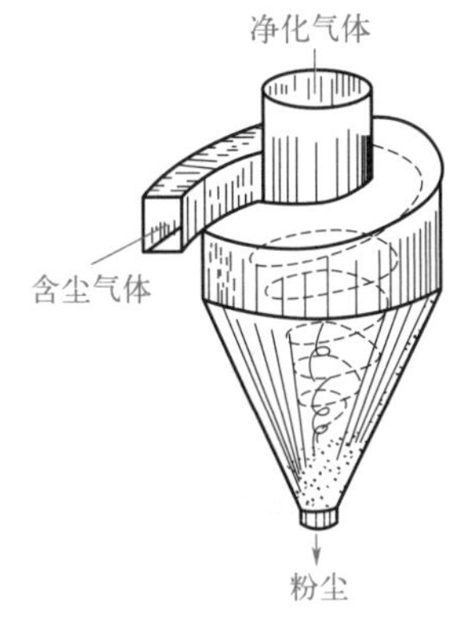

图 1-6-1　分离设备

知识储备

分离设备是进行两相或多相分离的设备。以两相分离为例，根据被分离相的不同，可分为气固分离设备，如旋风除尘器、布袋收尘器等；液固分离设备，如板框过滤机、三足式离心过滤机、真空转鼓过滤机等；气液分离设备，如解吸塔、除沫器等。本单元主要介绍常见的液固分离设备。

常见的液固分离设备可分为过滤类设备和沉降类设备两大类。

一、过滤类设备

过滤类设备根据分离原理不同，可分为板框过滤式和离心过滤式两大类。

1. 板框过滤式

板框过滤式根据使用压力不同，分为常压过滤、加压过滤和真空抽滤。板框过滤机结构如图 1-6-2 所示。其原理是含固液体通过间隔放置的板和框，固体被夹在板和框之间的滤芯截留，液体顺利通过滤芯，从而实现液固分离。图 1-6-3 为某企业的板框过滤机外观图。

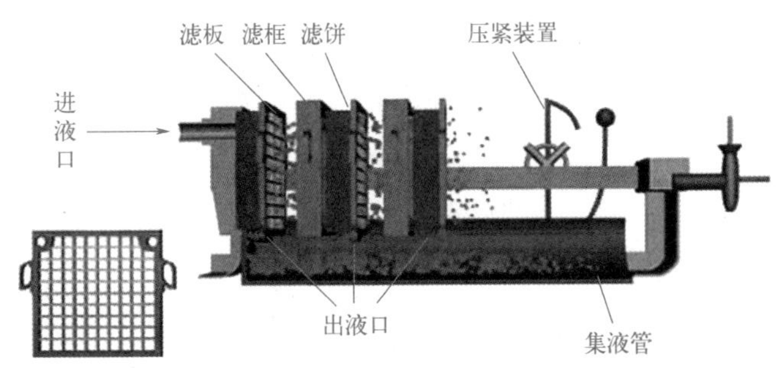

图 1-6-2　板框过滤机结构

图 1-6-3　板框过滤机外观

2. 离心过滤式

离心过滤设备中最常用的是三足式离心过滤机，其结构如图 1-6-4 所示。圆筒形转鼓装在主轴上，外壳和主轴装在底盘上。鼓壁面上开有许多小孔，内壁衬有袋状滤布。三足式离心过滤机是一种间歇式离心过滤设备。悬浮液在转鼓转动前或转动后自顶端加入，滤液通过滤布流出，从排液口排至机外，固体颗粒被截留在滤布上，停机后取出。该设备的优点是结构简单，操作方便，造价低，对物料的适应性强；缺点是间歇操作，生产能力低。图 1-6-5 为三足式离心过滤机外观图。

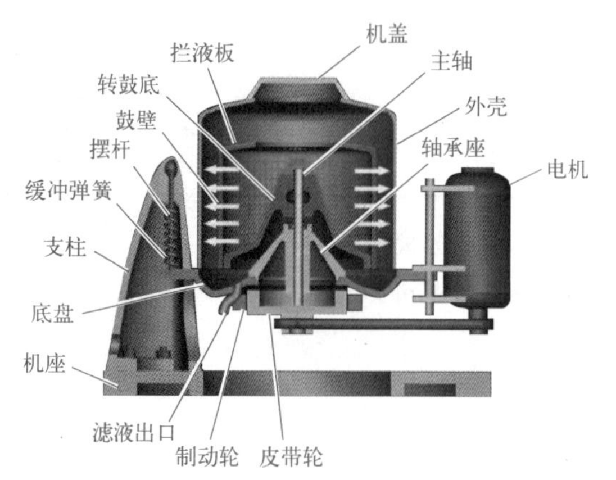

图 1-6-4　三足式离心过滤机的结构示意

图 1-6-5　三足式离心过滤机外观

二、沉降类设备

沉降类设备根据原理不同，可以分为离心沉降和重力沉降两大类。

1. 离心沉降

离心沉降是在离心力作用下，使分散在悬浮液中的固相粒子或乳浊液中的液相粒子沉降。沉降速度与粒子的密度、颗粒直径以及液体的密度和黏度有关，并随离心力（即离心加速度）的增大而加快。因此，离心沉降操作适用于两相密度差小和粒子速度小的悬浮液或乳浊液的分离。常见的有旋液分离器（又称旋流器），外观如图 1-6-6 所示，其结构和操作原理与旋风分离器类似。

图 1-6-6　旋液分离器外观

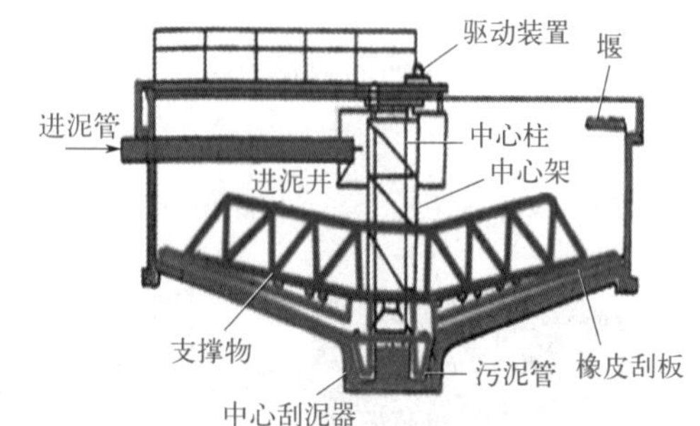

图 1-6-7　浓密机结构示意

2. 重力沉降

重力沉降原理是含固液体进入设备后，在重力及缓慢搅拌作用下，固体颗粒下降到底部并排出，上层清液从上方溢流而出。常见的重力沉降设备有浓密机，其结构如图 1-6-7 所示。

对于城市生活污水或者化工企业的污水，达标排放前必须要将其中的悬浮物、砂石和絮状物进行分离，达标排放的水经过管网流入河流或湖泊。液固分离设备性能的优劣、分离程度的好坏，直接影响排放水的水质，进而对公共水体产生影响。“绿水青山就是金山银山”的理念，需要每一位液固分离操作人员用实际行动来践行。

班级：__________　姓名：__________　学号：__________　日期：__________

知识巩固

1. 下列属于常见的液固分离设备的有（　　）。

A. 三足离心过滤机　　B. 浓密机　　C. 旋风分离器　　D. 旋液分离器

2. 过滤类设备根据分离原理不同，可分为________、________两大类。

3. 图 1-6-8 是某分离设备外观，通过观察可知该设备的类型是（　　）。

A. 离心式　　B. 重力沉降式

图 1-6-8　某分离设备外观

4. 参考本项目单元三中旋风分离器的介绍，写出旋流器的工作原理。

5. 总结归纳分离设备的分类及各类型的代表设备。

学习评价

1. 学习成果自我评价

□已了解分离设备基本知识　　□未了解分离设备基本知识

□已掌握常见的过滤类分离设备的类型和原理　　□未掌握常见的过滤类分离设备的类型和原理

□已掌握常见的沉降类分离设备的类型和原理　　□未掌握常见的沉降类分离设备的类型和原理

2. 教师评价

完成情况：

□优秀　□良好　□中等　□合格　□不合格

知识提升

课后查阅资料，写出三相分离设备的类型及原理。

单元七　泵

知识导入

查阅资料，了解化工类泵参数的作用是什么？常见的化工类泵主要有哪些类型？

知识储备

泵是输送流体或使流体增压的机械。它将原动机的机械能或其他外部能量传送给液体，使液体能量增加，主要用于输送水、油、酸碱液、乳化液、悬乳液和液态金属等液体。

一、泵的类型与原理

泵按工作原理可分为容积式泵、动力式泵和其他形式的泵。

1. 容积式泵

容积式泵是利用泵缸体内容积的连续变化输送液体的泵，常见的有往复泵、柱塞泵、齿轮泵和螺杆泵等。

微课 1-7-1
往复泵

往复泵详细介绍见微课 1-7-1；柱塞泵详细介绍见微课 1-7-2。

齿轮泵是一种常用的液压泵。如图 1-7-1 所示，齿轮泵最基本的形式就是两个尺寸相同的齿轮在一个紧密配合的壳体内相互啮合旋转，这个壳体的内部类似“8”字形，两个齿轮装在里面，齿轮的外径及两侧与壳体紧密配合。物料在吸入口进入两个齿轮中间，并充满这一空间，随着齿的旋转沿壳体运动，最后在两齿啮合时排出。齿轮泵的主要优点是结构简单，制造方便，造价低，外形尺寸小，重量轻，自吸性能好，对油的污染不敏感，工作可靠；缺点是流量不均匀、困油现象比较突出，噪声大，排量不能调节。齿轮泵工作原理见动画 1-7-1。

微课 1-7-2
柱塞泵

动画 1-7-1
齿轮泵
工作原理

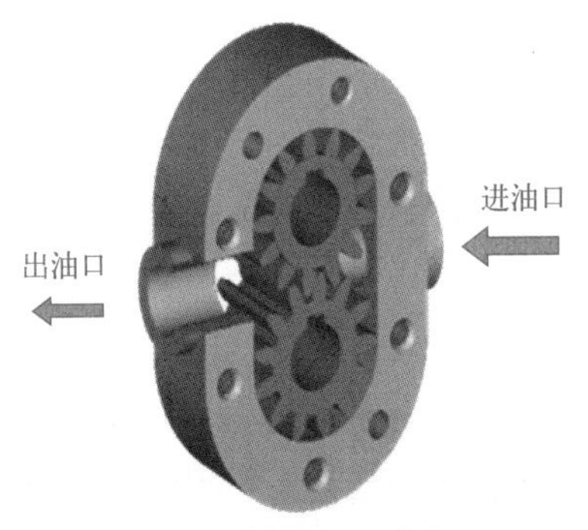

图 1-7-1　齿轮泵的原理示意图

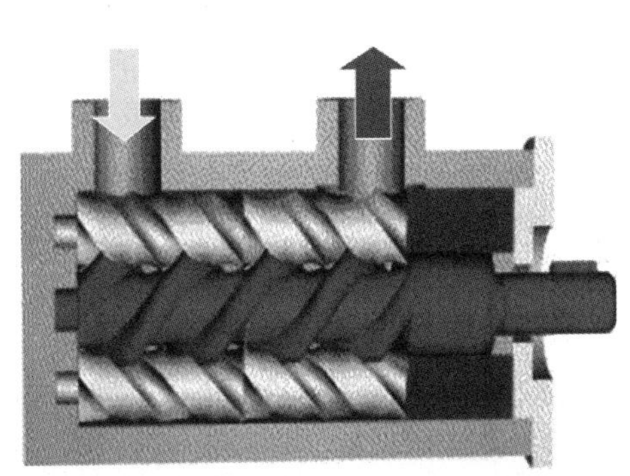

图 1-7-2　螺杆泵工作原理示意图

螺杆泵工作原理示意如图 1-7-2 所示，相互啮合的螺杆与壳体之间形成多个密闭容积，每个密闭容积为一级。当传动轴带动主螺杆顺时针旋转时，左端密闭容积逐渐形成，容积增大为吸油腔；右端密闭容积逐渐消失，容积减小为压油腔。螺杆泵的流量均匀，噪声低，自吸性能好。螺杆泵工作原理见动画 1-7-2。

动画 1-7-2
螺杆泵
工作原理

所有的容积泵开启时，都需要先开泵的前、后阀，再启动泵。关闭反之。

微课 1-7-3
离心泵

微课 1-7-4
旋涡泵

动画 1-7-3
混流泵
工作原理

动画 1-7-4
轴流泵
工作原理

微课 1-7-5
磁力泵

动画 1-7-5
蒸汽喷射泵
工作原理

2. 动力式泵

动力式泵又叫叶片泵，通过泵轴旋转时带动各种叶轮、叶片给液体以离心力或轴向力，将液体输送到管道或容器中，如离心泵、旋涡泵、混流泵、轴流泵等。

离心泵在工作时，依靠高速旋转的叶轮，液体在惯性离心力的作用下获得能量，从而提高了压强。离心泵详细介绍见微课 1-7-3。开启离心泵时应先开进口阀，开泵，再开出口阀；关泵反之。

旋涡泵详细介绍见微课 1-7-4。混流泵工作原理见动画 1-7-3。轴流泵工作原理见动画 1-7-4。

3. 其他形式的泵

其他形式的泵，有应用永磁传动技术原理实现力矩的无接触传递的磁力泵，利用流体能量来输送液体的喷射泵等。磁力泵详细介绍见微课 1-7-5；蒸汽喷射泵工作原理见动画 1-7-5。

二、泵的开停车操作

1. 开车操作

①接到开泵明确指令；②确认泵槽液位足够；③泵进出口阀门确认；④确认泵轴封冷却水，润滑油位；⑤盘泵正常；⑥泵电机送电；⑦启动泵；⑧观察泵运行状态（温度、振动、压力、电流等），检查“跑、冒、滴、漏”情况；⑨确认泵开车正常。

2. 停车操作

①接到停泵明确指令；②确认泵槽液位处于停车位（预防停泵后泵槽漫液）；③关小出口阀，按下停泵按钮，观察泵槽液位、泵是否反转等情况；④停电，挂牌，做好记录；⑤停车完毕。

三、故障判断与处理

泵的流量不足是泵的常见故障现象。可能的原因有：①进出口阀门未开，管路堵塞；②吸入管漏气或泵腔内有空气；③叶轮口环磨损泄漏过大；④泵轴断或对轮脱开。故障的排除方法为：①打开阀门，清除堵塞物；②拧紧各密封处排出空气，打开泵体排气阀排气；③更换叶轮；④换轴或紧固对轮。

拓展阅读

2015 年，我国自主研制成功一颗人工心脏，名为“中国心”。该人工心脏是磁悬浮离心泵，厚 26cm、直径 50mm，重量不到 180g，运行非常安静，无论上下左右怎么晃动，转子都不会碰壳，患者可以参加体育锻炼。截至 2021 年 3 月，“中国心”已经成功完成临床试验手术 25 例。随着科技的进步，“中国心”的体积越来越小，重量越来越轻。2022 年，这枚“中国心”的泵体缩小至直径 34mm、厚 26mm，重量仅 90g。它是目前全球体积最小、质量最轻、技术领先的磁悬浮离心式“人工心脏”，其核心技术具有完全自主知识产权，部件均由中国工程技术人员与中国医师联合研发，是地地道道的“中国智造”。

一个小小的离心泵，不但填补了国内人工心脏领域的空白，更为成千上万心力衰竭的患者重获新生带来希望。它的成功研制，绝对离不开精益求精的工匠精神。将一丝不苟、精益求精的工匠精神融入每一个环节，才能做出打动人心的一流产品。

班级：__________　姓名：__________　学号：__________　日期：__________

知识巩固

1. 选择题

（1）离心泵属于（　　）。

A. 叶片泵　　B. 容积泵　　C. 电磁泵

（2）齿轮泵属于（　　）。

A. 叶片泵　　B. 容积泵　　C. 电磁泵

（3）往复泵属于（　　）。

A. 叶片泵　　B. 容积泵　　C. 电磁泵

2. 化工生产中最常用的泵是齿轮泵和离心泵，这两种泵的开启和关闭方法为：

（1）开启齿轮泵时，应先开__________后开__________；关闭齿轮泵时，应先关________后关_______。

（2）开启离心泵时，应先开______后开_______最后开______；关闭离心泵时，应先关______后关_______最后关_______。

3. 写出容积式泵和动力式泵的工作原理。

4. 泵流量不足是化工泵的常见故障之一，其可能由哪些原因造成？

学习评价

1. 学习成果自我评价

□ 已了解各类型泵的结构和工作原理	□ 未了解各类型泵的结构和工作原理
□ 已了解泵的常规开停车操作	□ 未了解泵的常规开停车操作
□ 已熟悉常见故障泵流量不足的判断与处理方法	□ 未熟悉常见故障泵流量不足的判断与处理方法
□ 已掌握离心泵和齿轮泵的操作方法	□ 未掌握离心泵和齿轮泵的操作方法

2. 教师评价

完成情况：

□优秀　　□良好　　□中等　　□合格　　□不合格

知识提升

查阅资料，熟悉化工泵在不同介质中的使用效果。

单元八 风机

知识导入

请列举出在生活中你所见到的风机。

知识储备

风机是用于输送气体的机械，从能量角度看，它是把原动机的机械能转变为气体能量的一种机械。风机是对气体压缩和气体输送机械的习惯性简称。

一、风机的分类

1. 按工作原理分

风机按工作原理不同，可分为叶片式与容积式两种类型。叶片式是通过叶轮旋转将能量传递给气体，常见的有离心式、轴流式和混流式等；容积式是通过工作室容积周期性改变将能量传递给气体，常见的有往复式和回转式。

2. 按工作压力（全压）大小分

风机按工作压力大小不同，可分为通风机、鼓风机和压缩机。一般认为 15kPa 以下为通风机，15 ～ 350kPa 为鼓风机，350kPa 以上为压缩机。这只是比较广泛的分类，在实际生产中常根据设备设计压力、风量要求和作用等综合选型。

不论是通风机、鼓风机还是压缩机，同一种工作原理（叶片式或容积式）的风机结构是相似的。本单元重点介绍鼓风机和压缩机。因结构原理相似，每个工作原理的风机仅选择性地介绍一种。

二、鼓风机

鼓风机是对气体赋能以提高其压力、增加其速度并将其送出的装置。

1. 离心式鼓风机

离心式鼓风机是一种叶片旋转式气体压缩机械，气体由吸气室吸入，通过叶轮对气体做功，使气体压力、速度、温度提高，然后通过扩压器降低速度，由动能转变为压力能，使压力提高，再流入导向的弯道和回流器，使气体进入下一级压缩，最后末级出来的高压气体沿蜗壳和输气管排出。图 1-8-1 所示为单级叶轮离心式鼓风机，其主要由工作叶轮和螺旋形机壳组成。

机壳的作用是收集从叶轮中甩出的气体，使它流向排气口，并在这个流动过程中使气体从叶轮获得的动压能一部分转化成静压能，形成一定的风压。因此，机壳的形状和大小、吸气口的形状也同步影响其性能。为减小气体在机壳中的流动阻力，一般将机壳做成阿基米德螺线形或对数螺线形。

叶轮是离心式鼓风机的主要部件，由叶片、连接和固定叶片的前盘、后盘和轮毂组成。鼓风机叶轮前盘趋向于做成锥形或曲线锥形，与气流方向一致，以减小阻力。叶轮上叶片的形式对鼓风机性能影响最大，根据其出口方向与叶轮旋转方向之间的关系可分为后向式、径向式和前向式三种。多级叶轮离心式鼓风机的外观图、结构与原理见动画 1-8-1。

动画 1-8-1
多级叶轮离心式鼓风机

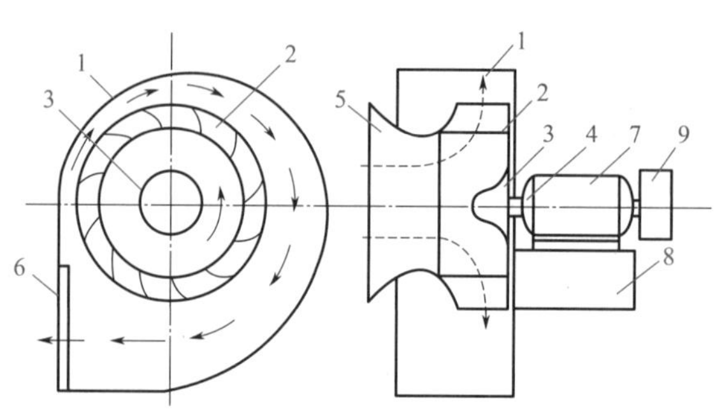

图 1-8-1　单级叶轮离心式鼓风机结构示意

1—机壳；2—叶轮；3—轮毂；4—机油；5—吸气口；6—排气口；7—轴承座；8—机座；9—皮带轮（或联轴器）

动画 1-8-2
轴流式鼓风机

动画 1-8-3
罗茨鼓风机

2. 轴流式鼓风机

轴流式鼓风机内风的流向和轴平行。轴流式鼓风机的外观图、结构与原理见动画 1-8-2。

3. 罗茨鼓风机

罗茨鼓风机是化工行业最常见的回转式鼓风机。罗茨鼓风机是利用两个叶形转子在气缸内做相对运动来压缩和输送气体的回转鼓风机。这种鼓风机结构简单，制造方便，广泛应用于水产养殖增氧、污水处理（曝气）、水泥输送等，尤其适用于低压力工作场合的气体输送。罗茨鼓风机的外观图、结构与原理见动画 1-8-3。

微课 1-8-1
往复活塞式压缩机

微课 1-8-2
滑片式压缩机

三、压缩机

压缩机是用来压缩气体以提高气体压力的机械。它是将原动力的动力能转变为气体的压力能，是用来提高气体压力和输送气体的机械。压缩机按工作原理不同可分为容积式压缩机和动力式压缩机。最常用的往复式压缩机和回转式压缩机均为容积式压缩机。

1. 往复式压缩机

往复式压缩机是通过气缸内活塞或隔膜的往复运动使缸体容积周期变化以实现气体的增压和输送的一种压缩机，属于容积式压缩机。根据往复运动的构件不同，可分为活塞式和隔膜式。往复活塞式压缩机的结构与原理见微课 1-8-1。

2. 回转式压缩机

回转式压缩机是通过一个或几个部件的旋转运动来完成压缩腔内部容积变化的容积式压缩机，包括滑片式、滚动活塞式、螺杆式和涡旋式等。

滑片式压缩机与活塞式压缩机相比，没有吸、排气阀和曲轴连杆结构，因此，转速可较高，能同原电机直接相连，结构简单，制造容易，操作、维修、保养方便，售价也便宜。它工作比较平静，振动小，没有复杂的程序。又由于转速较高，连续供气，所以气流脉冲较小。滑片式压缩机的详细介绍见微课 1-8-2。

班级：__________　姓名：__________　学号：__________　日期：__________

知识巩固

1. 化工行业最常见的鼓风机有（　　）。

A. 离心式鼓风机　　B. 轴流式鼓风机　　C. 混流式鼓风机　　D. 罗茨鼓风机

2. 风机主要包括_______、_______和________。这种分类方法是按照风机所能达到的__________来划分的。

3. 压缩机按压缩气体的方式不同可分为哪两大类？其工作原理分别是什么？

4. 简述罗茨鼓风机的结构和原理。

5. 简述往复式压缩机的结构和原理。

学习评价

1. 学习成果自我评价

□已熟悉鼓风机的结构和作用　□未熟悉鼓风机的结构和作用

□已熟悉压缩机的结构和作用　□未熟悉压缩机的结构和作用

□已能够快速指出鼓风机各结构并说出其名称　□未能够快速指出鼓风机各结构并说出其名称

□已能够快速指出压缩机各结构并说出其名称　□未能够能快速指出压缩机各结构并说出其名称

2. 教师评价

完成情况：

□优秀　□良好　□中等　□合格　□不合格

知识提升

课后查阅资料，熟悉常用鼓风机和压缩机的外观形式，将大概形状画出来。

阅读材料

安全生产十五条措施摘要

一、严格落实地方党委安全生产责任

地方各级党委要牢固树立安全发展理念，始终把人民群众生命安全放在第一位。要定期组织党委理论学习中心组跟进学习贯彻习近平总书记关于安全生产重要论述。严格落实《地方党政领导干部安全生产责任制规定》，严格落实“党政同责、一岗双责、齐抓共管、失职追责”，综合运用巡查督查、考核考察、激励惩戒等措施加强对安全生产工作的组织领导。

二、严格落实地方政府安全生产责任

地方各级政府要组织制定政府领导干部安全生产“职责清单”和“年度任务清单”。政府主要负责人要根据党委会议的要求，及时研究解决突出问题。其他领导干部要分兵把口、严格履责，切实抓好分管行业领域安全生产工作，并把安全生产工作贯穿业务工作全过程。

三、严格落实部门安全监管责任

各有关部门要按照“管行业必须管安全、管业务必须管安全、管生产经营必须管安全”和“谁主管谁负责”的原则，依法依规抓紧编制安全生产权力和责任清单。对职能交叉和新业态新风险，按照“谁主管谁牵头、谁为主谁牵头、谁靠近谁牵头”的原则及时明确监管责任，各有关部门要主动担当，不得推诿扯皮。

四、严肃追究领导责任和监管责任

对不认真履行职责，发生较大及以上生产安全事故的，不仅要追究直接责任，而且要追究地方党委和政府领导责任、有关部门的监管责任，特别是重特大事故要追究主要领导、分管领导的责任。对非法煤矿、违法盗采等严重违法违规行为没有采取有效制止措施甚至放任不管的，要依规依纪依法追究县、乡党委和政府主要负责人的责任，构成犯罪的移交司法机关追究刑事责任。

五、企业主要负责人必须严格履行第一责任人责任

企业法定代表人、实际控制人、实际负责人，要严格履行安全生产第一责任人责任，对本单位安全生产负总责。对故意增加管理层级，层层推卸责任、设置追责“防火墙”的，发生重特大事故要直接追究集团公司主要负责人、分管负责人的责任。

六、深入扎实开展全国安全生产大检查

国务院安委会立即组织开展全国安全生产大检查。各地区各有关部门要全面深入排查重大风险隐患，列出清单、明确要求、压实责任、限期整改。

七、牢牢守住项目审批安全红线

各级发展改革部门要建立完善安全风险评估与论证机制，严把项目审批安全关。传统产业转移要符合国家产业发展规划和地方规划，严格执行国家各行业的规范标准，严格安全监管，坚决淘汰落后产能。

八、严厉查处违法分包转包和挂靠资质行为

严肃查处建筑施工、矿山、化工等高危行业领域违法分包转包行为，严肃追究发包方、承包方相应法律责任。严格资质管理，坚持“谁的资质谁负责、挂谁的牌子谁

负责”，对发生生产安全事故的严格追究资质方的责任。

九、切实加强劳务派遣和灵活用工人员安全管理

生产经营单位要将接受其作业指令的劳务派遣人员、灵活用工人员纳入本单位从业人员安全生产的统一管理，履行安全生产保障责任。危险岗位要严格控制劳务派遣用工数量，未经安全知识培训合格的不能上岗。

十、重拳出击开展“打非治违”

针对当前一些地方和行业领域违法违规生产经营建设问题突出，立即组织开展“打非治违”专项行动。对矿山违法盗采、油气管道乱挖乱钻、危化品非法生产运输经营、建筑无资质施工和层层转包、客车客船渔船非法营运等典型非法违法行为，依法精准采取停产整顿、关闭取缔、上限处罚、追究法律责任等执法措施。狠抓一批违法违规行为和事故的处理。深挖严打违法行为背后的“保护伞”。

十一、坚决整治执法检查宽松软问题

安全生产执法检查要理直气壮，紧盯各类违法行为不放，督促企业彻底整改。强化精准执法、强化专业执法、创新监管执法方式。

十二、着力加强安全监管执法队伍建设

针对安全生产执法队伍“人少质弱”的实际，各地要按照不同安全风险等级企业数量，配齐建强市县两级监管执法队伍，确保有足够力量承担安全生产监管执法任务，不得层层转移下放执法责任。

十三、重奖激励安全生产隐患举报

鼓励社会公众通过政务热线、举报电话和网站、来信来访等多种方式，对安全生产重大风险、事故隐患和违法行为进行举报。用好安全生产“吹哨人”制度，鼓励企业内部员工举报安全生产违法行为。

十四、严肃查处瞒报谎报迟报漏报事故行为

严格落实事故直报制度，生产安全事故隐瞒不报、谎报或者拖延不报的，对直接责任人和负有管理和领导责任的人员依规依纪依法从严追究责任。对初步认定的瞒报事故，一律由上级安委会挂牌督办，必要时提级调查。

十五、统筹做好经济发展、疫情防控和安全生产工作

注意调动各方面积极性，提倡互相协助、相互尊重、齐心合力，共同解决好面对的复杂问题。各级监管部门要注意从实际出发，处理好“红灯”“绿灯”“黄灯”之间的关系，使各项工作协调有序推进，引导形成良好市场预期。各级党委政府要把握好政策基调，坚持稳中求进，善于“弹钢琴”，高质量统筹做好各方面工作。

项目二
化工仪表

知识导图

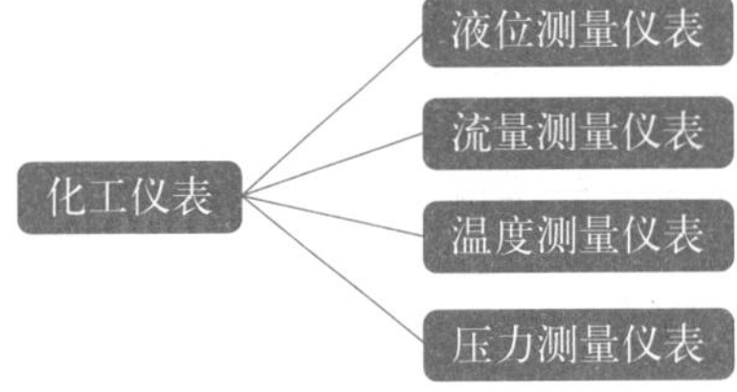

项目导入

化工生产过程中经常要用到化工仪表，化工仪表根据其所测参数不同，主要分为液位测量仪表、流量测量仪表、温度测量仪表和压力测量仪表四大类。

仪表有就地显示和信号远传两种功能。就地显示即可以在现场直接读数，一般不需要电源，就地显示的仪表有磁翻板液位计、双金属温度计等。而信号远传功能是把一种测量参数的信号转换为另一种便于远距离传送的信号（常见的为电信号）后，再送到远方的控制室仪表盘或 DCS 上。通常把安装在工艺对象上以感受测量参数的敏感测量元件，称为传感器，常称为一次仪表，而把装在仪表盘上的显示仪表称为二次仪表。就地显示仪表可配合远传变送器使用，这样既可实现就地显示功能，又可实现信号远传功能。本项目在化工仪表结构介绍时，主要介绍其传感器部分，学生掌握基础的仪表工作原理即可。

本项目通过现场实物图，结合结构原理图、动画、微课等，概括性地对各类化工测量仪表进行介绍，学生通过学习各类仪表的结构、原理和特点，达到熟练识别常见化工仪表的目的。

学习目标

知识目标

了解各类化工仪表的结构。

熟悉各类化工仪表的原理。

掌握化工仪表的分类。

技能目标

能熟记各类化工仪表的测量原理及应用场合。

能对照仪表实物说出主要传感元件名称或仪表名称。

能根据实际情况对常见的化工仪表进行选型。

素质目标

了解科学的人文精神的内涵价值。

培养严谨认真、精益求精、专注细致的工匠精神。

知识单元

单元一　液位测量仪表

单元二　流量测量仪表

单元三　温度测量仪表

单元四　压力测量仪表

单元一　液位测量仪表

知识导入

彩图 2-1-1 为化工储存设备。生产中的化工设备和容器外壳大多是不透明的，工作人员如何才能知道内部溶液的高度或深度呢？

知识储备

设备或容器中液体介质的高低叫作液位。化工生产中，为了能够从不透明的设备或容器外部获得内部液位高低值，常需要用到液位指示仪表，也称为液位指示计。

常见的液位指示计有玻璃管（板）液位计、磁翻板液位计、差压式液位计、磁浮球式液位计、投入式（静压式）液位计、雷达式液位计、超声波液位计和射线式液位计等。

彩图 2-1-1 化工储存设备

一、玻璃管（板）液位计

玻璃管（板）液位计是借助连通器的原理，通过法兰将玻璃管（板）与设备或容器内部连成通路，两者液位实现同升同降，能够较为准确地显示设备或容器内部的液位，属于就地直读式液位计。若通过摄像头也可实现远端观测。该液位计结构简单易读，但需要注意避免碰撞，避免介质温度频繁高低变换。玻璃管液位计的结构原理介绍见微课 2-1-1，玻璃板液位计的结构原理介绍见微课 2-1-2。

微课 2-1-1 玻璃管液位计

微课 2-1-2 玻璃板液位计

二、磁翻板液位计

图 2-1-1 为磁翻板液位计（也叫磁浮子液位计），其根据连通器原理、浮力原理和磁性耦合原理，当被测容器中液位升降时，浮子内的永久磁体通过磁耦合传递到面板的磁翻柱，使红白翻柱翻转 180°，当液位上升时翻柱由白色转为红色，当液位下降时翻柱由红色转为白色，面板上的红白交界处即为设备或容器内液位的实际高度，从而实现液位的就地显示。若增加传感器也可变为远传式，将数据传送到中控室。磁翻板液位计通常安装在设备或容器侧面，安全可靠、结构简单，可用于易燃易爆有毒介质的液位监测，成本低、精度高、易维修，但对介质清洁度和黏度有要求，需注意避免测量管内杂质堵塞导致阻碍浮子运行。磁翻板液位计的介绍见微课 2-1-3。

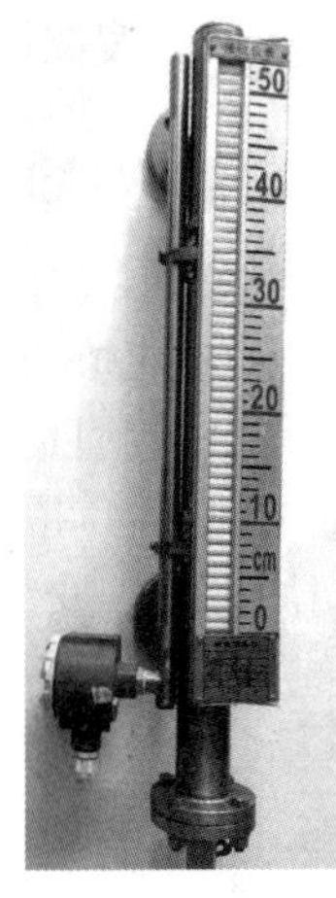

图 2-1-1　磁翻板液位计

微课 2-1-3 磁翻板液位计

三、差压式液位计

图 2-1-2（a）为差压式液位计的测量元件，其是通过测量高低压力差，由公式 $p_0=p_1-p_2=\rho gh$（p_0 为差压值，p_1 为高压侧压力，p_2 为低压侧压力）可以将压力差转换为液位高度。差压式液位计体积小、无易损元件、耐用性好，但仍属于直接接触式，温度和腐蚀性对测量影响较大。差压式液位计主要用于气压变化频繁的密闭有压容器的液位测量。该液位计可以实现信号远传。

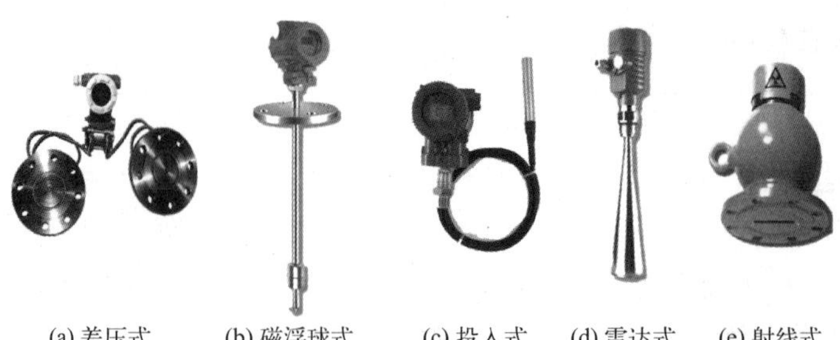

(a) 差压式 (b) 磁浮球式 (c) 投入式 (d) 雷达式 (e) 射线式

图 2-1-2 不同类型液位计的测量元件

四、磁浮球式液位计

图 2-1-2（b）为磁浮球式液位计的测量元件，其原理与磁翻板液位计类似，带有磁体的浮球在被测介质中的位置受浮力作用影响。即液位的变化导致磁性浮球位置的变化，磁性浮球位置的变化引起电学量的变化。通过检测电学量的变化来反映容器内液位的情况。磁浮球式液位计通常安装在设备或容器顶部，结构简单、调试方便、可靠性好，可用于含有泡沫等悬浮物的液体液位测量，如地下储槽、储罐等。该液位计可以实现信号远传。

五、投入式（静压式）液位计

图 2-1-2（c）为投入式（静压式）液位计的测量元件，其是利用静压测量原理，即液体中某一点的静压力与该点到液面的距离成正比，根据公式 $p=\rho gh$ 得出溶液的高度值。投入式（静压式）液位计主要用于常压下的对空容器，局限性比较大，但成本较低。该液位计可以实现信号远传。

六、雷达式液位计

图 2-1-2（d）为雷达式液位计的测量元件，其是基于时间行程原理的测量仪表，探头发出的电磁波在设备或容器内部空间以光速传播，当遇到被测介质表面时，部分电磁波反射回来被仪表内的接收器接收，根据反射波的行程和时间，经仪表转换得出液位高度。雷达式液位计属于非接触式，一般用于高危、高毒性、高腐蚀性的介质，耐用性高、安全性好，介质属性对测量影响较小，适应性强。

七、超声波液位计

超声波液位计原理与雷达式液位计相似，只是超声波脉冲属于机械波，其在真空中不能传播，有温度和压力限制，环境中有雾气及粉尘时，超声波不能很好地测量，因此，超声波液位计不适用于有雾气及粉尘的场合。该液位计可以实现信号远传。

八、射线式液位计

图 2-1-2（e）为射线式液位计的测量元件，其是基于放射性粒子透过介质时粒子被部分吸收，不需要在设备上开孔，适用于高温、高压、腐蚀性强、毒性大、烟雾大等复杂恶劣环境场合。射线式液位计在一般情况下使用较少，因为射线对人体有伤害，属于危险源且设备造价高。该液位计可以实现信号远传。

班级：__________　姓名：__________　学号：__________　日期：__________

知识巩固

1. 选择题

(1) 常见的液位仪表中，属于接触式的有（　　），属于非接触式的有（　　）。

A. 玻璃管（板）液位计　B. 磁翻板液位计
C. 磁浮球式液位计　D. 投入式（静压式）液位计
E. 差压式液位计　F. 雷达式液位计
G. 超声波液位计　H. 射线式液位计

(2) 常见的液位仪表中，属于压力式的有（　　），属于浮力式的有（　　）。

A. 玻璃管（板）液位计　B. 磁翻板液位计
C. 磁浮球式液位计　D. 投入式（静压式）液位计
E. 差压式液位计　F. 雷达式液位计
G. 超声波液位计　H. 射线式液位计

(3) 常见的液位仪表中，可用于有毒、易燃、有泡沫等悬浮介质液位测量的有（　　）。

A. 玻璃管（板）液位计　B. 磁翻板液位计
C. 磁浮球式液位计　D. 投入式（静压式）液位计
E. 差压式液位计　F. 雷达式液位计
G. 超声波液位计　H. 射线式液位计

(4) 常见的液位仪表中，具备信号远传功能的有（　　）。

A. 玻璃管（板）液位计　B. 磁翻板液位计
C. 磁浮球式液位计　D. 投入式（静压式）液位计
E. 差压式液位计　F. 雷达式液位计
G. 超声波液位计　H. 射线式液位计

2. 识图

(1) 图 2-1-3（a）是某企业的液位计，该液位计是（　　）。

A. 玻璃管（板）液位计　B. 磁翻板液位计
C. 磁浮球式液位计　D. 投入式（静压式）液位计
E. 差压式液位计　F. 雷达式液位计
G. 超声波液位计　H. 射线式液位计

(a)

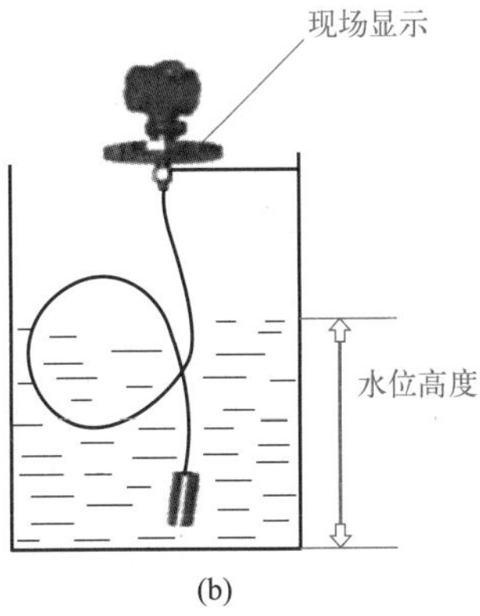

(b)

(c)

图 2-1-3　某企业的液位计

（2）图 2-1-3（b）是某企业的液位计，该液位计是（　　）。

A. 玻璃管（板）液位计　　B. 磁翻板液位计

C. 磁浮球式液位计　　D. 投入式（静压式）液位计

E. 差压式液位计　　F. 雷达式液位计

G. 超声波液位计　　H. 射线式液位计

（3）图 2-1-3（c）是某企业的液位计，该液位计是（　　）。

A. 玻璃管（板）液位计　　B. 磁翻板液位计

C. 磁浮球式液位计　　D. 投入式（静压式）液位计

E. 差压式液位计　　F. 雷达式液位计

G. 超声波液位计　　H. 射线式液位计

3. 写出投入式液位计、差压式液位计的原理。

学习评价

1. 学习成果自我评价

□已了解液位测量仪表的类型　　□未了解液位测量仪表的类型

□已熟悉液位测量仪表的分类及使用场合　　□未熟悉液位测量仪表的分类及使用场合

□已能够对照实物说出液位测量仪表的名称　　□未能够对照实物说出液位测量仪表的名称

2. 教师评价

完成情况：

□优秀　　□良好　　□中等　　□合格　　□不合格

知识提升

微课 2-1-4
浮筒液位计

查阅资料或观看视频（微课 2-1-4），了解浮筒液位计的相关知识。

单元二　流量测量仪表

知识导入

图 2-2-1 为化工管路。化工生产中有很多管路，工作人员如何才能知道管路内部溶液的流动情况呢？具体流量是多少呢？可以使用什么仪表来测量呢？

图 2-2-1　化工管路

知识储备

用于测量管道或明渠中流体流量（瞬时流量、累积流量）的仪表称为流量计。流量计按介质分类可分为液体流量计和气体流量计，按原理又可分为差压式流量计、转子流量计、容积流量计、电磁流量计和超声波流量计等。

一、差压式流量计

差压式（也称节流式）流量计是基于流体流动的节流原理。充满管道的流体流经管道内的节流装置，在节流元件附近造成局部收缩，流速增加，在其上、下游两侧产生静压力差，经过换算可以得出流体流量。常见的节流装置有孔板、喷嘴和文丘里。图 2-2-2 为孔板差压流量计，节流元件为环形孔板。图 2-2-3 为孔板和喷嘴的截面图。图 2-2-4 为文丘里。

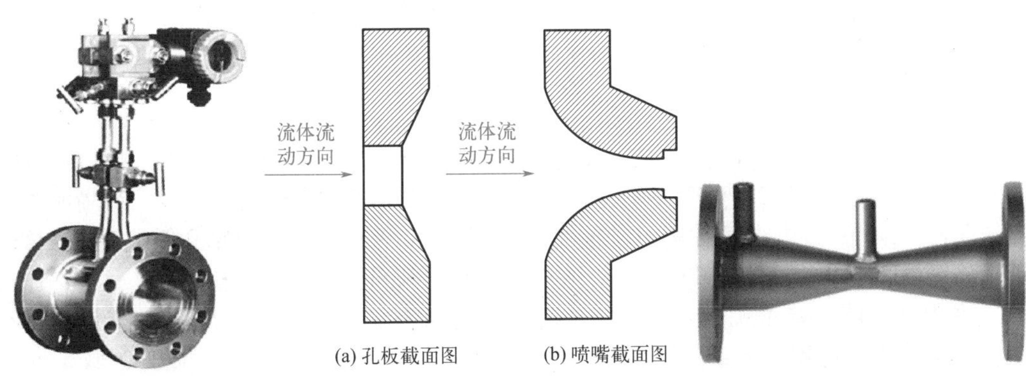

图 2-2-2　孔板差压流量计　　图 2-2-3　孔板和喷嘴截面图　　图 2-2-4　文丘里

差压式流量计广泛用于气体、蒸汽和液体的流量测量，特别是高温高压场合。尽管精度较差，但具有结构简单、维修方便、性能稳定、使用可靠、成本低等优点，不需要维护即可长期稳定运行。

二、转子流量计

转子流量计如图 2-2-5 所示，是根据节流原理测量流体流量的，它是通过改变流体的流通面积来保持转子上下的差压恒定，故又称为变流通面积恒差压流量计，也称为浮子流量计。转子流量计工作可靠、性能优良、维护量小、寿命长，有就地型、远传型、夹套型、水平型、防爆型、耐腐型等，适用于小管径和低流速的场合，广泛应用于石化、钢铁、电力、冶金、轻工等行业。

三、容积流量计

容积流量计如图 2-2-6 所示，又称定排量流量计，简称 PD 流量计，是利用机械测量元件把流体连续不断地分割成单个已知的体积部分，根据测量室逐次重复地充满和排放该体积部分流体的次数来测量流体体积总量，是流量仪表中精度最高的一类。容积流量计按其测量元件分类，可分为椭圆齿轮流量计、刮板流量计、双转子流量计、旋转活塞流量计、往复活塞流量计、圆盘流量计、液封转筒式流量计、湿式气量计及膜式气量计等。以椭圆齿轮流量计结构为例，其测量部分由两个相互啮合的椭圆形齿轮 A 和 B，轴及壳体组成。椭圆齿轮和壳体之间形成测量室，如图 2-2-7 所示。当流体流过椭圆齿轮流量计时，A 轮和 B 轮相互交替地由一个带动另一个转动，并把被测介质以半月形容积为单位一次次地由进口排至出口，通过测量其转动次数，即可计算出排出流体的流量。

图 2-2-5　转子流量计

图 2-2-6　容积流量计

容积流量计的计量精度高，安装管道条件对计量精度没有影响，可用于高黏度液体的测量。其测量范围宽，直读式仪表无需外部能源即可直接获得累计总量，清晰明了，操作简便。缺点是结构复杂使得重量较大、成本较高，不适用于有异物和低黏度的液体，轴承易磨损需定期检查，安装较复杂，在中、大口径流量计中竞争力较小。

容积流量计、差压式流量计与转子流量计并列为三类使用量最大的流量计，广泛应用于工业生产过程的流量测量，并已拓展到医疗、精密化工、食品工业等领域。

四、电磁流量计

微课 2-2-1
电磁流量计

电磁流量计如图 2-2-8 所示，是应用电磁感应原理，根据导电流体通过外加磁场时感生的电动势来测量导电流体流量的一种仪器。电磁流量计的管道内没有其他部件，所以除用于测量导电流体的流量外，还可用于测量各种黏度的不导电液体（其中加入易电离物质）的流量。电磁流量计的测量不受流体密度、黏度、温度、压力和电导率变化的影响，在核能工业中经常使用。电磁流量计的介绍见微课 2-2-1。

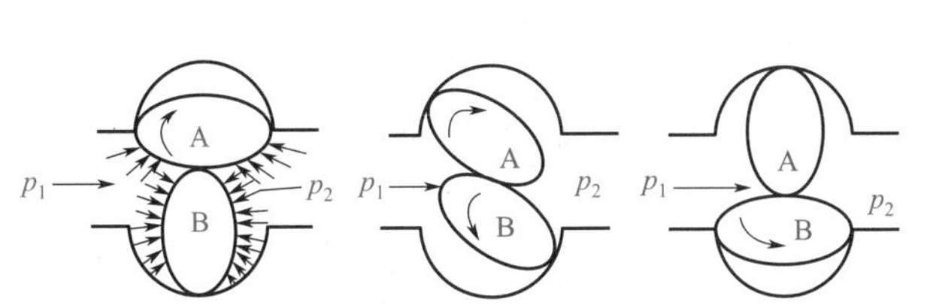

图 2-2-7　椭圆齿轮流量计结构原理

图 2-2-8　电磁流量计

五、超声波流量计

超声波流量计是通过检测流体流动对超声束（或超声脉冲）的作用以测量流量的仪表。超声波流量计是一种非接触式仪表，它既可以测量大管径的介质流量，也可用于不易接触和观察的介质的测量。它的测量准确度很高，几乎不受被测介质的各种参数的干扰，不会改变流体的流动状态，不产生附加阻力，仪表的安装及检修均可不影响生产管线运行，因而是一种理想的节能型流量计。超声波流量计的优点是可以解决其他仪表不能实现的强腐蚀性、非导电性、放射性及易燃易爆介质的流量测量问题，缺点主要是可测流体的温度范围受耦合材料耐温程度的限制。另外，超声波流量计的测量线路比一般流量计复杂。超声波流量计的介绍见微课 2-2-2。

微课 2-2-2
超声波
流量计

超声波流量计按照传感器可分为外夹式、插入式和管段式三种。

1. 外夹式

外夹式超声波流量计如图 2-2-9（a）所示，以微处理器及先进的电子信息技术完成超声回波辨识，实现对流量的准确计量，解决了其他流量计目前还无法解决的大口径测量问题。该款流量计携带方便、操作便捷、读数直观，其在测量过程中无需破管断流，探头直接接触直管段即可，实现了无损安装，充分体现了超声波流量计安装简单、使用方便的特点。

2. 插入式

插入式超声波流量计如图 2-2-9（b）所示，由主机和插入式传感器组成，安装时可以不断流，利用专门工具在有水的管道上打孔，把传感器插入管道内，无需停产安装。由于传感器在管道内，其信号的发射、接收只经过被测介质，而不经过管壁和衬里，所以其测量不受管质和管衬材料的限制。这是一款相对理想的流量计，解决了外夹式流量计长时间工作信号衰减和因管道内表面结垢而收不到信号的问题。

3. 管段式

管段式超声波流量计如图 2-2-9（c）所示，采用微处理技术，先进的大规模集成电路，可满足不同工业现场需求，具有安装方便、始动流量低、测量准确度高、无压力损伤等优点。管段式传感器需停产安装，管段为法兰连接，解决了外夹式传感器和插入式传感器在安装过程中由于管道不标准或人为安装误差而造成的测量精度下降的问题。

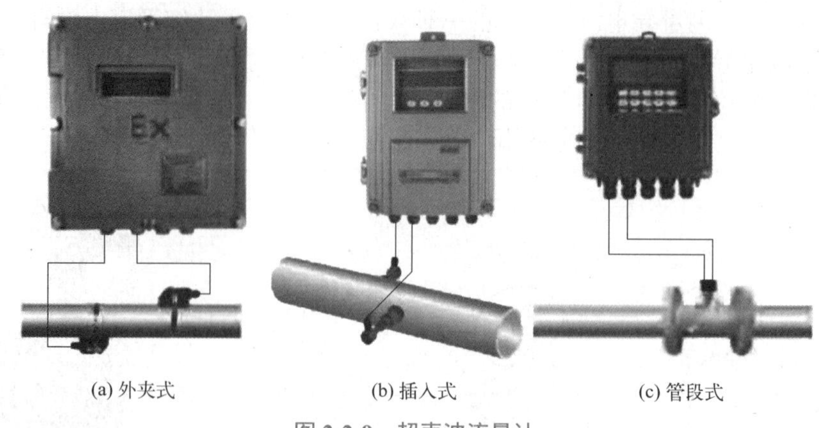

(a) 外夹式　(b) 插入式　(c) 管段式

图 2-2-9　超声波流量计

拓展阅读

流量测量的发展可追溯到古代的水利工程和城市供水系统。古罗马凯撒时代已采用孔板测量居民的饮用水水量。公元前 1000 年左右，古埃及用堰法测量尼罗河的流量。

在工业现场，测量流体流量的仪表统称为流量计或流量表，是工业测量中最重要的仪表之一。随着工业的发展，对流量测量的准确度和范围要求越来越高，为了适应多种用途，各种类型的流量计相继问世。

公元前 256 年，我国著名的都江堰水利工程就应用了宝瓶口的水位来观测水量大小。这就是流量仪的雏形。

1738 年，瑞士人丹尼尔 · 伯努利以伯努利方程为基础，利用差压法测量水流量。

1791 年，意大利人文丘里研究用文丘里管测量流量，并发表了研究结果。

1886 年，美国人赫谢尔用文丘里管制成测量水流量的实用装置。文丘里管流量计开始逐渐在工业生产上普及。

20 世纪初期到中期，原有的测量原理逐渐成熟，人们开始探索新的测量原理。

1910 年，美国开始研制测量明沟中水流量的槽式流量计。

1922 年，巴歇尔将原文丘里水槽改革为巴歇尔水槽。

1911—1912 年，美籍匈牙利人卡门提出卡门涡街的新理论。

20 世纪 30 年代，出现了探讨用声波测量液体和气体的流速的方法，但到第二次世界大战为止未获较大进展，直到 1955 年才有了应用声循环法的马克森流量计，用于测量航空燃料的流量。

1945 年，科林用交变磁场成功测量了血液流动的情况。

20 世纪 60 年代以后，测量仪表开始向精密化、小型化等方向发展。例如，为了提高差压仪表的精确度，出现了力平衡差压变送器和电容式差压变送器；为了使电磁流量计的传感小型化和改善信噪比，出现了用非均匀磁场和低频励磁方式的电磁流量计。此外，具有宽测量范围和无活动检测部件的实用卡门涡街流量计也在 70 年代问世。

随着集成电路技术的迅速发展，具有锁相环路技术的超声（波）流量计也得到了普遍应用，微型计算机的广泛应用，进一步提高了流量测量的能力，如激光多普勒流速计应用微型计算机后，可处理较为复杂的信号。

班级：__________　姓名：__________　学号：__________　日期：__________

知识巩固

1. 选择题

（1）常见的流量仪表，使用最多的三大类分别是（　　）。

A. 差压式流量计　B. 转子流量计　C. 容积流量计

D. 电磁流量计　E. 超声波流量计

（2）常见的流量仪表，利用电磁感应原理实现测量的是（　　）。

A. 差压式流量计　B. 转子流量计　C. 容积流量计

D. 电磁流量计　E. 超声波流量计

（3）常见的流量仪表，属于非接触式仪表，既可以测量大管径的介质流量，又可以用于不易接触和观察的介质的测量，但可测流体温度范围受限的一种是（　　）。

A. 差压式流量计　B. 转子流量计　C. 容积流量计

D. 电磁流量计　E. 超声波流量计

2. 填空题

（1）差压式流量计常见的节流装置有________、________和________。

（2）容积流量计适用于__________液体的测量，不适用于________和________液体的测量。

3. 识图

（1）图 2-2-10（a）是某企业的流量计，该流量计是（　　）。

A. 差压式流量计　B. 超声波流量计　C. 转子流量计　D. 电磁流量计

（2）图 2-2-10（a）所示的流量计，节流元件的名称是（　　）。

A. 孔板　B. 喷嘴　C. 文丘里

（3）图 2-2-10（b）是某企业的流量计，该流量计是（　　）。

A. 差压式流量计　B. 超声波流量计　C. 转子流量计　D. 电磁流量计

(a)

(b)

图 2-2-10　某企业的流量计

4. 常见的流量测量仪表有哪些？请写出名称和原理。

学习评价

1. 学习成果自我评价

□已了解各类型流量测量仪表的原理

□已熟悉流量测量仪表的分类及使用场合

□已能够对照实物说出流量测量仪表的名称

□未了解各类型流量测量仪表的原理

□未熟悉流量测量仪表的分类及使用场合

□未能够对照实物说出流量测量仪表的名称

2. 教师评价

完成情况：

□优秀　□良好　□中等　□合格　□不合格

知识提升

微课 2-2-3
涡轮流量计

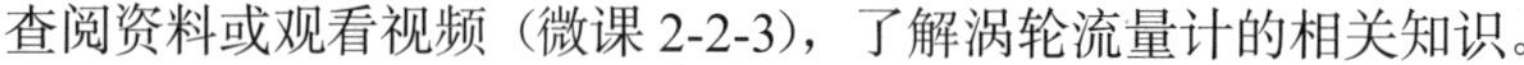

查阅资料或观看视频（微课 2-2-3），了解涡轮流量计的相关知识。

单元三　温度测量仪表

知识导入

图 2-3-1 是人们在生活中常用的两种温度计。你知道温度的检测方法都有哪些吗？

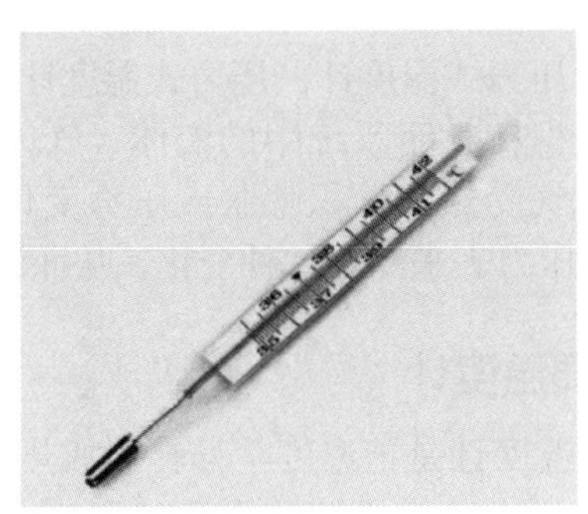

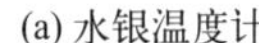

(a) 水银温度计

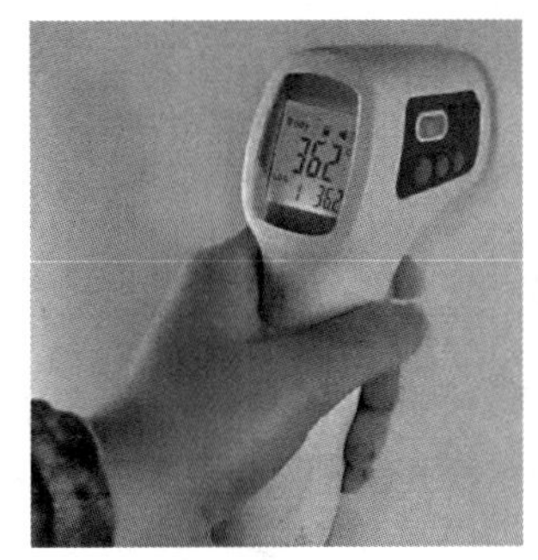

(b) 红外线温度计

图 2-3-1　常用温度计

知识储备

温度是反映物体冷热程度的物理量，是化工生产过程中一个重要的操作变量，许多生产过程都要求在一定温度范围内进行。温度的检测与控制，是实现生产过程优质高产和安全低耗的重要手段。

温度仪表按其测量方式可分为接触式测温仪表和非接触式测温仪表。接触式测温仪表主要有膨胀式温度计、压力式温度计、热电阻和热电偶；非接触式测温仪表主要有辐射温度计和红外线温度计。

接触式测温仪表的特点是测温元件直接与被测对象相接触，两者之间进行充分的热交换，最后达到热平衡，这时感温元件的某一物理参数的量值就代表了被测对象的温度值。这种测温方法优点是直观可靠，缺点是感温元件影响被测温度场的分布，接触不良等都会带来测量误差，另外温度太高和腐蚀性介质对感温元件的性能和寿命会产生不利影响。

非接触式测温仪表的特点是感温元件不与被测对象相接触，而是通过辐射进行热交换，故可避免接触式测温法的缺点，具有较高的测温上限。此外，非接触式测温法热惯性小，可达千分之一秒，便于测量运动物体的温度和快速变化的温度。由于受物体的发射率、被测对象到仪表之间的距离以及烟尘、水汽等其他介质的影响，这种测温方法一般测温误差较大。

一、膨胀式温度计

膨胀式温度计是基于物体（酒精、煤油、水银、金属等）受热时体积膨胀的性质而制成的。玻璃管温度计属于液体膨胀式温度计，双金属温度计属于固体膨胀式温度计。

水银温度计是最常见的膨胀式温度计。水银温度计具有诸多优点：构造简单，使用方便，精确度较高，价格便宜，而且水银不沾玻璃，保持液态的温度范围比较大（−38 ～ 356.66℃）。此外，在 200℃以下水银的体膨胀和温度几乎呈直线关系。水银温度计的测温范围一般是 −30 ～ 600℃。因为水银在常压下的沸点为 356.966℃，故不加压的水银温度计的测量上限只能到 300℃，若充以加压的氮气，并采用热变形较小的石英玻璃管，测量上限可达 600℃或更高。

二、压力式温度计

根据压力随温度的变化来测温的仪表叫压力式温度计。压力式温度计如图 2-3-2 所示。它是根据在封闭系统中的液体、气体或低沸点液体的饱和蒸气受热后体积膨胀或压力变化这一原理制成的，通过压力表来测量这种变化，从而测得温度。

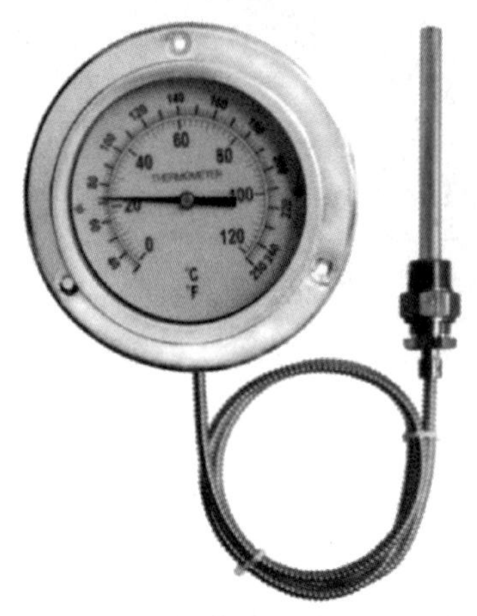

图 2-3-2　压力式温度计

三、热电偶温度计

文档 2-3-1
热电偶温度计的结构

热电偶温度计是把温度信号转换成热电动势信号，再通过电气仪表转换成被测介质的温度。热电偶温度计是一种最简单、最普通、测温范围最广的温度传感器，是科研、生产中最常用的温度测量仪表。其具有测温精确度较高、结构简单、测温范围较宽、动态响应速度较快等特点，并且信号可远传，便于集中检测和自动控制。

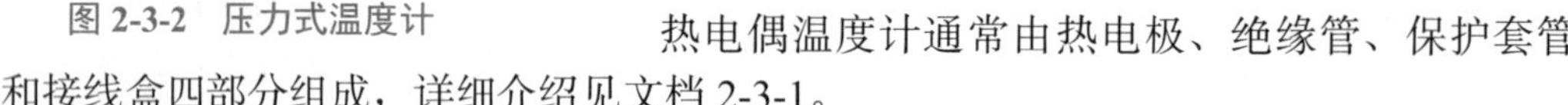

热电偶温度计通常由热电极、绝缘管、保护套管和接线盒四部分组成，详细介绍见文档 2-3-1。

文档 2-3-2
热电偶的分度号

标准化热电偶按 IEC 国际标准生产。热电偶的分度号主要有 S、R、B、N、K、E、J、T 等几种，详见文档 2-3-2。其中 S、R、B 属于贵金属热电偶，N、K、E、J、T 属于廉价金属热电偶。热电偶温度计一般适用于 500℃以上的较高温度测量。

微课 2-3-1
热电阻温度计结构原理

四、热电阻温度计

对于 500℃以下的中、低温，一般使用热电阻温度计进行测量。随着温度的升高，导体或半导体的电阻会发生变化，温度和电阻间具有单一的函数关系，利用这一函数关系来测量温度的方法即为热电阻测温法，用于测温的导体或半导体被称为热电阻。热电阻温度计结构原理见微课 2-3-1。

目前使用最广泛的热电阻材料是铂和铜。金属铂容易提纯，在氧化性介质中具有很高的物理化学稳定性，有良好的复制性，但价格较贵。目前我国常用的铂电阻有两种，分度号为 Pt_{100} 和 Pt_{10}。金属铜易加工提纯，价格便宜；它的电阻温度系数很大，且电阻与温度呈线性关系；在测温范围 −50 ～ 150℃内具有很好的稳定性。工业上常用的铜电阻有两种，分度号为 Cu_{50} 和 Cu_{100}。

五、辐射式温度计

辐射式温度计是利用物体的热辐射现象来测量物体温度的仪表。这种温度计和热电阻、热电偶及膨胀式温度计最显著的区别在于，辐射式温度计在测温时不和测量对象直接接触，属于非接触式测温仪表。

班级：__________　姓名：__________　学号：__________　日期：__________

知识巩固

1. 填空题

（1）温度测量仪表按其测量方式可分为__________和__________两种。

（2）热电偶通常由________、________、________和________四部分组成。

2. 写出下列各类温度测量仪表的测温原理。

（1）膨胀式温度计

（2）压力式温度计

（3）热电偶温度计

（4）热电阻温度计

3. 逐一说明工业热电偶的型号、分度号和测量范围。

学习评价

1. 学习成果自我评价

□已了解温度测量仪表的分类　□未了解温度测量仪表的分类

□已熟悉温度测量仪表的结构及作用　□未熟悉温度测量仪表的结构及作用

□已掌握各类温度测量仪表的工作原理　□未掌握各类温度测量仪表的工作原理

□已掌握热电偶温度计的分度号　□未掌握热电偶温度计的分度号

2. 教师评价

完成情况：

□优秀　□良好　□中等　□合格　□不合格

知识提升

非接触式红外温度传感器是如何工作的？主要应用在哪些领域？

单元四　压力测量仪表

知识导入

图 2-4-1 为某化工储罐。思考并回答：如何测量该化工容器内部的压力？

图 2-4-1　化工储罐

知识储备

压力是工业生产中的重要参数，承压容器如果没有安装压力测量仪表或者压力测量仪表失灵，一旦其压力超过额定值便是不安全的。要保证安全，必须安装压力测量仪表进行压力测量，并安装相应的泄压装置进行控制。在某些工业生产过程中，压力还直接影响产品的质量和生产效率，如生产合成氨时，氮和氢需在一定的压力下才能合成，而且压力的大小也会直接影响产量的高低。

压力测量仪表又称压力表或压力计，主要用来测量容器或管道内气体或液体的压力。压力表可以指示、记录压力值，并可附加报警或控制装置。仪表所测压力包括绝对压力、大气压力、正压力（通常称表压）、负压（通常称真空度）和差压。工业生产中所测量的多为表压。压力的国际单位为帕斯卡，简称帕，其他单位还有工程大气压、巴、毫米水柱、毫米汞柱等。

化工生产中的压力测量仪表按工作原理可分为液柱式、弹性式和电测式等类型。

一、液柱式压力计

液柱式压力计如彩图 2-4-1 所示，其根据静力学原理，将被测压力转换成液柱高度进行压力测量。这类仪表包括 U 形管压力计、单管压力计、斜管压力计等。常用的测压指示液体有酒精、水、四氯化碳和水银。这类压力计的优点是结构简单，反应灵敏，测量准确；缺点是受到液体密度的限制，测压范围较窄，在压力剧烈波动时，液柱不易稳定，而且对安装位置和方式有严格要求。一般仅用于测量低压和真空度，多在实验室中使用。

彩图 2-4-1
液柱式
压力计

二、弹性式压力计

弹性式压力计的外观都很相似，如图 2-4-2 所示。弹性式压力计是根据弹性元件受力变形的原理，将被测压力转换成元件的位移来测量压力。常见的弹性式压力计有弹簧管压力计、波纹管压力计、膜片式压力计和膜盒式压力计。对应的弹性元件如图 2-4-3 所示。图 2-4-3（a）为单圈弹簧管，是弯成圆弧形的金属管子，当底部通入压力后，它的自由端就会产生位移。为了增加自由端的位移，可以制成多圈弹簧管，如图 2-4-3（b）所示。图 2-4-3（c）为膜片，它是由金属或非金属材料制成的具有弹性的一张膜片，在压力作用下能产生变形；有时，可以用两张金属膜片沿周口对焊起来，成一薄膜盒子，内充液体（如硅油），称为膜盒，如图 2-4-3（d）所示。波纹管是一个周围为波纹状的薄壁金属筒体，如图 2-4-3（e）所示，这种弹性元件易变形，而且位移很大，常用于微压与低压的测量（一般不超过 1MPa）。CWD-430 型差压计是一种波纹管压力计，其详细结构和工作原理见微课 2-4-1。

图 2-4-2 弹性式压力计外观

微课 2-4-1 CWD-430 型差压计

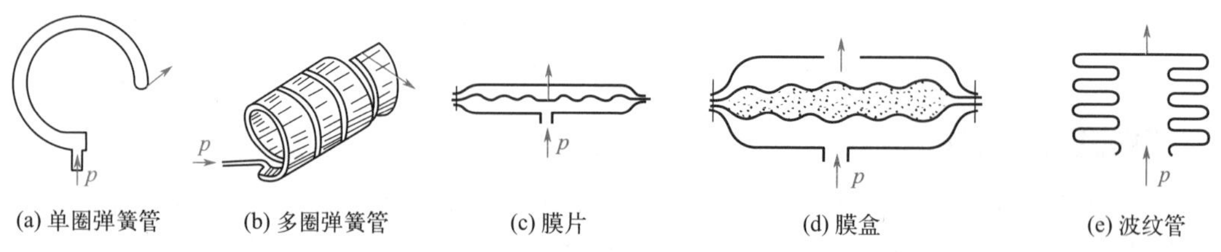

图 2-4-3 弹性元件示意图

弹性式压力计结构简单，牢固耐用，价格便宜，工作可靠，测量范围宽，适用于高压、中压、低压等多种生产场合，是工业生产中应用最广泛的一类压力测量仪表。不过弹性式压力计的测量精度不高，且多数采用机械指针输出，主要用于生产现场的就地指示。当需要信号远传时，必须配上附加装置。

三、电测式压力计

彩图 2-4-2 电测式压力计

电测式压力计如彩图 2-4-2 所示，是利用金属或半导体的物理特性，直接将压力转换为电压、电流信号或频率信号输出，或是通过电阻应变片等，将弹性体的形变转换为电压、电流信号输出。根据转换元件的不同，可分为电阻式、电容式、应变式、电感式、压电式、霍尔片等形式。这类压力计的最大特点是输出信号易于远传，可以方便地与各种显示、记录和调节仪表配套使用，从而为压力集中监测和控制创造条件。电测式压力计在生产过程自动化系统中被大量采用。

班级：__________ 姓名：__________ 学号：__________ 日期：__________

知识巩固

1. 选择题

（1）化工生产中常见的压力测量仪表，主要有（ ）三大类。

A. 液柱式压力测量仪表 B. 弹性式压力测量仪表

C. 电测式压力测量仪表 D. 负荷式压力测量仪表

（2）化工生产中常见的压力测量仪表，在生产过程自动化系统中被大量采用的是（ ）。

A. 液柱式压力测量仪表 B. 弹性式压力测量仪表

C. 电测式压力测量仪表 D. 负荷式压力测量仪表

（3）化工生产中常见的压力测量仪表中，弹簧管压力计、波纹管压力计属于（ ）。

A. 液柱式压力测量仪表 B. 弹性式压力测量仪表

C. 电测式压力测量仪表 D. 负荷式压力测量仪表

2. 判断题

液柱式压力计结构简单，反应灵敏，测量准确，并且对安装位置和方式没有严格要求。（ ）

3. 识图

图 2-4-4 为某压力测量仪表，该仪表的名称是（ ）。

A. U 形管压力计 B. 斜管压力计 C. 弹簧管压力计 D. 波纹管压力计

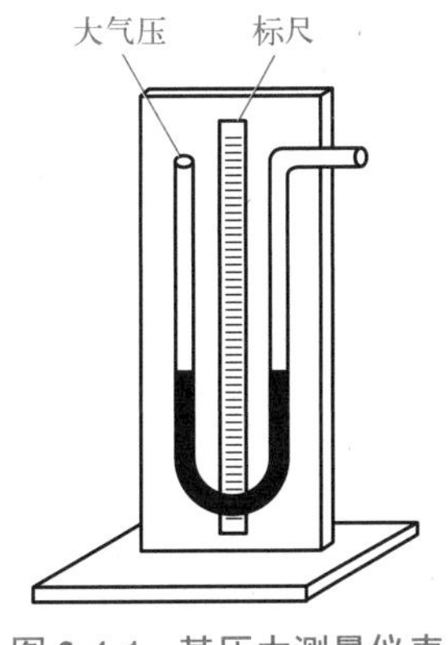

图 2-4-4 某压力测量仪表

4. 写出弹性式压力计的测压原理。

5. 常见的压力测量仪表有哪些？请按分类写出来。

学习评价

1. 学习成果自我评价

□已了解常见压力测量仪表的工作原理	□未了解常见压力测量仪表的工作原理
□已熟悉压力测量仪表的分类及特点	□未熟悉压力测量仪表的分类及特点
□已能够对照实物说出压力测量仪表的类型和名称	□未能够对照实物说出压力测量仪表的类型和名称

2. 教师评价

完成情况：

□优秀　□良好　□中等　□合格　□不合格

知识提升

微课 2-4-2 压力变送器的故障及处理

查阅资料或观看视频（微课 2-4-2），了解压力变送器的故障原因及处理方法。

阅读材料

80 后航天工匠冯辉：20 年“拼”出精益求精

冯辉是中国航天科工集团第三研究院239厂总装中心装配工，工作20多年，亲历、见证了航天产品总装集成的发展变迁。

1/400 的差异

总装，顾名思义就是总体装配，是产品集成的最后环节，是将各零散部件拼接在一起的关键步骤。如果用电脑举例，就是“攒机”——将常人眼中杂乱无章的螺钉螺帽、电缆线头合成性能完备的高科技产品。

冯辉生于1981年，作为总装操作工进厂，已工作了20多个年头。20年一钉一线地钻孔、搭接，让他成为总体装配专业的专家级技师。“我参加工作的时候，每人只负责一道装配工序，或者装配金属结构，或者搭建螺钉、敷设线缆，再或者选择电缆测试。”

在同一岗位精耕细作20多年的冯辉，已经轮转过各道工序。其间，他自学了产品结构力学知识，掌握了螺钉螺帽铆合技巧；辅修了电路原理课程，熟稔敷设线缆方法，做到架设通电导线互不干扰。

每当接到产品图纸的一刻，冯辉的脑海中总能程序化地生成产品三维立体模型，每个零部件自动找正位置，自然而然地搭建成为智能化产品。

对于装配环节轻车熟路的冯辉来说，最艰难的环节莫过于交付前的“多余物”检查。航天产品精密度高，装配完毕，产品体内不允许出现“多余物”。出厂检验，产品中哪怕有一颗不小心遗落的螺钉，也只能整体拆卸重新装配。

“装起来容易拆下来难，二次装配会比第一次耗费更多时间精力”，提起这个，冯辉皱起了眉头：“我们计算过，即使结构简单的产品上也会有400余个不同的螺丝钉，每个螺钉的直径、长度相差不过1mm，几乎无法用肉眼辨别。”

冯辉带领他的团队向外科医生借鉴经验，在“手术”前将400个螺丝钉分门别类，分层放在不同的格子里，每个产品的螺钉定额定量，形成单件配套物料盒。装配完成后，一旦发现少了一颗螺钉，就会重新检查当天的工作流程，因而有效地避免了“多余物”的产生。

“装配次数多了，400个钉，凭手感就能辨别出来。”冯辉笑着说。

悬浮的部件

2020年，受新冠疫情影响，前道工序滞后，逐次累加给总装带来巨大的进度压力。然而对产品质量精益求精的追求，更是要求总装工人以清醒的头脑、精细化的操作全力以赴投入工作。

2020年5月，冯辉接手的项目上线以后，他就开始思考整体装配的完整流程。首先，产品划分模块分头组装，最后拼接合拢。最让冯辉担忧的就是合拢，因为它就像太空舱对接，一旦失败，就会面临产品报废、前功尽弃的局面。

冯辉曾经在这里经历过人生最重大的失败，当时的场景他记忆犹新——那还是生产任务最紧张的时期，眼看总装进入最后环节，现场左边两个工人，右边三个工人，两边合拢，大功告成。然而产品接电立刻冒了烟，设备烧毁，造成重大装配失误。

冯辉气馁了，沮丧了，最难过的是对不住日夜加班焊接电缆的姐妹，以及兄弟单位的设备。

知耻而后勇。冯辉放下心里的包袱，一点点查找原因。他发现在对接过程中，由于线缆过长“炸毛”而引发短路，这是不易避免的操作误差。此后的几年里，冯辉班组每当做到对接环节，都是小心再小心，一个工序常常耗费数小时，即使加班也要避免犯错。

困扰冯辉多年的问题，因为一次乘坐高铁带来的灵感而得到解决。他联想到了磁悬浮列车，“悬浮”对接的念头打开了他的思路。

冯辉出差回来没顾上回家就匆匆赶到技术组，将这个想法和盘托出。这与厂里总装自动化的设想不谋而合。“我们不用磁悬浮，而是选取更为简单易行的气悬浮，利用大气压将对接部件顶起来，”车间书记刘岳麓说，“产品悬浮在操作台面上，只需要两边各一个工人抻直导线，就能有效避免线缆过长的问题。”而且，悬浮的部件隔绝了物理的碰撞和摩擦，大幅减少产品可能出现的划痕划伤。一个灵感改变了总体装配的模式，装配人数减少、装配质量提升，降本减员增效。

以此为契机，239 厂总体装配专业与哈工大联合建立实验室，冯辉作为高级技师加入团队，带领总装从手工装配向自动化、智能化转型升级。

总装人制胜的法宝

这些年来，冯辉班组装配的各型号产品，每件少说也有几百斤，通常需要五六个人同时操作。作为班组长，冯辉深知，总装从来不是一个人可以完成的任务，班组成员的紧密配合才是总装人制胜的法宝。

怎样增强班组凝聚力，冯辉有一套自己的方法。平时装配过程中，班组长冯辉总是在工人四周走动，他不是在闲逛，而是在观察每个组员的装配能力。他按专业将一个组又分成结构、线缆、管线、测试等若干个小组，每组两个人，以技术能力划分为一岗、二岗，一岗带着二岗干，心思细腻的做测试，体态健硕的做装配……

冯辉还在观察班组成员的一举一动。因为认真严谨的工作环境带给总装人沉闷的感觉，他们在工作场合很少家长里短，谈论自己；只有细心的班组长才能发现班组成员情绪的变化。

一次晨会后，班组新员工小张在车间休息室发呆，若有所思。冯辉觉得哪里不对，找来小张的好友一问才得知，小张的孩子在上学路上因意外被送到医院，现在情况不明。

得知此事，冯辉立刻安排小张去医院，同时联系医院尽快对孩子进行救治。“在工作中丁是丁，卯是卯，一丝不苟，”与冯辉一道进厂的师傅王伟说，“在生活中，他跟我们是肝胆相照的好兄弟。”

“我们班组有一条不成文的规矩，对事不对人，不能因为个人情绪影响工作，”冯辉说，“只有全组上下一条心，才能人心齐、泰山移。”

投掷铅球、装配大块头产品，身形健硕的冯辉有着缜密的思维，坚韧的意志。成绩背后，是他孜孜不倦的深入思考和日复一日的精准手感，是对航天事业的热爱和无限忠诚。

项目三

DCS 操作界面

知识导图

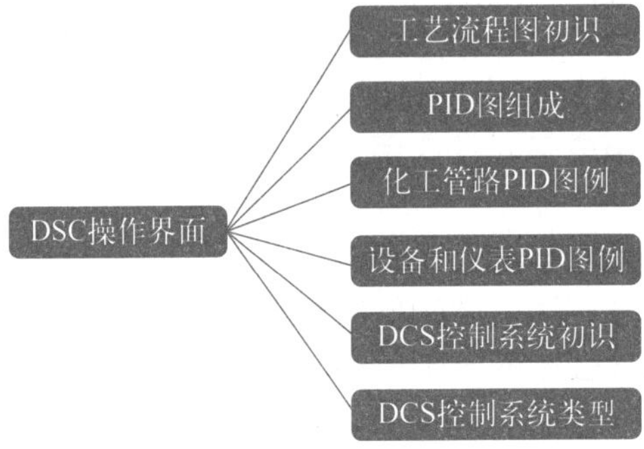

项目导入

DCS 是分散控制系统（Distributed Control System）的简称，国内一般称为集散控制系统。它是一个由过程控制级和过程监控级组成的以通信网络为纽带的多级计算机系统，综合了计算机（computer）、通信（communication）、显示（CRT）和控制（control）4C 技术，其基本思想是分散控制、集中操作、分级管理、配置灵活、组态方便。

随着仪表技术向数字化、智能化、网络化方向发展，DCS 工业生产控制系统应运而生。相比于传统的生产自动化控制系统，DCS 控制系统以分散控制、集中管理的模式实现了更为完善的控制功能，控制可靠性更强。在化工生产企业及其他大型流程工业中，DCS 被称为“工业大脑”。

DCS 可以让技术人员通过操作软件实现对生产过程的监视和控制，因此识别 DCS 操作界面是必备的技能。化工生产中，PID 图（管道仪表流程图）是 DCS 操作界面编制的依据，它详细描绘了生产现场所有装置、管道、仪表和控制点，实现了软件操作对生产的监视和控制。

本项目主要介绍 PID 图的识别、组成、图例和位号、仪表控制系统组成和类型等。

学习目标

知识目标

掌握 PID 图的内涵及意义。
掌握化工管路、设备和仪表的图例和位号。
掌握控制系统的组成和类型。
理解化工设备、仪表管道位号的编制方法。

技能目标

能够准确快速地识别出 PFD 图和 PID 图。
能够从复杂的 PID 图中清楚分析出工艺流程。
能够识别设备、管道、仪表标注内容。
能够识别 PID 图中控制回路及类型。
能够明确控制回路组成单元及作用。

素质目标

具备善于钻研、严谨治学的工程师素质。
具备节能降耗、合理利用资源的低碳意识。
增强工业兴国、工业强国的家国情怀。

知识单元

单元一　工艺流程图初识
单元二　PID 图组成
单元三　化工管路 PID 图例
单元四　设备和仪表 PID 图例
单元五　DCS 控制系统初识
单元六　DCS 控制系统类型

单元一　工艺流程图初识

知识导入

观看微课 3-1-1，复习前面课程中学过的精馏工艺流程。画出精馏单元的工艺流程框图。

微课 3-1-1
精馏工艺流程

知识储备

一、化工工艺流程图

工艺流程图是用来表达化工生产工艺流程的设计文件。根据不同的设计阶段，可分为三种表达方式，即化工工艺方案流程图、物料流程图（简称 PFD 图）和工艺管道及仪表流程图（简称 PID 图）。这三种图由于要求不同，其内容和表达的重点也不同，但互相之间却有着密切的联系。

在工厂建设的初期阶段，根据要生产的产品确定生产方案，通过生产方案计算生产过程中的物料消耗情况，并分别绘制出方案流程图和物料流程图。在现场施工安装和生产操作维修时，则需要 PID 图提供依据。

1. 方案流程图

方案流程图又称流程示意图或流程简图，是一种示意性流程图，用来表达整个工厂、车间或工序的生产过程概况，即主要表达物料由原料转变为成品或半成品的来龙去脉，以及所采用的化工过程和设备。图 3-1-1 是甲醇回收工段的流程简图。

2. 物料流程图（PFD 图）

PFD 图是在方案流程图的基础上，增加了一些数据。如设备名称下方注明一些特性参数及数据（如塔的直径和高度、换热器的换热面积等）；在工艺过程中增加了一些特性数据或参数（如压力、温度等）；在流程中物料变化的前后用细实线的表格表示物料变化前后组分的变化。PFD 图反映了物料衡算和热量衡算结果。

3. 工艺管道及仪表流程图（PID 图）

PID 图是借助统一规定的图形符号和文字代号，用图示的方法把建立化工工艺装置所需的全部设备、仪表、管道及主要管件，按其各自的功能，为满足工艺要求和安全、经济目的而组合起来，以起到描述工艺装置结构和功能的作用。PID 图是在流程方案图和 PFD 图的基础上，随着设计的深入，不断完善和改进，绘制内容最为详尽的一种工艺流程图。PID 图的识读，是工艺人员必须熟练掌握的基本生产技术，也是生产操作、检修和风险评价的重要依据。PID 图包含了生产现场所有设备、管道、阀门、管件等的规格参数和仪表、控制系统等详尽内容。

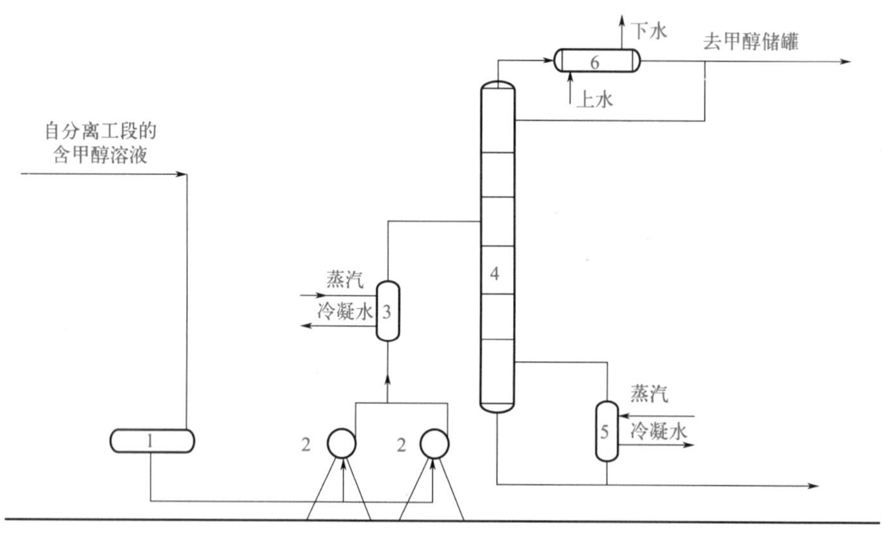

图 3-1-1　甲醇回收工段流程简图

1—原料储槽；2—进料泵；3—预热器；4—脱甲醇塔；5—再沸器；6—冷凝器

通过 PID 图可以了解到设备的数量、名称和位号，物料的工艺流程；通过对阀门及控制点的分析，还可以了解生产过程的控制情况。图纸和现场是一一对应的关系，如同电脑打印预览的“所见即所得”。所以 PID 图不仅是生产操作和检修的技术基础，也是装置未安装完成前进行试车方案、操作规程编制的依据。同时 PID 图是用过程检测和控制系统设计符号，描述生产过程自动化内容的图纸，DCS 操作界面采用的就是 PID 图。

二、PID 图中工艺流程分析

DCS 操作界面采用的是简化版的 PID 图。对 PID 图的识读是进行 DCS 操作的必备技能。识读 PID 图首先要充分熟悉工艺流程，应先从原料制备到化学反应、产物的分离提纯的三个步骤，在图中按管道箭头方向逐一找到通过的设备、控制点，直到最后产品的产出；主流程清楚后，再了解其他辅助单元流程，如蒸汽系统、锅炉水系统、导热油系统、原料及产品储存系统等。换言之，完整 PID 图包含的信息量非常大，需要简化成只保留设备、管线和物料流向的流程简图后再进行工艺流程分析。

图 3-1-2 是甲醇回收工段 PID 图。在图中，生产工段所用的设备和管道左右高低位

置按生产实际布置。粗实线代表主要物料的流程线；中实线是其他介质流程线（如水、蒸汽等），均画上流向箭头，并在流程线的起始与终了处用文字注明物料名称。对于主要物料，需注明物料的来源和去向。

甲醇回收工段工艺流程分析如下。主要物料流向：自分离工段的含甲醇溶液储存在原料储罐中，经进料泵加压输送到预热器中，加热成精馏操作要求的物料状态后进入精馏塔设备。塔顶分离出符合纯度要求的甲醇气体，经冷凝器成凝液，一部分作为产品去甲醇储槽，一部分回精馏塔作为塔顶冷凝液。塔底出料是含其他重组分的溶液，一部分溶液进入下一工段，一部分经再沸器加热成气体回精馏塔作为塔底上升蒸汽。辅助物料线：在预热器中，通入蒸汽对含甲醇溶液的冷料加热，出口是蒸汽被冷凝成凝水。再沸器中也同样是以蒸汽加热塔釜物料。冷凝器中通入冷凝水（上水）冷凝塔顶轻组分气体，同时被加热成为热水（下水）。需要说明的是，一些辅助设备（如进料泵）可采用一开一备，以防止设备故障带来的生产中断问题。

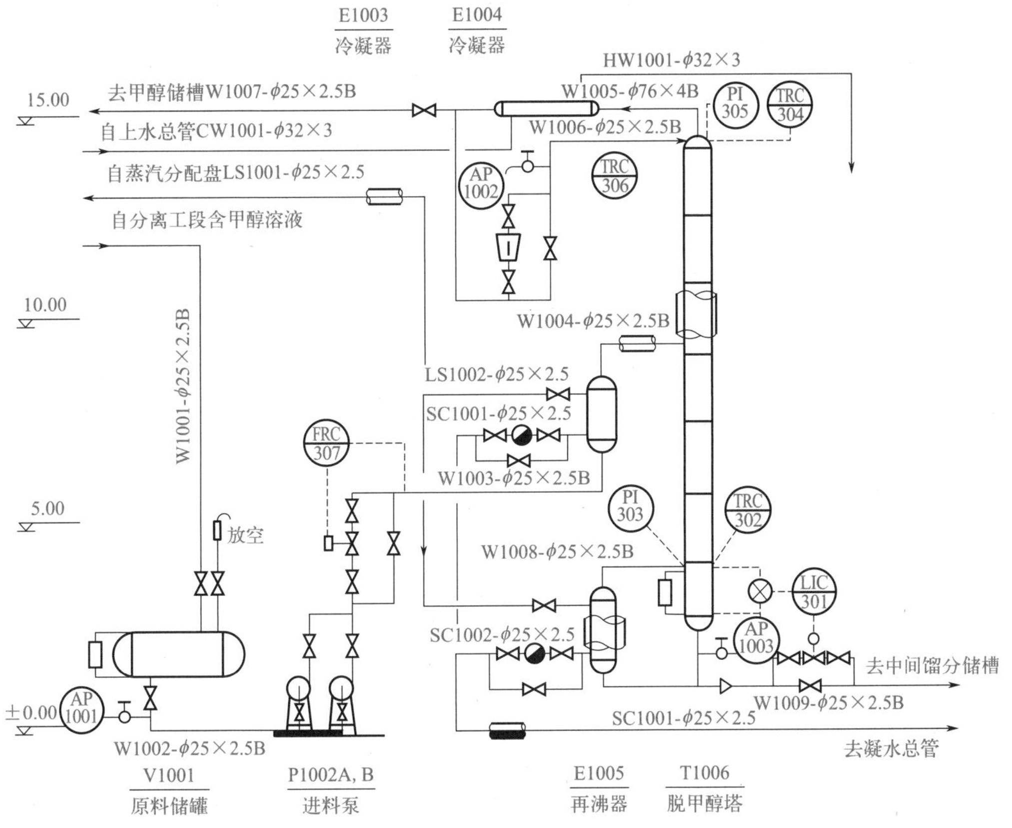

图 3-1-2 甲醇回收工段 PID 图

PID 图是化工厂中工程师、内操、外操和维修人员使用的重要工具图，能够提供与现场实际装置几乎一一对应的信息。而 PFD 图不会显示所有设备和管路的详细信息。

分析工艺流程就是要弄清物料从哪儿来、到哪儿去，分析过程中要分清主次，“抓大放小”，再以逐渐细化的方式进行。PID 图是对现场所有装备的完全描述，图中信息多而杂，PID 图的绘制是分阶段不断细化完成的。学习者在初识 PID 图时需要不断钻研思考，才能分析出其中主要工艺流程。

拓展阅读

中国使用 DCS 始于 1981 年，当时吉化公司化肥厂在合成氨装置中引进了 Yokogawa 的产品，表现出良好的控制性能和可靠性。随后中国引进的 30 套大化肥项目和大型炼油项目都采用了 DCS 控制系统，提高了生产设施的效率和产品质量的连续性，并且物耗和能耗也有不同程度的降低。同时，DCS 产品在石油和化工行业的成功应用也促进了其他行业控制系统的发展。

从 20 世纪 80 年代末期开始，DCS 逐渐在中国石油和中国石化率先大面积推广使用。在随后的几年，冶金、建材、电力、轻工等行业的新建项目中也陆续使用了 DCS 产品。从第一套 DCS 引进到现在，DCS 已经在中国应用 30 多年，经过这 30 多年的发展，DCS 已经成为国内流程工业控制系统的主流控制平台。

目前主流的国产 DCS 企业有北京和利时、浙江中控、南京科远、国电智深、上海新华、新华集团、上海自仪等。继续坚持自主创新，持续加大研发投入，围绕“安全、环保、提质、降本、增效”等核心需求，在自动化控制关键技术和应用实践方面不断突破，将数字融入工业生态，是国产 DCS 企业奋斗的目标。

班级：__________　姓名：__________　学号：__________　日期：__________

知识巩固

1. 比较三种工艺流程图。

方案流程图提供的信息：______________________________

____

____

物料流程图（PFD 图）提供的信息：______________________________

____

____

工艺管道及仪表流程图（PID 图）提供的信息：______________________________

____

____

2. PID 图的作用包括：______________________________

____

____

3. 分辨图纸 3-1-1 和图纸 3-1-2 两幅工艺流程图是 PID 图还是 PFD 图？

答：图纸 3-1-1 是______________，图纸 3-1-2 是______________。

4. 将上述“烃类混合物分离工艺流程图”的 PID 图简化成流程框图。

图纸 3-1-1
烃类混合物
分离工艺
流程图 1

图纸 3-1-2
烃类混合物
分离工艺
流程图 2

5. 分析上述“烃类混合物分离工艺”生产工段工艺流程。

学习评价

1. 学习成果自我评价

□已掌握工艺流程 PID 图的概念	□未掌握工艺流程 PID 图的概念
□已能够识别和区分 PFD 图和 PID 图	□未能够识别和区分 PFD 图和 PID 图
□已能够将 PID 图简化成流程示意图	□未能够将 PID 图简化成流程示意图
□已能够根据 PID 图分析工艺流程	□未能够根据 PID 图分析工艺流程

2. 教师评价

完成情况：

□优秀　□良好　□中等　□合格　□不合格

单元二　PID 图组成

知识导入

PID 图包含了生产现场所有的设备、管路、仪表及公用工程，需会标注设备位号、名称、管道编号、控制点符号和必要的尺寸。这些基础知识将在本单元中学习。因其中设备和仪表在前期项目中已经涉及，此处不再赘述。

查找常见化工设备和阀门图片，了解各种设备的几何外形和内部结构。将找到的阀门、管件外形大致画出来。

知识储备

一、化工管路

化工生产中所用的各种管路统称为化工管路。它是化工生产装置不可缺少的一部分，也是化工机械及设备的重要组成部分。工厂里流体的输送全靠管路形成通道，所以人们把管路称为化工厂的“血管”。

化工管路主要由管子、管件和阀件三部分组成。由于化工管路工件压力不同，对管子、管件和阀件的要求也不同，因而它们的构造种类、制造尺寸也很繁多。为了减少杂乱，必须把工作压力和口径的种类，根据生产的需要进行合并归类，并使之标准化。

1. 化工管路的标准化

化工管路标准化的内容，是规定管子和管路附件，包括管件、阀件、法兰和垫等的直径、连接尺寸和结构尺寸的标准，以及压力标准等。其中，压力标准和直径标准是其他标准的依据，可以根据这两个标准来选定管子和管路附件的规格。

（1）压力标准　为设计、制造和选用方便而规定管道的压力标准，称为公称压力，通称压力，其规定值一般是指管内工作介质的温度在 273 ～ 393K 范围内最高允许工作压力。公称压力用符号 PN 表示，并在此符号后附加压力数值。例如，公称压力为 2.5MPa，则以 PN25 表示。管道的公称压力是重要的规格参数之一，化工生产过程中，

项目三

实际工作最大压力要低于管道公称压力。

（2）孔径标准　表示管路直径的尺寸称为口径。制件接合处的内径称为公称直径，它是为了设计制造、安装和修理方便而规定的一种标准直径。一般情况下，公称直径的数值既不是管子的内径也不是管子的外径，而是与管子内径相接近的整数。公称直径用符号 DN 表示，其后附加的数值为公称直径的尺寸。例如：DN1000 表示公称直径为 1000mm。

2. 管子和管件

（1）管子的种类　管子的规格一般用“φ 外径 × 壁厚”来表示，例如 $\varphi 32\times 2.5$ 表示此管的外径为 32mm、壁厚为 2.5mm。工厂常用的管子一般有金属管和非金属管两大类，前者有铸铁管、钢管和有色金属管三种，后者有陶瓷管、水泥管、玻璃管、塑料管和衬里管。依据输送介质的要求，选择不同的材质类型。

（2）管件及管路的连接　管件是管路的重要零件，它起着连接管子、变更方向、接出支路、缩小和扩大管路管径，以及封闭管路等作用。在化工管路上，管子与管子、管子与阀门，以及管子与管件之间的连接方法，通常有螺纹连接、法兰连接、承插式连接和焊接。其中法兰连接方式在化工管路上应用非常广泛。

3. 阀门

阀门是用来开启、关闭和控制化工设备和管路中介质流动的机械部件。在生产过程或开停车时，操作人员必须按工艺条件对管路中的流体进行适当调节，以控制其压力和流量。也可通过阀门启闭使流体进入管路或切断流体流动或改变流动方向。在遇到超压状态时，还可以用它排泄压力，确保生产的安全。在选用时，其结构与制造材料必须与介质的性质、操作温度与压力以及阀门的通径等条件相适应。阀门可分为他动启闭阀和自动作用阀两大类。

动画 3-2-1
旋塞阀

（1）他动启闭阀　他动启闭阀的启动是通过外部作用力来完成的。作用力可为手动、气动或电动等。他动启闭阀按其结构的不同，可分为旋塞阀、截止阀、节流阀、闸阀、球阀、蝶阀、隔膜阀等。

动画 3-2-2
截止阀

① 旋塞阀。旋塞阀的介绍见动画 3-2-1。利用阀件内所插的中央穿孔的锥形栓塞以控制启闭的阀件称为旋塞阀。旋塞阀结构简单、外形尺寸小、启闭迅速、流体阻力小、操作方便。该阀门做开闭用，不宜做调节流量用。适用于直径不大于 80mm、温度不超过 0℃、允许工作压力在 1MPa 以下的低温管路和设备上，可用于输送含有沉淀和结晶以及黏度较大的物料。因密封面易磨损，开关力较大，这种阀门不适用于输送高温、高压介质。

微课 3-2-1
针形阀

② 截止阀。截止阀的介绍见动画 3-2-2。截止阀利用装在阀杆下面的阀盘与阀体的突缘部分相配合来控制阀的启闭。其结构简单，制造和维修方便，可以调节流量，但流体阻力较大，不适用于输送带颗粒和黏度较大的介质。

微课 3-2-2
闸阀

③ 节流阀。节流阀属于截止阀的一种，由于阀瓣形状为针形或圆锥形，启动时流通界面变化较缓慢，可以较好地调节流量或进行节流，调节压力。节流阀尺寸小、重量轻、制造精度较高、密封较好。适用于温度较低、压力较高的介质和需要调节流量和压力的管路上，可作取样用。不适用于黏度大和含有固体颗粒的介质，不宜作隔断阀。针形阀是一种常见的节流阀，其介绍见微课 3-2-1。

微课 3-2-3
球阀

④ 闸阀。闸阀的介绍见微课 3-2-2。闸阀密封性能好、流体阻力小、开启和关闭力较小，但结构比较复杂、外形尺寸较大、密封面易磨损。闸阀具有一定的调节流量功

能，并能从阀杆的升降高低看出阀的开度大小。一般适用于大直径的给水管路上，也可用于压缩空气、真空管路和温度 20℃以下的低压气体管路，但不能用于介质中含有沉淀物质的管路，很少用于蒸汽管路。

微课 3-2-4
蝶阀

⑤ 球阀。球阀的介绍见微课 3-2-3。球阀是利用一个中间开孔的球体做阀芯，靠旋转阀体来控制阀的开启和关闭。球阀结构简单、开关迅速、操作方便、流体阻力小、制造精度要求高，但由于密封结构和材料的限制，目前生产的球阀不宜用在高温介质中。

动画 3-2-3
隔膜阀

⑥ 蝶阀。蝶阀的介绍见微课 3-2-4。蝶阀的开闭件为一圆盘形，绕阀体内固定轴旋转的阀门。蝶阀结构简单，外形尺寸小，重量轻。由于密封结构及材料尚有问题，故蝶阀只适用于低压条件，可用来输送水、空气、煤气等介质。

⑦ 隔膜阀。隔膜阀的工作原理见动画 3-2-3。隔膜阀的启闭机构是一块橡皮隔膜，置于阀体与阀盖间，膜中央突出的部分固着于阀杆，阀杆与介质隔离。隔膜阀适用于输送酸性介质和带悬浮物的介质，但由于橡胶隔膜的材质问题，不适用于高于 60℃及有机溶剂和强氧化剂的介质。

（2）自动作用阀　自动作用阀是根据系统中某些参数的变化而自动启闭的阀件，通常包括止回阀、安全阀、减压阀和疏水阀等。

动画 3-2-4
升降式
止回阀

① 止回阀。止回阀又称止逆阀或单向阀，是一种依据阀前和阀后介质压力差而自动启闭的阀门。它的作用是使介质只能作一定方向的流动，阻止流体反向流动。多安装在泵的入口、出口管路上，蒸汽锅炉给水管路上，以及其他不允许流体反向流动的管路上。根据结构不同，止回阀分为升降式和旋启式两种。升降式止回阀的结构见动画 3-2-4，升降式止回阀的阀盘垂直于阀体通路作升降运动，一般应装在水平管道上，立式的升降式止回阀可装在垂直管道上。旋启式止回阀结构见动画 3-2-5，旋启式止回阀的摇板一侧与轴连接并绕轴旋转，一般安装在水平管路上。

动画 3-2-5
旋启式
止回阀

② 安全阀。安全阀（PSV）是一种安全保险的截断装置，是根据介质工作压力而自动启闭的阀门，多用于蒸汽锅炉和高压设备。弹簧式安全阀的介绍见微课 3-2-5，先导式安全阀的介绍见微课 3-2-6。

微课 3-2-5
弹簧式
安全阀

③ 减压阀。减压阀的动作主要是靠膜片、弹簧、活塞等敏感元件改变阀瓣与阀座的间隙，使蒸汽、空气达到自动减压的目的。减压阀只适用于蒸汽、空气等清洁介质，不能用于液体的减压，更不能用于含有固体颗粒的介质。减压阀的作用是降低设备和管道内介质的压力，使之达到生产所需的压力，并能依靠介质本身的能量，使出口压力自动保持稳定。

微课 3-2-6
先导式
安全阀

④ 疏水阀。疏水阀的作用是能自动地间歇排除蒸汽管道、加热器、散热器等蒸汽设备系统中的冷凝水，又能防止蒸汽泄出，故又称凝液排除器、阻汽排水阀。疏水阀的介绍见微课 3-2-7。

4. 化工管路的保温和涂色

化工管路保温不仅可以减少设备、管路表面散热或吸热，以维持生产所需的高温或低温，还可以改善操作条件，维持一定室温。这对优质稳产、节省能源和维护劳动环境起到积极作用。目前，化工管路保温材料多采用石棉纤维及其混合材料，硅藻土及其混合材料，碳酸镁、蛭石、矿渣棉、酚醛玻璃纤维、聚苯乙烯泡沫塑料、聚氯乙烯泡沫塑料、软木砖和木屑等。对于低温管路，则采用软木（用沥青作黏合剂）和羊毛毡等作为保冷材料。

微课 3-2-7
疏水阀

在化工厂及化工生产车间，管路交错，密如蛛网，为了使操作者便于区别各种类型的管路，必须在管路的保护层或保温层表面涂上不同的颜色。常见化工管路的涂色如表 3-2-1 所示。管路的涂色也可以根据各厂的具体情况自行调整或补充。

表3-2-1　常见化工管路的涂色

管路类型	底色	色圈	管路类型	底色	色圈
过热蒸汽管	红		酸液管	红	
饱和蒸汽管	红	黄	碱液管	粉红	
蒸汽管（不分类）	白		油类管	棕	
压缩空气管	深蓝		给水管	绿	
氧气管	天蓝		排水管	绿	红
氨气管	黄		纯水管	绿	白
氮气管	黑		凝结水管	绿	蓝
燃料气管	紫		消防水管	橙黄	

二、信号报警、联锁保护系统

信号报警、联锁保护系统是根据装置和设备安全的工艺要求，当某些关键工艺参数超越极限值时，发出警告信息，并按照事先设计好的逻辑关系动作，自动启动备用或自动停车，切断与事故有关的各种联系，以避免事故的发生或限制事故的发展，防止事故的进一步扩大，保护人身和设备的安全。如在乙醛氧化制乙酸的氧化工段中，当反应设备的液位超过极限值（80%）时，联锁系统自动对装置作紧急停车处理，自动切断进料并进行卸压。

三、公用工程

公用工程系统是化工装置生产运行的必要条件。化工生产需要公用工程的几个或多个系统的参与，它通常包括供电、供水、供风（仪表空气、压缩空气）、供汽、供氮和污水处理以及原料储运、燃料供应等多方面。因此，只有公用工程系统平稳运行、能满足化工装置的需要，化工装置才能正常生产；若公用工程提供的公用介质发生波动或断供，必然影响装置的正常生产，应及时发现并进行准确的应对操作，避免造成事故。

根据 MSDS（化学品安全技术说明书数据库）文件，分析管路输送物料物质特性数据，包括闪点、着火点、爆炸极限、腐蚀性等来确定管路压力标准及相应材质和壁厚等设计。

化工生产中，安全是头等大事。为确保万无一失，生产装备中需设置联锁装置，以防操作状态异常造成重大安全事故。虽然此举会影响正常生产，带来一定的经济损失，但是安全系数高，因此联锁是非常值得的安全措施。

班级：__________ 姓名：__________ 学号：__________ 日期：__________

知识巩固

1. 回答下列问题

(1) 管路的公称压力：________________

(2) 不同类型阀门的作用

止回阀的作用：________________

安全阀的作用：________________

减压阀的作用：________________

疏水阀的作用：________________

(3) 管件的作用：________________

2. 甲醇回收精馏单元中，对哪些操作参数设置报警功能可以有效避免事故的发生？

答：________________。

3. 甲醇回收精馏单元涉及哪些公用工程？

答：________________。

4. 图纸 3-2-1 是精馏单元 PID 图，识读图纸，回答下列问题。

(1) 找出图中的阀门，按阀门类型分类，填写表 3-2-2。

图纸 3-2-1 精馏单元 PID 图

表3-2-2　精馏单元PID图阀门分类表

阀门类型	阀门编号
他动启闭阀	
自动作用阀	

(2) 找出图中公用介质，指出介质的作用，填写表 3-2-3。

表3-2-3　精馏单元介质分类表

公用介质物料名称	介质作用

(3) 分析管道需要标明的信息。

学习评价

1. 学习成果自我评价

□已理解管道标准化的内容和意义	□未理解管道标准化的内容和意义
□已理解管路涂色和保温的意义	□未理解管路涂色和保温的意义
□已掌握阀门、管件的类型和作用	□未掌握阀门、管件的类型和作用
□已掌握联锁的意义和启用	□未掌握联锁的意义和启用
□已掌握公用工程的概念和作用	□未掌握公用工程的概念和作用

2. 教师评价

完成情况：

□优秀　□良好　□中等　□合格　□不合格

知识提升

探究：(1) 阀门选用的原则；(2) 阀门与安全生产的关系。

单元三　化工管路 PID 图例

知识导入

PID 图需标注的信息有：①带标注的各种设备的示意图；②带标注和管件的各种管道流程线；③阀门与带标注的各种仪表控制点的各种图形符号；④对阀门、管件、仪表控制点说明的图例；⑤标题栏。PID 识图需要读懂代表设备、管路、仪表等装备的图例和位号。

观看各种类型阀门、管件的工作原理动画。选择一种类型阀门或管件，分析其原理及功能。

知识储备

一、管道流程线图例

用规定的图形符号和文字代号详细表示所需的全部管道、阀门、主要管件、公用工程站和隔热等。

1. 管道图例表示方法

① 主要物料的流程线用粗实线表示；辅助管线（如加热蒸汽或冷却水）用中实线表示。

② 流程线一般是水平线或垂直线，转弯一律画成直角。

③ 在两设备之间的流程线上，至少有一个代表管线内物料或者介质的流向物料箭头。当物料进入下一单元或设备中，无法在同一张 PID 图上展示时，需要有界区指示符号。

④ 管道的各种信息，包括带有坡度、支架，管道的各种保温方法都需要在图例中表示出来。

常见管道的图例如图 3-3-1 所示。

主要物料管道
辅助物料管道
原有管道
蒸汽伴热管道
电伴热管道
保温管
仪表管
放空管

图 3-3-1　常见管道图例

2. 管道标注

管道流程线标注方法为：水平管道标注在管道的上方，垂直管道标注在管道的左方。管道流程线的标注位置如图 3-3-2 所示。

图 3-3-2　管道流程线标注位置

标注内容主要有管道号、管径、管道等级和隔热隔声代号四部分。当工艺流程简单、管道规格不多时，管道等级和隔热隔声代号可省略。管道流程线标注内容如

PG 13 10 - 300 A1A - H
管道号 管径 管道等级 隔热(声)

图 3-3-3 管道流程线标注内容

图 3-3-3 所示。

（1）管道号 包括物料代号（见表 3-3-1）、工段号和工段序号。工段号是企业根据车间或工段来划分的生产单元代号，工段号与设备位号规定相同。工段序号，按生产流向依次编号。

表3-3-1 物料代号

代号	物料名称	代号	物料名称	代号	物料名称
AR	空气	LS	低压蒸汽	FV	火炬排放气
AG	氨气	MS	中压蒸汽	FG	燃料气
CSW	化学污水	NG	天然气	IA	仪表空气
BW	锅炉给水	PA	工艺空气	IG	惰性气体
CWR	循环冷却水回水	PG	工艺气体	TS	伴热蒸汽
CWS	循环冷却水上水	PL	工艺液体	TG	尾气
CA	压缩空气	PW	工艺水	VT	放空气体
DN	脱盐水	SG	合成气	WW	生产废水
DR	排液、导淋	SC	蒸汽冷凝水	SW	软水
DW	饮用水	LC	低压冷凝液	LPS	低压饱和蒸汽

（2）管径尺寸 管径一律标公称直径，英制管管径以英寸为单位，如 4″；无缝管按管外径 × 壁厚标注，以 mm 为单位，只注数字，不注单位。

（3）管道等级 包括压力等级（见表 3-3-2）、顺序号和管道材质（见表 3-3-3）。管道等级一般可以不标，但对高温、高压、易燃易爆的管线一定要标注。

表3-3-2 压力等级

国内标准压力等级代号 H ～ Z（其中 I、J、O、X 不用）				ASME 标准压力等级代号 A ～ G		
H：0.25MPa	K：0.6MPa	L：1.0MPa	M：1.6MPa	A：2MPa	B：5MPa	C：8MPa
N：2.5MPa	O：6.4MPa	R：10.0MPa	S：16.0MPa	D：11MPa	E：15MPa	F：26MPa
T：20.0MPa	V：25.0MPa	W：32.0MPa		G：42MPa		

表3-3-3 管道材料及代号

代号	管道材料	代号	管道材料	代号	管道材料	代号	管道材料
A	铸铁	C	普通低合金钢	E	不锈钢	G	非金属
B	非合金钢（碳钢）	D	合金钢	F	有色金属	H	衬里及内防腐

（4）隔热隔声 隔热隔声代号见表 3-3-4。

表3-3-4　管道隔热隔声代号

代号	功能类型	说明	代号	功能类型	说明
H	保温	采用保温材料	E	电伴热	采用电热带和保温材料
C	保冷	采用保冷材料	S	蒸汽伴热	采用蒸汽伴管和保温材料
N	隔声	采用隔声材料	D	防结露	采用保冷材料

二、阀门图例

在 PID 图中，仪表控制下阀门符号以“V”表示，用细实线按照规定的符号在相应处画出阀门的图形符号（见表 3-3-5）。

表3-3-5　PID图中阀门图例

名称	图例	作用特点
闸阀		全开或全关；不能调节
截止阀		流体切断、调节或节流
球阀		含纤维、微小固体颗粒等介质流动调节
控制阀		执行器和阀件组合
电磁阀	B	电磁控制阀门
电动阀	M	电动执行器控制阀门
气动阀	P	借助压缩空气驱动的阀门
止回阀		单向阀、阻断介质倒流
减压阀		节流，使进口压力减至需要的出口压力
角阀		用于 90° 拐角的管道
三通阀		一进二出，改变介质流向
疏水阀		排管道中的冷凝水
安全阀		超压时开启，排放介质起保护作用
蝶阀		控制腐蚀性介质、泥浆、油品的流动
旋塞阀		快速开关的直通阀，适应多通道结构
爆破片		利用膜片断裂泄压，安全保护元件
阻火器		阻止易燃气体和易燃液体蒸气的火焰蔓延的安全装置
限流（降压）孔板	RO	代替调节阀来限定流量或降低压力

不同阀门结构不同、工作原理不同，而适用于输送不同特性物料的管道上。例如：角阀在罐和容器的正中央的底部，物料排放需要用到角阀。球阀用于含纤维、微小固体颗粒等介质流动调节。大多数阀门都可以用于调节流体的流量和节流。但是闸阀只能作全开和全关，不能作调节和节流。还有阀体和执行器元件组合而成控制阀，通过阀门开度大小对某一参数控制，如 FV 流量控制阀、TV 温度控制阀、LV 液位控制阀等。

控制阀中按执行器类型不同可分为电磁阀、电动阀和气动阀，它们用于流体流动控制的自动化控制系统中。对于一开一备安全阀，一台安全阀进出口阀必须保持铅封开启的状态，PID 图中标注为 CSO，禁止关闭，如果有人动了此阀门，铅封线有断裂痕迹。而另一台安全阀进出阀必须保持铅封关闭状态，标注为 CSC。阀门的铅封开和铅封关是装置安全的最后一道保护措施，必须防止人为误操作造成安全事故。

三、管件图例

视频 3-3-1
常用管件

管件是管路的重要零件，常用管件（视频 3-3-1）图例及作用见表 3-3-6。

表3-3-6 PID图中常用管件图例及作用

名称	图例	作用
异径管		俗称“大小头”，可以连接两段公称直径不相同的管子
法兰		凸缘盘，用于管端之间的连接
法兰式管封头		管的末端用法兰封死
盲板		封堵管道口
8 字盲板正常时关		上端铁圈，下端盲板。工艺正常运行时，管路不通
8 字盲板正常时开		上端盲板，下端铁圈。工艺正常运行时，管路通畅
膨胀节		用在一些管线与设备相连，消除生产时管线振动产生的应力，避免对管线和设备造成损坏
管道坡度	x	代表管道有倾斜，箭头方向是坡向
管道等级分界线		若同一根管道上使用了不同等级的材料，要注明管道等级分界点
放空		设备上方气体排空

班级：__________　姓名：__________　学号：__________　日期：__________

知识巩固

1. 识别管道号 LS- 1001-150-B1A-H。

____

2. 写出或画出相应化工管件与仪表的符号。

液位调节阀：__________；闸阀：__________；

截止阀：__________；温度调节阀：__________；

安全阀：__________；止回阀：__________。

3. 图纸 3-2-1 是精馏单元 PID 图，识读图纸内容，回答下列问题。

图纸 3-2-1 精馏单元 PID 图

（1）对图中的阀门进行识别，并填写表 3-3-7。

表3-3-7　阀门表

阀门类型	图例	位号及意义

（2）对图中的管道标注内容进行识别，并填写表 3-3-8。

表3-3-8　管道表

管道标注	标注内容

项目三

（3）找一找图中的管件，画出图例，说明其作用。

学习评价

1. 学习成果自我评价

□已了解管道等级和材质知识　　□未了解管道等级和材质知识

□已熟练读懂管道标注内容　　□未熟练读懂管道标注内容

□已熟练识别化工管路的图例和位号　　□未熟练识别化工管路的图例和位号

2. 教师评价

完成情况：

□优秀　　□良好　　□中等　　□合格　　□不合格

知识提升

PID 图中化工管路图例识别存在问题分析。

单元四　设备和仪表 PID 图例

知识导入

根据项目一（化工设备）和项目二（化工仪表）的学习，讲解设备和仪表的原理及功能，并进行展示。选择一种类型的设备或仪表，分析其原理及功能。

知识储备

一、设备图例和位号

PID 图中用规定的类别图形符号和文字代号表示装置工艺过程的全部设备、机械和驱动机，常见设备代号与图例见表 3-4-1。

表3-4-1　PID图中常见设备代号与图例

设备类型	代号	图例
塔	T	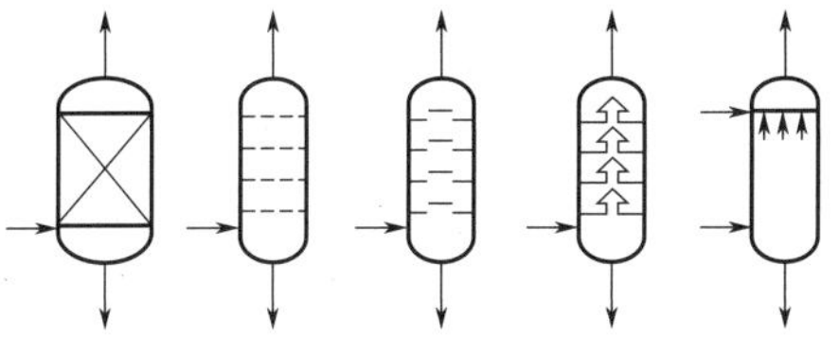 填料塔　筛板塔　浮阀塔　泡罩塔　喷洒塔
反应器	R	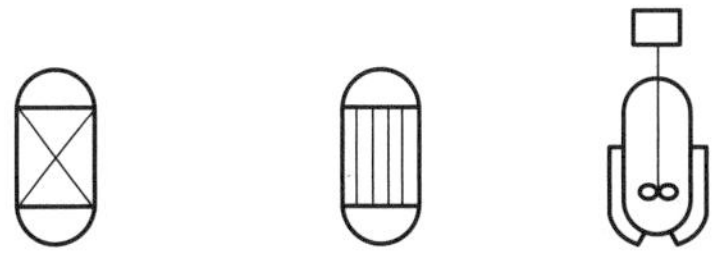 固定床反应器　管式反应器　聚合釜
压缩机 鼓风机	C	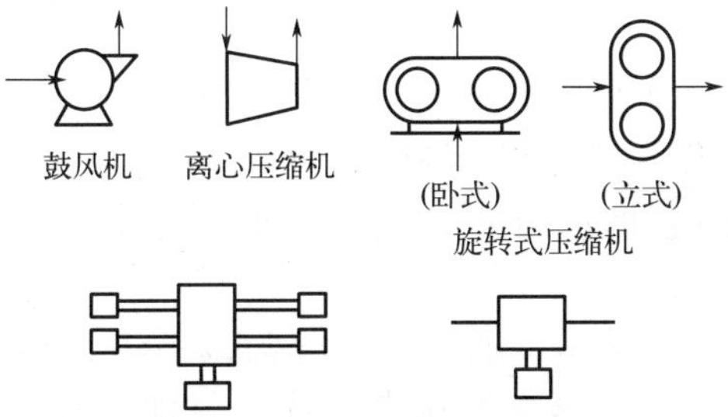 鼓风机　离心压缩机　(卧式)　(立式)　旋转式压缩机 四级往复式压缩机　单级往复式压缩机

续表

设备类型	代号	图例
容器 分离器	V	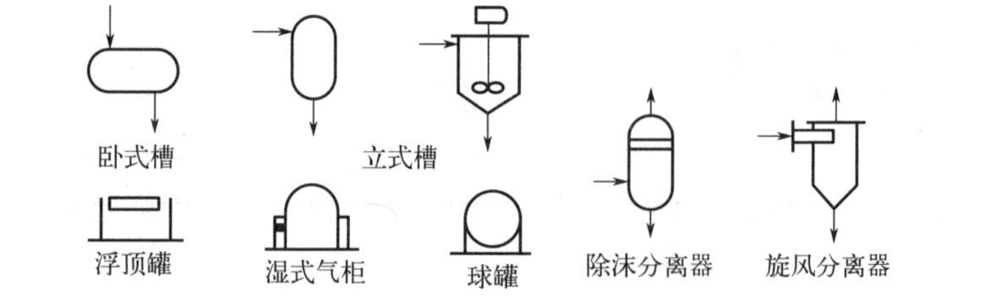 卧式槽 立式槽 浮顶罐 湿式气柜 球罐 除沫分离器 旋风分离器
泵	P	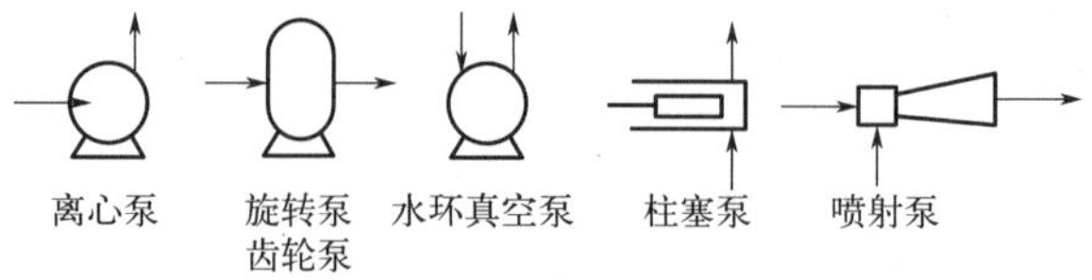 离心泵 旋转泵 齿轮泵 水环真空泵 柱塞泵 喷射泵
换热器 蒸发器	E	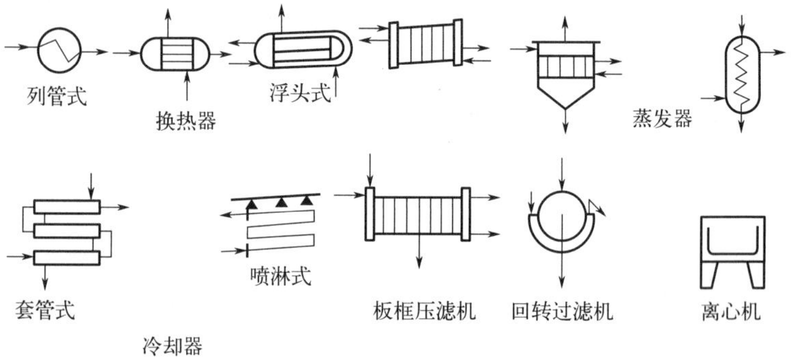 列管式 换热器 浮头式 蒸发器 套管式 喷淋式 冷却器 板框压滤机 回转过滤机 离心机

根据流程自左至右用细实线表示出设备的简略外形和内部特征，例如塔的填充物和塔板、容器的搅拌器和加热管等。设备的外形应按一定的比例绘制。对于未作规定的设备和机器图例，按实际外形简化绘制，但在同一流程图中，同类设备的外形是一致。

设备位号的编制通常包含以下信息：设备类型（常见设备的类型代号见表 3-4-1）、设备在流程中所在单元、设备序列号等。例如：E-4460，E 代表该设备类型是换热器，44 是设备所在流程单元号，60 是设备在该单元中的序列号。流程单元号和序列号是根据相对应的工艺或者习惯来定，没有固定的要求。

二、仪表图例

随着现代化工自动化程度的迅速提高，仪表在生产中的作用越来越重要。它不仅能代替操作人员的“眼睛”，自动检测装置的运行情况，还能替代人的“脑袋”，对检测的数据进行复杂运算，然后根据操作要求，像人的“手”一样进行自动控制。

化工仪表种类繁多，通常可以分为以下三大类，即自动检测系统、自动调节系统和联锁报警系统。这三类仪表系统又分别由各种仪表组成。表 3-4-2 为仪表系统的分类。

表3-4-2　仪表系统的分类

仪表系统名称	现场仪表	控制室仪表	用途
检测系统	检测元件、变送器	显示仪表、指示、记录、累积等	显示工艺参数
调节系统	检测元件、变送器执行机构	调节器、显示仪表运算器	显示并控制工艺参数
联锁报警系统	各类开关、变送器、电磁阀、执行机构	报警器、指示灯、联锁线路	显示运行状态，确保安全运行及紧急处理

现场仪表，例如用于测量温度的热电偶、热电阻；测量流量的节流孔板、流量开关；测量压力的开关、压力表和各种变送器。安装在控制室的仪表，例如指示仪、记录仪、调节器、各类计算仪表等。执行器是安装在现场设备管道上的仪表，可接收来自控制室仪表的信号，通过它来控制工艺介质。常用的执行器有气动薄膜调节阀、电磁阀等。

1. 仪表图形和代号

仪表控制点以细实线在相应的管道上用符号画出。符号包括图形符号和字母代号，它们组合起来表示工业仪表所处理的被测变量和功能。仪表安装位置图形符号见表 3-4-3。

表3-4-3　仪表安装位置图形符号

仪表	现场安装	控制室安装	现场盘装
单台常规仪表			
DCS			
计算机功能			
可编程逻辑控制器			

2. 仪表位号

每台仪表或元件都应有自己的仪表位号。仪表位号由字母与阿拉伯数字组成。仪表字母代号说明见表 3-4-4。第一位字母表示被测变量，后续字母表示仪表的功能。为了做好安全预警，很多仪表带有报警功能，当检测参数值异常发出相应的高报警（H）和低报警（L）。一般用三位或四位数字表示装置号和仪表序号。例如 TIR 121 仪表的识别：由表 3-4-4 可知，“TIR” 表示 “温度指示控制”，1 是工段号，一般与设备位号规定相同；21 是仪表的序号。该仪表安装在控制室，若该图形外再加方框，则表示该检测显示仪表在 DSC 上有显示和记录。

表3-4-4　仪表字母代号说明

字母	变量类型（第 1 个字母）	功能说明（第 2 ～ 5 位字母）	示例
A	分析	报警	PIA 压力指示报警
C	电导率	控制	TIR 温度指示控制
D	密度	差 / 差值	PDI 压差指示
F	流量		
G		就地表	PG 就地压力表
H	手动	高报警	LIAH 液位指示高报警
I	电流	指示	
L	液位	低报警	
P	压力		
Q	数量	累积	FIQ 流量指示累积
R	比例	控制	
T	温度	变送器	

本单元中设备仪表种类繁多、功能各异，都有严格的图例标识和细致的代号区分，学习者识别时需要专注细致的学习态度。

班级：__________ 姓名：__________ 学号：__________ 日期：__________

知识巩固

1. 通过对 PID 图中设备图例和位号的学习，完成下列问题。

（1）对照设备代号，将正确的设备类型填写在表 3-4-5 中。

表3-4-5　设备表

代号	设备类型	英文名称	代号	设备类型	英文名称
C		compressor	R		reactor
T		tower	E		heat exchanger
P		pump	V		vessel

（2）画一画设备的图例。

2. 画出仪表的图例，并标出仪表代号。

（1）流量显示控制 DCS 功能仪表：________ （2）液位显示现场安装仪表：______

（3）温度显示控制高低报警功能仪表：_____ （4）液位变送器：______________

3. 观察图纸 3-2-1，识读图纸内容，回答下列问题。

（1）识别图中设备，写出设备名称。

T-405______________ V-414______________ E-408______________

E-419______________ V-408______________ P-412______________

（2）识别图中的仪表，完成表 3-4-6。

图纸 3-2-1
精馏单元
PID 图

表3-4-6　仪表

位号	名称	安装位置及功能	位号	名称	安装位置及功能

项目三

学习评价

1. 学习成果自我评价

□已了解设备和仪表的类型	□未了解设备和仪表的类型
□已理解各类设备和仪表的功能	□未理解各类设备和仪表的功能
□已熟练识别设备、仪表图例和位号	□未熟练识别设备、仪表图例和位号

2. 教师评价

完成情况：

□优秀　□良好　□中等　□合格　□不合格

知识提升

PID 图中设备、仪表图例识别存在问题分析。

单元五　DCS 控制系统初识

知识导入

搜集资料，整理并分享：我国工业自动化控制系统和 DCS 控制系统的发展历史和现状。

知识储备

一、DCS 系统概况

DCS 是 Distributed Control System（分散控制系统）的缩写，又称分布式或集散式控制系统。它是以微处理器为基础的，对生产进行集中监视、操作、管理和分散控制的综合性控制系统，综合了计算机、控制、通信和显示技术。DCS 是以回路控制为主要功能的系统，通过数字通信网络实现人机界面操作来代替现场控制操作。

在化工生产企业及其他大型流程工业中，DCS 被称为“工业大脑”，对现场测量仪表传输过来的信号，做出反应且发出指令，现场执行设备接收指令做出相应的动作。该控制系统可通过多个操作站对生产现场很分散的各类仪表、阀门、开关和设备等进行监视或控制，依靠一个中枢系统集中处理。过程的具体实现采用计算机操作站，通过网络与控制器连接，收集生产数据，传达操作指令。生产企业通常将计算机操作站集中设置在 DSC 中控操作室，如图 3-5-1 所示。

图 3-5-1　工业生产 DCS 中控操作室

DSC 中控员需要盯住所控制的全部控制指标，尤其是重点反应器、容器的液位、温度、压力等指标，对易波动的主要工艺参数通过组画面等方式进行实时监控，及时调整工况，尽量维持稳定操作。及时发现异常现象，并和现场操作员紧密配合，加以分析解决。

利用现有的技术，DCS 在系统集成容易、可靠性高、操作性好等方面均有各自的优势。其常用功能如下：

① 进行大规模的连续过程控制；

② 进行现场信号的实时监控；

③ 实现工厂的全面信息化管理和先进控制；

④ 在线修改工艺参数；

⑤ 现场和过程信息的共享等。

如今 DCS 的控制技术已经比较成熟和完善，广泛用于电力、石油、化工、制药、冶金、建材等众多行业。

二、DCS 控制系统原理

DCS 控制系统通常由四部分组成：调节对象、测量变送、调节器和调节阀。图 3-5-2 为系统组成方块图。

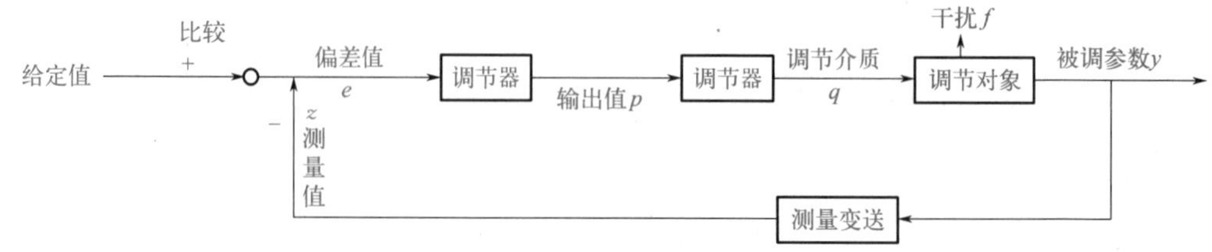

图 3-5-2　系统组成方块图

下面结合图 3-5-3 所示的锅炉汽包给水自动控制系统来分析自动调节控制系统组成方块图的意义。

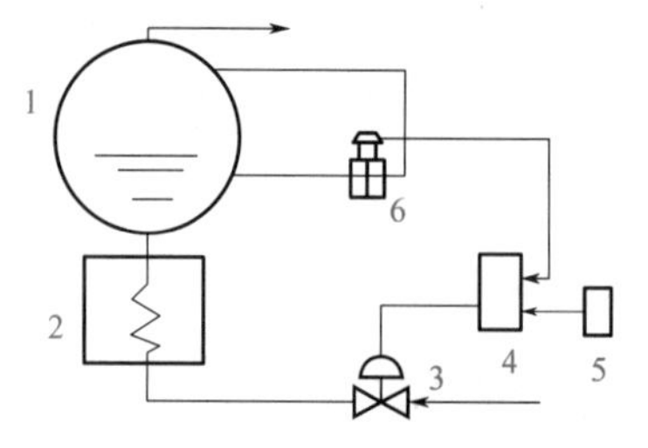

图 3-5-3　锅炉汽包给水自动控制系统

1—汽包；2—加热器；3—调节阀；4—调节器；5—给定器；6—变送器

在锅炉汽包给水自动控制系统中：

① 调节对象：即被控制的设备——锅炉。

② 被调参数：汽包液位。

③ 干扰 f：凡是影响被调参数的因素均称为干扰，影响锅炉汽包液位的因素有用汽负荷的变化、给水水压的变化等，这些因素统称为干扰。

④ 调节介质：利用阀门改变物料进料量的手段叫调节作用，所用介质即注入锅炉中的水就是调节介质。

⑤ 测量变送：对被调参数（汽包液位）进行测量后变成统一的电信号，由液位变送器元件完成这一作用。

⑥ 测量值 z：变送器输出值。

⑦ 给定值 x：一个恒定的与正常的被调参数相对应的信号值。

⑧ 偏差值：给定值和测量值之差。

⑨ 调节器输出 p：调节器又称控制器。根据偏差，按一定的规律发出相应的信号 p 去调节阀。

⑩ 调节阀：也称控制阀，根据调节器输出 p 对锅炉进水量进行调节。

我国是制造业大国，但也存在“卡脖子”短板问题。本单元中的 DCS 是一种先进的工业自动化技术。自动化程度的高低反映一个国家工业发展水平。目前 DCS 控制技术还有不完善之处，需要青年一代努力奋斗，攻克“卡脖子”核心技术，为中华民族伟大复兴作出自己应有的贡献。

班级：__________　姓名：__________　学号：__________　日期：__________

知识巩固

1. 什么是 DCS 控制系统？与常规仪表相比，DCS 控制系统有哪些优点？

2. DCS 控制系统的组成有哪些？各组成部分的作用是什么？

3. 图 3-5-4 是氨冷器温度控制系统带控制点的工艺流程图，分析以下问题。

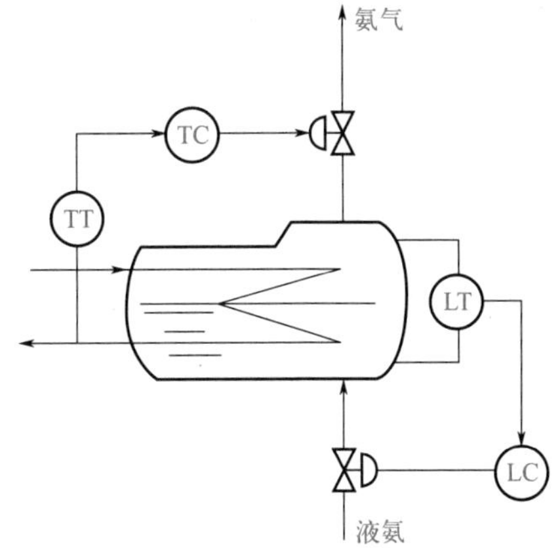

图 3-5-4　氨冷器温度控制系统

（1）写出图中符号指代的意思。

（2）图中有几个控制回路？分别控制什么工艺参数？如何控制？

图纸 3-2-1
精馏单元
PID 图

4. 图纸 3-2-1 是精馏单元 PID 图，识读图纸内容，找出图中的控制回路，并识别控制回路的组成单元。

控制回路（画出）	各组成元件名称

学习评价

1. 学习成果自我评价

□已理解 DCS 控制技术的作用　　□未理解 DCS 控制技术的作用
□已掌握控制回路组成元件及作用　　□未掌握控制回路组成元件及作用
□已熟练识别控制回路组成元件　　□未熟练识别控制回路组成元件

2. 教师评价

完成情况：

□优秀　□良好　□中等　□合格　□不合格

单元六 DCS 控制系统类型

知识导入

通过识别精馏单元 PID 图中的控制回路，写出它们的不同之处。

知识储备

一、简单控制系统

用一个测量元件和变送器、一个调节器和一个调节阀，对一个参数进行控制的系统叫作简单控制系统。它是化工生产过程中使用最广泛的一类系统，如液位控制系统、温度控制系统、压力控制系统、流量控制系统等。图 3-6-1 是流量简单控制系统 PID 图例。调节器 FICQ1021 是流量显示控制仪表，带有 DCS 功能。FV1021 是带有电磁控制执行器的阀门组件，称为电磁阀。FT1021 变送器测量变送值传达给 FICQ1021，由调节器 FICQ1021 发出信号调节 FV1021 阀门。在 DCS 操作界面上，打开阀门有手动（MAN）和自动（AUTO）两种模式。前者操作设定阀门开度 0 ～ 100% 范围值；后者设定被调参数的给定值，如在 FIC1021 流量显示控制仪表上输入流量（SP 值）为 700000kg/h，调节过程中也会实时显示实测值（PV 值）。

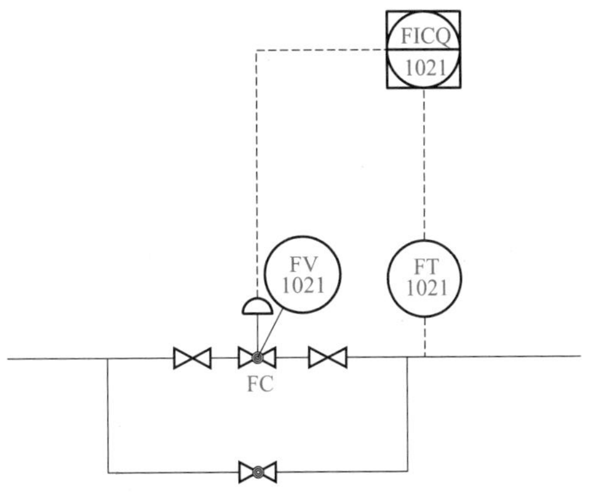

图 3-6-1 流量简单控制系统 PID 图例

在控制回路中，除了必要的元件以外，调节阀的前后安装手阀以及旁路阀。正常情况下流量由调节阀控制，在 DCS 操作界面上操作。当调节阀出现故障时，需要现场关闭控制阀的前后手阀，将控制阀切除，通过旁路阀来控制流量。

另外，在 PID 图中，调节阀旁注明有 FC 或 FO，分别表示调节阀为气开阀或气关阀。选择气开阀和气关阀是从工艺安全角度来考虑的，即当某种原因造成调节阀的气动管路上没有气信号时，该阀从安全角度应该是关的，则选气开阀 FC，表明阀门事故时关，即有气开、无气关。反之该阀从安全角度应该是开的，则选气关阀 FO，表明阀门事故时开，即有气关、无气开。例如生产中发生仪表空气中断、DCS 离线故障时，调节阀将自动全开或全关，使装置处于安全状态。

二、串级控制系统

串级控制系统是两个控制器相串联，接受主参数的控制器为主控制器，接受副参数的控制器为副控制器。主控制器的输出作为副控制器的给定，副控制器的输出控制调节阀。其中副控回路具有“先调、粗调、快调”的特点，主控回路具有“后调、慢调、细调”的特点。因此，串级控制系统具有“克服干扰快、调节精度高”的特点。图 3-6-2 是温度 - 流量串级控制系统。

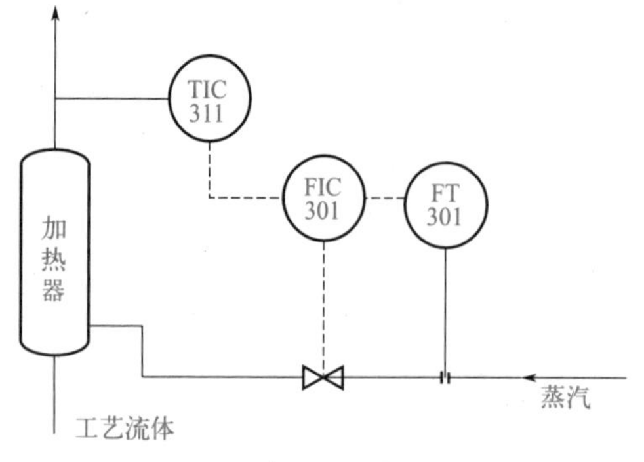

图 3-6-2　温度 - 流量串级控制系统

这是以被加热的工艺流体温度控制为目的的控制回路。TIC311 是温度控制，FIC301 是流量控制，它直接作用于阀门。温度控制和流量控制组合在一起，再加上流量控制阀，这是一个串级控制系统。TIC 代表主控回路，FIC 代表副控制回路，温度控制器的输出作为流量控制器的给定，流量控制器输出控制调节阀。与温度简单控制回路相比，由于多了流量调节副控回路，比主回路反应快，可以将副回路上的影响及早消除，因此提高了系统克服干扰的能力，从而保证了对工艺流体温度的控制更加平稳。

三、分程控制系统

分程控制系统是一个调节器分别控制两个或更多调节阀构成的控制系统。分程控制系统可应用于操纵变量需要大幅改变的场合，或一个被控变量需要两个以上的操纵变量分阶段进行控制。例如图 3-6-3，甲醛装置废热锅炉 E102 蒸汽压力控制系统中，甲醛装置废热锅炉 E102 产生的蒸汽由 PV0501A 阀送出，PV0501B 阀是一个放空阀，锅炉蒸汽压力调节由 PV0501A/B 两个阀进行分程调节。

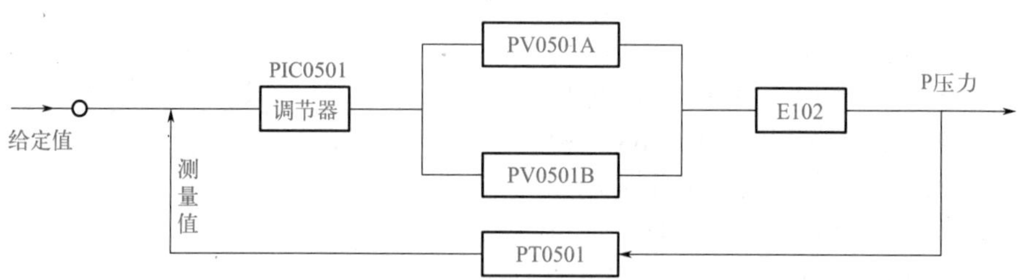

图 3-6-3　甲醛装置废热锅炉 E102 蒸汽压力控制系统

为了实现分程控制，调节器输出（4 ～ 20mA）信号进行分段控制两个阀，即（4 ～ 12mA）信号段控制 A 阀，（12 ～ 20mA）信号段控制 B 阀。废热锅炉 E102 压力变送器 PT0501 进行检测后送到调节器 PIC0501。当锅炉 E102 压力升高，调节器输出增大，A 阀开大，直至全开，若压力仍高于给定值，则调节器输出大于 12mA，此时就打开 B 阀，通过 B 阀开度来控制压力。反之，当锅炉压力低于给定值，调节器输出减少，先关闭 B 阀，直至全关，若压力仍低，则继续关 A 阀，利用 A 阀来控制压力。

突破极限，解决问题，追求更好，要求工程师有灵活的工科思维。本单元中工艺参数的控制方法是在简单控制系统的基础上优化改进，使参数控制更加精准和平稳。学习者除识别外，还可进一步根据工况设计控制系统，锻炼工科思维。

班级：__________　姓名：__________　学号：__________　日期：__________

知识巩固

1. 图 3-6-4 为精馏工艺流程图，识图并完成以下问题。

（1）精馏塔的灵敏板温度由低压蒸汽通入量控制，请在图 3-6-4 中画出精馏塔塔温的简单控制系统。

（2）精馏塔的灵敏板温度由低压蒸汽通入量控制，请设计出灵敏板温度调节器和低压蒸汽流量调节器串级控制系统，对灵敏板温度进行控制。

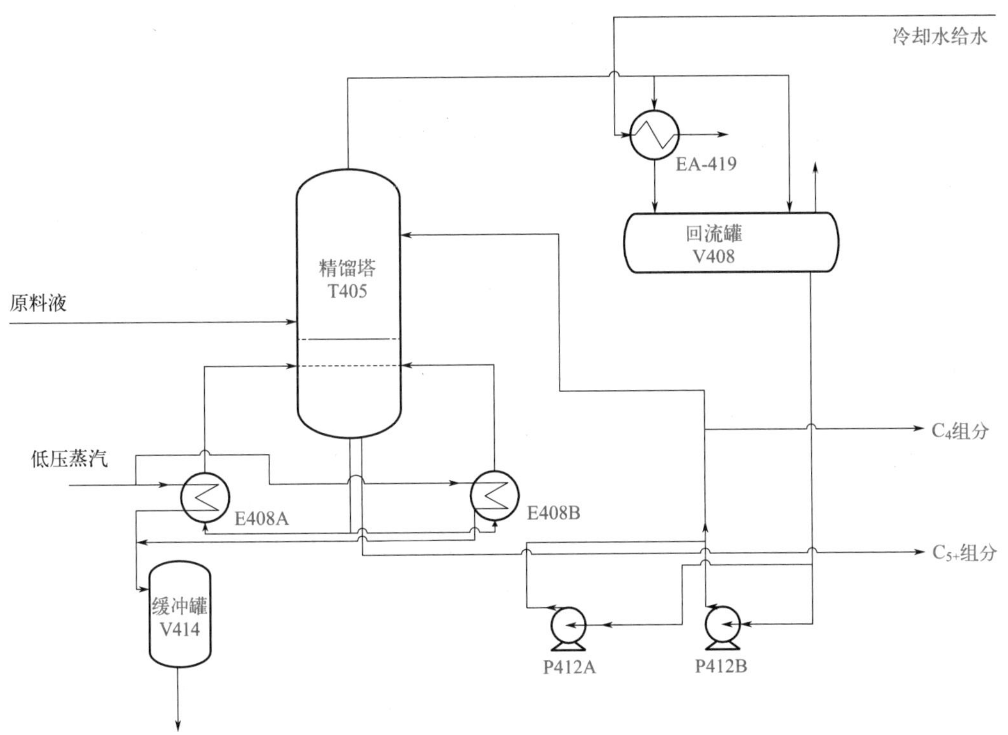

图 3-6-4　精馏工艺流程图

（3）比较简单控制系统和串级控制系统的控制效果：____。

（4）精馏塔塔压可通过塔顶冷凝器的冷却水流量控制，也可以通过缓冲罐放空。此种情况控制回路类型采用__________，理由是____。

图纸 3-2-1
精馏单元
PID 图

2. 图纸 3-2-1 为精馏单元 PID 图，识读图纸内容，详细分析下列各控制参数控制方法。

（1）精馏塔液位；（2）塔顶压力；（3）精馏塔温度；（4）塔釜蒸汽缓冲罐液位；（5）回流罐液位；（6）物料进料流量；（7）回流比。

学习评价

1. 学习成果自我评价

□已掌握不同控制系统的特点	□未掌握不同控制系统的特点
□已熟练识别控制系统类型	□未熟练识别控制系统类型
□已熟练解读控制系统	□未熟练解读控制系统
□已能够设计简单的工艺控制系统	□未能够设计简单的工艺控制系统

2. 教师评价

完成情况：

□优秀　□良好　□中等　□合格　□不合格

阅读材料

石化化工重点行业严格能效约束推动节能降碳行动方案（2021—2025 年）

为贯彻落实党中央、国务院碳达峰碳中和相关工作部署，坚决遏制“两高”项目盲目发展，推动炼油、乙烯、合成氨、电石等重点行业绿色低碳转型，确保如期实现碳达峰目标，根据《关于严格能效约束推动重点领域节能降碳的若干意见》，制定本行动方案。

一、行动目标

到 2025 年，通过实施节能降碳行动，炼油、乙烯、合成氨、电石行业达到标杆水平的产能比例超过 30%，行业整体能效水平明显提升，碳排放强度明显下降，绿色低碳发展能力显著增强。

二、重点任务

（一）建立技术改造企业清单。各地组织开展炼油、乙烯、合成氨、电石企业现有项目能效情况调查，认真排查在建项目，科学评估拟建项目，按照有关法律法规和标准规范，逐一登记造册，经企业申辩和专家评审，建立企业装置能效清单目录，能效达到标杆水平和低于基准水平的企业装置，分别列入能效先进和落后装置清单，并向社会公开，接受监督。有关部门组织申报、评选全国节能降碳或改造提升效果明显的企业，发布行业能效“领跑者”名单，形成一批可借鉴、可复制、可推广的节能典型案例。

（二）制定技术改造实施方案。各地在确保经济平稳运行、社会民生稳定基础上，制定石化重点行业企业技术改造总体实施方案，选取炼油、乙烯、合成氨、电石行业节能先进适用技术，引导能效落后企业装置实施技术改造，科学合理制定不同企业节能改造时间表，明确推进步骤、改造期限、技术路线、工作节点、预期目标等。实施方案需科学周密论证，广泛征求意见，特别是要征求相关企业及其所在地方政府意见，并在实施前向社会公示。各技术改造企业据此制定周密细致的具体工作方案，明确落实措施。

（三）稳妥组织企业实施改造。各地根据实施方案，指导企业落实好装置改造所需资金，制定技术改造措施，加快技术改造进程，积极协助企业解决改造过程中存在的问题。对于能效介于标杆水平和基准水平之间的企业装置，鼓励结合检修等时机参照标杆水平要求实施改造升级。改造过程中，在落实产能置换等要求前提下，鼓励企业开展兼并重组。对于违规上马、未批先建项目，依法依规严肃查处相关责任人员、单位和企业。

（四）引导低效产能有序退出。严格执行《产业结构调整指导目录》等规定，推动 200 万吨 / 年及以下炼油装置、天然气常压间歇转化工艺制合成氨、单台炉容量小于 12500 千伏安的电石炉及开放式电石炉淘汰退出。严禁新建 1000 万吨 / 年以下常减压、150 万吨 / 年以下催化裂化、100 万吨 / 年以下连续重整（含芳烃抽提）、150 万吨 / 年以下加氢裂化，80 万吨 / 年以下石脑油裂解制乙烯，固定层间歇气化技术制合成氨装置。新建炼油项目实施产能减量置换，新建电石、尿素（合成氨下游产业链之一）项目实施产能等量或减量置换，推动 30 万吨 / 年及以下乙烯、10 万吨 / 年及以下电石装置加快退出，加大闲置产能、“僵尸”产能处置力度。

（五）推广节能低碳技术装备。开展精馏系统能效提升等绿色低碳技术装备攻关，加强成果转化应用。推广重劣质渣油低碳深加工、合成气一步法制烯烃、原油直接裂解制乙烯等技术，大型加氢裂化反应器、气化炉、乙烯裂解炉、压缩机，高效换热器等设计制造技术，特殊催化剂、助剂制备技术，自主化智能控制系统。鼓励采用热泵、热夹点、热联合等技术，加强工艺余热、余压回收，实现能量梯级利用。探索推动蒸汽驱动向电力驱动转变，开展企业供电系统适应性改造。鼓励石化基地或大型园区开展核电供热、供电示范应用。

（六）推动产业协同集聚发展。坚持炼化一体化、煤化电热一体化和多联产发展方向，构建企业首尾相连、互为供需和生产装置互联互通的产业链，提高资源综合利用水平，减少物流运输能源消耗。推进开展化工园区认定，引导石化化工生产企业向化工园区转移，提高产业集中集聚集约发展水平，形成规模效应，突出能源环境等基础设施共建共享，降低单位产品能耗和碳排放。鼓励不同行业融合发展，提高资源转化效率，实现协同节能降碳。

（七）修订完善产业政策标准。对照行业能效基准水平和标杆水平，适时修订《炼油单位产品能源消耗限额》《乙烯装置单位产品能源消耗限额》《合成氨单位产品能源消耗限额》《电石单位产品能源消耗限额》。结合炼油、乙烯、合成氨、电石行业节能降碳行动以及修订的国家能耗限额标准、污染物排放水平，修订《产业结构调整指导目录》《绿色技术推广目录》。

（八）强化产业政策标准协同。研究完善炼油、乙烯、合成氨、电石行业绿色电价政策，有效强化电价信号引导作用。按照加强高耗能项目源头防控的政策要求，通过环保核查、节能监察等手段，加大管控查处力度。加强炼油等行业项目准入条件与能效基准水平、标杆水平衔接和匹配。

（九）加大财政金融支持力度。落实节能专用装备、技术改造、资源综合利用等方面税收优惠政策。积极发展绿色金融，设立碳减排支持工具，支持金融机构在风险可控、商业可持续的前提下，向碳减排效应显著的重点项目提供高质量的金融服务。拓展绿色债券市场的深度和广度，支持符合条件的节能低碳发展企业上市融资和再融资。落实首台（套）重大技术装备示范应用鼓励政策。

（十）加大配套监督管理力度。加强源头把控，建立炼油、乙烯、合成氨、电石等行业企业能耗和碳排放监测与评价体系、稳步推进企业能耗和碳排放核算、报告、核查和评价工作。强化日常监管，组织实施国家工业专项节能监察，加强对企业能效水平执行情况的监督检查，确保相关政策要求执行到位。压实属地监管责任，建立健全通报批评、用能预警、约谈问责等工作机制，完善重点行业节能降碳监管体系。发挥信用信息共享平台作用，加强对违规企业的失信联合惩戒。

三、工作要求

发展改革、工业和信息化、财政、生态环境、人民银行、市场监管、证监、能源等部门要加强协同配合、形成工作合力、统筹协调推进各项工作。各地方要高度重视，进一步压实责任，细化工作任务，明确落实举措。有关行业协会要充分发挥桥梁纽带作用，引导行业企业凝聚共识，形成一致行动，协同推进节能降碳工作。有关企业要强化绿色低碳发展意识，落实主体责任，严格按照时间节点要求完成各项任务。

项目四

化工操作安全基础

知识导图

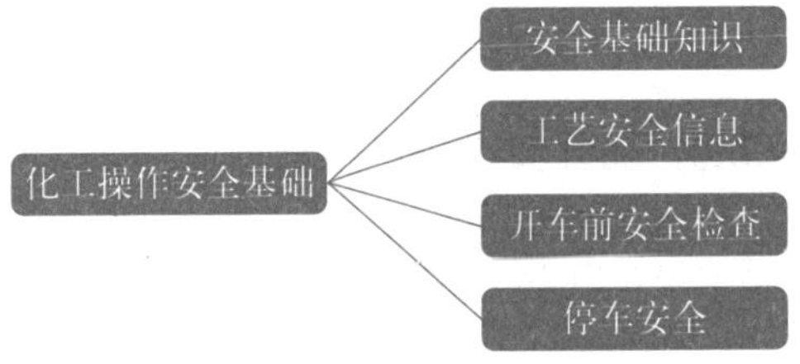

项目导入

化工生产的原料和产品多为易燃、易爆、有毒及有腐蚀性，化工生产特点多是高温、高压或深冷、真空，化工生产过程多是连续化、集中化、自动化、大型化，化工生产中安全事故主要来源于泄漏、燃烧、爆炸、毒害等，因此化工行业是危险源较为集中的行业。化工生产中各个环节不安全因素较多，且相互影响，一旦发生事故，危险性和危害性较大，可能造成严重后果，所以化工生产的管理人员、技术人员及操作人员均必须熟悉和掌握相关的安全知识和事故防范技术，并具备一定的安全事故处理技能。

本项目主要介绍安全基础知识、工艺安全信息、开车前安全检查和停车安全。安全基础知识是识别化工操作安全风险的理论基础。工艺安全信息包含化学品危害信息、工艺技术信息和设备安全等基础信息。开车前安全检查是为了审查和检验开车前各个环节，确保生产运行安全稳定。停车安全明确了停车相关注意事项，避免停车过程发生安全事故。因此本项目是化工 DCS 操作的基础知识。

学习目标

知识目标

熟悉操作安全基础知识。

掌握工艺安全信息。

掌握开停车操作安全注意事项。

了解应急管理内容。

技能目标

能运用理论知识识别出化工操作存在的安全风险。

能根据学习的操作安全基础知识安全地开展 DCS 操作。

素质目标

树立正确的安全认知观，增强安全生产的意识。

具备吃苦耐劳、恪尽职守的职业精神。

具备爱岗敬业、精益求精的工匠精神。

知识单元

单元一　安全基础知识

单元二　工艺安全信息

单元三　开车前安全检查

单元四　停车安全

单元一　安全基础知识

知识导入

项目三详细介绍了精馏单元的工艺流程，请写出精馏单元存在哪些危险？可能会发生哪些安全事故？

知识储备

一、危险源

1. 危险源的定义

危险源（Hazard）是可能导致人员伤害或疾病、物质财产损失、工作环境破坏或这些情况组合的根源或状态因素。危险源指一个系统中具有潜在能量和物质释放危险的、可造成人员伤害、在一定的触发因素作用下可转化为事故的部位、区域、场所、空间、岗位、设备及其位置。它的实质是具有潜在危险的源点或部位，是爆发事故的源头，是能量、危险物质集中的核心，是能量传出来或爆发的地方。

危险源可能存在事故隐患，也可能不存在。对于存在事故隐患的危险源一定要及时加以整改，否则随时都可能导致事故。

2. 危险源构成

危险源主要由三个要素构成：潜在危险性、存在条件和触发因素。

潜在危险性是指一旦触发事故，可能带来的危害程度或损失大小，或者说危险源可能释放的能量强度或危险物质量的大小。

存在条件是指危险源所处的物理、化学状态和约束条件状态。例如，物质的压力、温度、化学稳定性，盛装压力容器的坚固性，周围环境障碍物等情况。

触发因素虽然不属于危险源的固有属性，但它是危险源转化为事故的外因，而且每一类型的危险源都有相应的敏感触发因素。如易燃、易爆物质，热能是其敏感触发因素；压力容器，压力升高是其敏感触发因素。因此，一定的危险源总是与相应的触发因素相关联。在触发因素的作用下，危险源转化为危险状态，继而转化为事故。

3. 危险源辨识

危险源辨识就是识别危险源并确定其特性的过程。危险源辨识既要识别危险源，还必须对其性质加以判断。

二、安全风险

1. 安全风险的定义

安全风险是危险源失控发生安全事故（事件）的可能性与其后果严重性的组合。

2. 控制安全风险的措施

安全风险控制可从三方面进行，即技术控制、人的行为控制和管理控制。

（1）技术控制　即采用技术措施对固有危险源进行控制，主要技术有消除、控制、防护、隔离、监控、保留和转移等。

化工中的技术控制包括：储存反应设备的材料耐储存介质的腐蚀、设计压力满足工艺条件、物料反应温度检测元件、压力检测元件、流量控制元件、超压泄放装置（安全阀、爆破片）、安全仪表联锁系统（DCS 联锁控制、SIS 联锁控制）、有毒可燃气体检测仪、防火围堰等。

（2）人的行为控制　人的行为控制即控制人为失误，减少人不正确行为对危险源的触发作用。人为失误的主要表现形式有：操作失误，指挥错误，不正确的判断或缺乏判断，粗心大意，厌烦，懒散，疲劳，紧张，疾病或生理缺陷，错误使用防护用品和防护装置等。

化工生产的人的行为控制：首先是加强教育培训，做到人的安全化；其次应做到操作安全化。

（3）管理控制　可采取以下管理措施，对危险源实行控制：

① 建立健全危险源管理的规章制度；

② 明确责任，定期检查；

③ 加强危险源的日常管理；

④ 抓好信息反馈，及时整改隐患；

⑤ 做好危险源控制管理的基础建设工作；

⑥ 做好危险源控制管理的考核评价和奖惩。

3. 风险分级

风险可分为重大风险、较大风险、一般风险、低风险四个等级。

三、安全隐患

1. 安全隐患的定义

安全隐患可导致事故发生危险源技术措施的故障或失效；人的不安全行为失控或者不正确的动作；管理上的缺陷，管理上考虑不全面或者管理制度不可执行性。安全隐患是引发安全事故的直接原因。

2. 安全隐患分类

安全隐患主要分为一般事故隐患和重大事故隐患两类。

（1）一般事故隐患　整改难度小，能立即整改不需要停产停业。

（2）重大事故隐患　整改难度大，需要停产停业进行整顿或需要第三方进行协助整改。

四、安全事故

安全事故是指危险源的能量失控。安全事故是在生产经营有关活动中突然发生的能量失控、伤害人的健康、损坏设备设施或者造成经济损失的，导致原生产经营活动（包括与生产经营活动有关的活动）暂时中止或永远终止的意外事件。

班级：__________　姓名：__________　学号：__________　日期：__________

知识巩固

1. 填空题

（1）危险源是可能导致____________、__________、工作环境破坏或这些情况组合的______________________________________。

（2）安全风险是__________________发生安全事故（事件）的可能性与其后果严重性的组合。

（3）安全隐患可导致事故发生______________________________；人的________________；管理上的缺陷，管理上考虑不全面或者管理制度不可执行性。安全隐患是引发安全事故的直接原因。

2. 根据图 4-1-1 甲醇精馏 PID 图，思考回答哪些不当操作会导致脱甲醇塔发生爆炸事故？

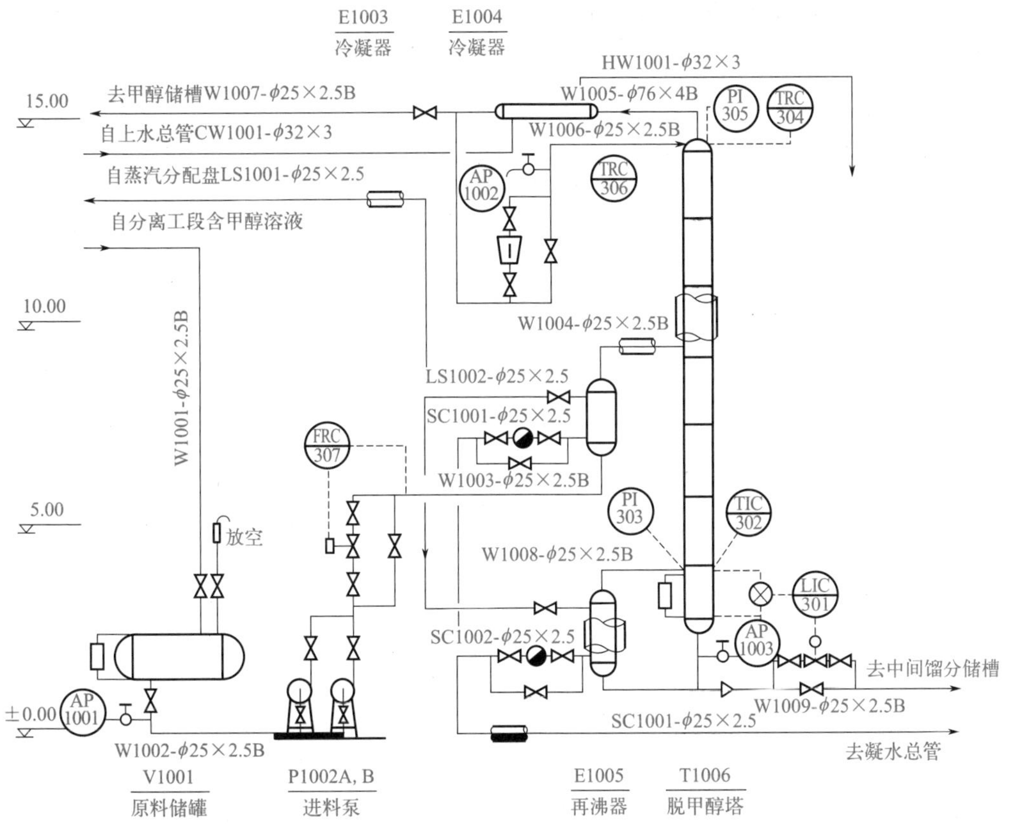

图 4-1-1　甲醇精馏 PID 图

项目四

学习评价

1. 学习成果自我评价

☐已理解危险源相关知识　　☐未理解危险源相关知识

☐已理解安全隐患相关知识　　☐未理解安全隐患相关知识

☐已理解安全风险相关知识　　☐未理解安全风险相关知识

☐已理解安全事故相关知识　　☐未理解安全事故相关知识

2. 教师评价

完成情况：

☐优秀　☐良好　☐中等　☐合格　☐不合格

知识提升

利用本单元理论知识，以你所知道的任何一个化工生产为例，举例说明生产过程中存在的安全风险以及风险控制措施。

单元二　工艺安全信息

知识导入

查阅资料，回答甲醇的安全技术说明书（SDS）有哪 16 项信息内容？

知识储备

工艺安全信息（Process Safety Information，简称 PSI）主要包括化学品危害信息、工艺技术信息和设备安全信息三大类。

工艺安全信息是开展工艺危险分析和风险管理的依据，该信息的收集、利用和管理是加强化工企业安全生产基础工作的重要内容，也是落实安全管理工作的重要基础。开展生产活动前，应完成书面工艺安全信息收集工作。

工艺安全信息是编写操作规程和培训材料、编制应急预案的重要基础资料。全面收集、利用和管理工艺安全信息，可以确保工艺系统升级或改造过程始终符合最初设计的意图，从而有效防范工艺安全事故。

一、工艺安全信息的主要内容

1. 化学品危害信息

化学品危害信息主要包括工艺过程中原料、催化剂、助剂、中间产品和最终产品等物料的闪点、燃点、自燃点、爆炸极限、饱和蒸气压、沸点、燃烧热、最小点火能、反应性、稳定性、毒性、化学品安全技术说明书（SDS）等信息，具体如下：

① 毒性；

② 允许暴露限值；

③ 物理化学特征参数；

④ 单一物料的反应特性或不同物料相互接触后的反应特性；

⑤ 腐蚀性数据，腐蚀性及其对材质的相容性要求；

⑥ 热稳定性和化学稳定性；

⑦ 发生泄漏的处置方法；

⑧ 化学品活性反应与混储危险性数据。

2. 工艺技术信息

工艺技术信息主要包括工艺技术流程图、技术手册、操作规程、培训材料、安全操作范围、偏离正常工况后果的评估等信息，具体如下：

① 流程图或简化工艺流程图；

② 工艺化学原理资料；

③ 预计最大库存量；

④ 安全操作范围（如温度、压力、流量、液位或组分等安全上限和下限）；
⑤ 偏离正常工况的后果评估，包括对员工的安全和健康影响；
⑥ 关键工艺点。

3. 设备安全信息

设备安全信息主要包括工艺设备材质、泄压、电气、安全系统的设计以及工艺管道和仪表流程图等信息，具体如下：

① 材质；
② PID 图；
③ 电气设备危险等级区域划分图；
④ 泄压系统设计和设计基础；
⑤ 通风系统设计图；
⑥ 设计标准或规范；
⑦ 物料平衡表、能量平衡表；
⑧ 计量控制系统；
⑨ 安全系统（如联锁、监测或抑制系统）等。

工艺安全信息通常包含在技术手册、操作规程、培训材料或其他工艺文件中。工艺安全信息文件应纳入文件控制系统予以管理，保持最新版本。

二、工艺安全信息的使用

生产单位应评估工艺条件变化可能造成的火灾爆炸危险，并设置必要的工艺控制措施、报警和联锁，提升装置的本质安全度，至少应满足以下要求：

① 掌握工艺参数偏离正常工况可能导致的后果，设置必要的温度和压力等关键参数的报警、联锁或物料紧急切断措施；

② 掌握加料错误、催化剂失效、搅拌失效、冷却失效、温度波动等工况条件下可能引发的危险，设置进料流量、物料配比等方面的报警和联锁，必要时应设置紧急切断系统；

③ 掌握温度、压力、流量、液位等工艺参数的安全操作范围，合理设计安全泄压系统；

④ 针对强放热反应工艺，应设置紧急冷却系统、反应抑制系统；

⑤ 对于有氧化性气体存在的工艺过程，根据需要设置惰性气体保护措施和氧含量监测措施；

⑥ 对装置进行技术改造时，应评估自动化控制措施是否能满足安全控制要求等。

三、培训、审核

应利用工艺安全信息对工艺生产、操作、维护和管理人员进行培训。工艺安全信息档案一般每年审核一次，并针对审核结果提出审核意见，审核记录和审核结论应归档管理。

通过对危险源、风险、事故的认知才能理解“安全第一”的含义，树立生产中“安全第一”的理念，远离危险区域，从小事做起，克服麻痹思想。严格要求自己，保持在岗位操作时有良好的精神状态，在做好自身安全的同时，积极协助同学及其他人员进行安全生产的宣传工作，对违规操作等危险行为及时劝阻。

班级：__________　姓名：__________　学号：__________　日期：______

知识巩固

1. 填空题。

（1）工艺安全信息主要包括化学品危害信息、__________和__________三大类。

（2）化学品危害信息包括：①______；②允许暴露限值；③____________；④单一物料的反应特性或不同物料相互接触后的反应特性；⑤______________；⑥热稳定性和化学稳定性；⑦______________；⑧化学品活性反应与混储危险性数据。

（3）设备安全信息包括：①材质；②____________图；③电气设备危险等级区域划分图；④______________________________；⑤通风系统设计图；⑥设计标准或规范；⑦____________________________；⑧________________________________；⑨安全系统（如联锁、监测或抑制系统）等。

2. 精馏工艺安全信息有哪些？

项目四

学习评价

1. 学习成果自我评价

□已熟悉工艺安全信息知识　　□未熟悉工艺安全信息知识

□已掌握如何使用工艺安全信息　　□未掌握如何使用工艺安全信息

2. 教师评价

完成情况：

□优秀　□良好　□中等　□合格　□不合格

知识提升

根据本单元学习内容，列举甲醇精馏工段的员工需要掌握哪些工艺安全信息？

单元三　开车前安全检查

知识导入

请根据开车前安全检查要求，结合图 4-3-1 甲醇精馏工段低压蒸汽冷凝罐，编制一份低压蒸汽冷凝罐开车前安全检查确认清单。

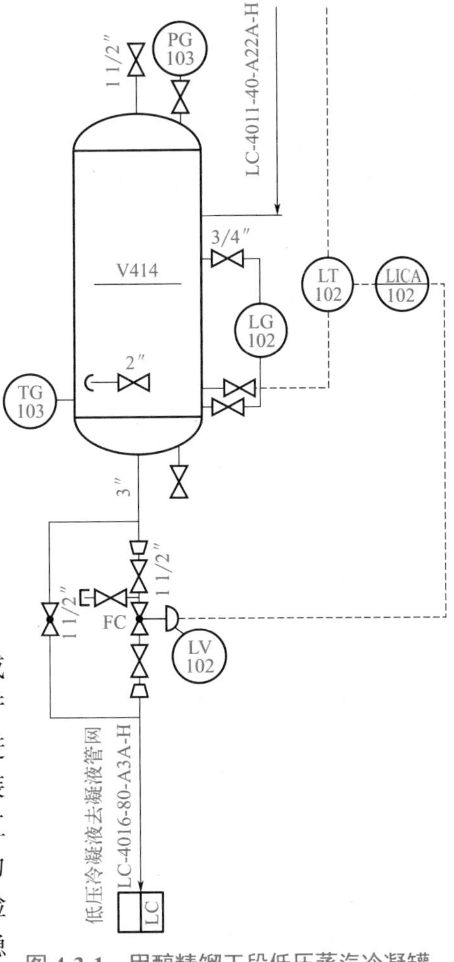

图 4-3-1　甲醇精馏工段低压蒸汽冷凝罐

知识储备

开车前安全检查是在生产装置正式投产前或在对生产工艺、设备进行较大变更后，对生产工艺、设备设施、管理资源及前期准备情况等进行的审查和检验。开车前安全检查的目的是在装置正式投入运行前，对影响装置开车、投入的工艺流程、关键设备、监控仪表、安全设施、人力资源、技术资料、物资准备等各环节进行安全检查，并给出检查结果，确保装置生产期间安全稳定运行。

一、开车前安全检查的内容

开车前应满足的安全生产条件主要包括以下内容。

① 装置内主要交通干道畅通无阻，临时建筑、临时供电设施、施工机具、材料工棚全部拆除，装置内外地面平整、清洁、无障碍物。

② 工艺设备及环境缺陷消除完毕，影响试车的设计修改项目已经完成，所有设备、管道、容器均已进行严格试压、试漏。设备封闭前，经专人严格检查确认，设备位号、管道介质名称、流向标志齐全。

③ 机械完整性信息齐全，包括电气设备档案、安全阀档案、设备档案、设备规格

指标、电气线路图等资料的完善。

④ 仪表及控制信息确认完毕，操作信息完整，便于识别操作。操作文件齐全，包括分布式控制系统（DCS）或可编程控制器（PLC）文件准备，对 DCS 屏幕进行修改等。

⑤ 设备机组经过单机试车、联动试车，各项技术性能指标符合设计要求。

⑥ 压力容器和放射线源已根据国家规定取得使用许可证。

⑦ 各类专业档案（包括各种技术资料、合格证、质量证明书、检测数据等）、图纸、技术资料齐全。

⑧ 所有 HSE 设施齐全、灵敏、可靠，并经校验符合设计要求，证件资料齐全。

⑨ 防雷、防静电系统完好，接地测试符合要求。

⑩ 消防设备和器材符合设计规定，道路畅通、水量充足、水压正常、满足灭火要求，消防人员按规定配备齐全，消防车能按规定时间到达生产现场。

⑪ 厂内通信系统投入使用，且符合防爆要求，生产指挥系统、消防指挥系统畅通。

⑫ 仪表联锁、火灾自动报警系统、可燃（有毒）气体测量仪表和其他各种测量仪表已联校调试完毕并已投入使用。

⑬ 关键设备的防火保护措施，易燃、易爆、有毒物品的保管、使用及有毒气体防护措施均已落实。

⑭ 有毒有害岗位防护用品和急救器材配备齐全，并随时投入使用，现场人员防护用品穿戴符合要求，现场急救站、协议医院人员及救护车能随时到达现场。

⑮ 现场设备转动部分、高温管道已采取安全防护措施，电气设备防漏电设施，梯子、平台、栏杆等劳动保护设施按相关标准设置，现场照明充分。

⑯ 岗位职工已进行身体健康检查，并建立健康档案，职业禁忌人员已安排到合适的岗位。

⑰ 岗位工人已进行安全技术规程及岗位操作知识培训，并经考试合格；特殊工种作业人员已经通过地方有关部门考试合格，持证作业；有毒有害岗位人员，已经防毒防害及救护等专业培训，并经考试合格。

⑱ 各项规章制度、操作规程及应急处理预案已建立、健全，配备发放到相关人员。

⑲ 现场无危险污染物的工艺排放口，设备和管道的泄漏检测计划已经落实。

⑳ 装置（设施）投料试车总体开工方案已经审查通过，并交由管理人员和岗位人员学习掌握。

㉑ 建立应急救援队伍，按照相关事故应急救援预案编制导则的要求编制应急救援预案。

二、化工开车投料生产

完成开车前安全检查后，按照程序开展化工生产投料，按照设计文件规定的工艺介质打通全部装置的生产流程，进行各装置之间首尾衔接的运行，以检验其除经济指标外的全部性能，并生产出合格产品。

掌握工艺安全信息的内容是工艺操作人员的基本职业能力，掌握工艺安全信息才能确保操作化工装置生产运行安全稳定。

班级：＿＿＿＿＿＿　姓名：＿＿＿＿＿＿　学号：＿＿＿＿＿＿　日期：＿＿＿＿＿＿

知识巩固

1. 填空题。

（1）开车前安全检查的定义是＿＿＿＿＿＿＿＿或在对＿＿＿＿＿＿＿＿进行较大变更后，对生产工艺、设备设施、管理资源及前期准备情况等进行的审查和检验。

（2）开车前安全检查的目的是在装置＿＿＿＿＿＿＿＿，对影响装置开车、投入的工艺流程、关键设备、监控仪表、安全设施、人力资源、技术资料、物资准备等各环节进行安全检查，并给出检查结果，确保＿＿＿＿＿安全稳定运行。

（3）开车前安全检查的意义是可以提高＿＿＿＿＿＿＿＿＿＿＿＿＿＿＿＿和安全可靠性。

2. 根据本单元开车前检查条件，观察甲醇精馏流程（图 4-3-2），回答流程图中开车前检查进出料阀门应是什么状态？

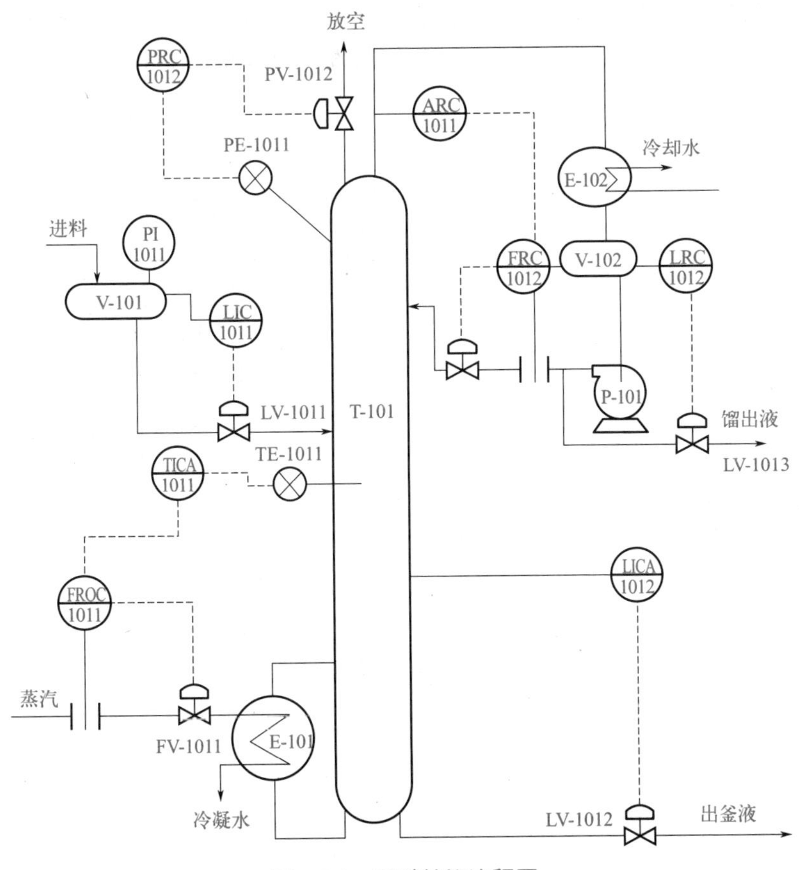

图 4-3-2　甲醇精馏流程图

学习评价

1. 学习成果自我评价

☐已掌握开车前安全检查的意义　　☐未掌握开车前安全检查的意义
☐已掌握开车前安全检查的内容　　☐未掌握开车前安全检查的内容

2. 教师评价

完成情况：

☐优秀　☐良好　☐中等　☐合格　☐不合格

知识提升

某化工企业气化装置开展气化开车活动，流程图如图 4-3-3 所示，气化炉投料成功 2min 后发生了气化系统闪爆事故。根据事故调查结果，事故直接原因是建立煤浆管线循环应利用高压煤浆泵进口导淋连接冲洗水管先建立水循环，再切换煤浆建立煤浆循环，操作员王某未按照开车前确认表确认关闭冲洗水导淋阀，导致爆炸事故。请结合理论知识分析冲洗水导淋阀未关闭为何会发生爆炸事故？并简述开车前安全检查的意义。

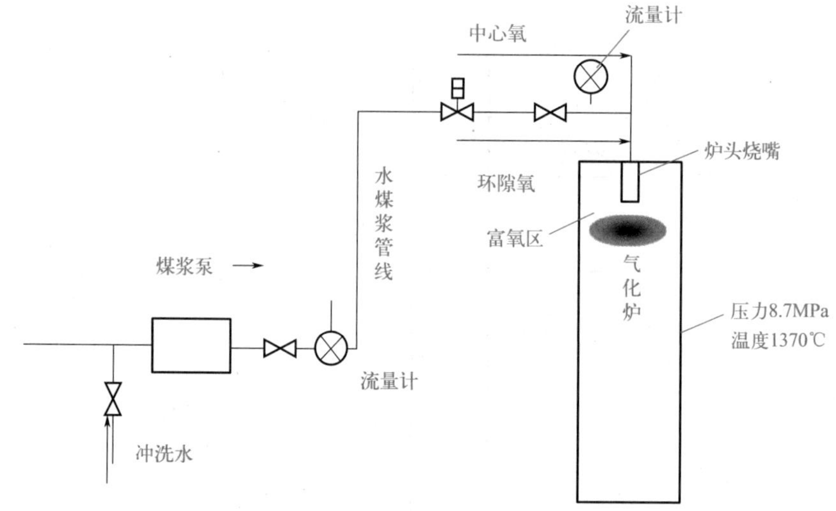

图 4-3-3　某企业气化装置流程图

单元四　停车安全

知识导入

化工装置停车操作分为常规停车和紧急停车两种。假设甲醇精馏工段正常生产时突发停电情况，请结合彩图 4-4-1 甲醇精馏工艺流程图，写出紧急停车时应注意的事项。

彩图 4-4-1 甲醇精馏工艺流程图

知识储备

一、常规停车

常规停车是指化工装置试车进行一段时间后，因装置检修、预见性的公用工程供应异常或前后工序故障等所进行的有计划的主动停车。

1. 准备工作

化工装置常规停车应按以下要求做好准备：

① 编制停车方案，参加停车人员均经过培训并熟悉停车方案；

② 停车操作票、工艺操作联络票等各种票证齐全，并下发至岗位；

③ 停车用的工（器）具、劳动防护用品齐备，如专用停车工具、通信工具、事故灯、防护服等；

④ 停车后的置换清洗方案、停车阀位图等；

⑤ 停车用的各种记录表等。

2. 相关注意事项

化工装置常规停车应注意以下事项。

① 指挥、操作等相关人员全部到位。

② 必须填写有关联络票，并经生产调度部门及相关领导批准。

③ 必须按停车方案规定的步骤进行。

④ 与上下工序及有关工段（如锅炉、配电间等）保持密切联系，严格按照规定程

序停止设备的运转，大型传动设备的停车必须先停主机、后停辅机。

⑤ 设备泄压操作应缓慢进行，压力未泄尽之前不得拆动设备；注意易燃、易爆、易中毒等危险化学品的排放，防止造成事故。

⑥ 易燃、易爆、有毒、有腐蚀性的物料应向指定的安全地点或储罐中排放，设立警示标志和标识；排出的可燃、有毒气体如无法收集利用，应排至火炬烧掉或进行其他无毒无害化处理。

⑦ 系统降压、降温必须按要求的幅度（速率）、先高压后低压的顺序进行，凡需保压、保温的，停车后按时记录压力、温度的变化。

⑧ 开启阀门的速度不宜过快，注意管线的预热、排凝和防水击等。

⑨ 高温真空设备停车必须先消除真空状态，待设备内介质的温度降到自燃点以下时，才可与大气相通，以防空气进入引发燃爆事故。

⑩ 停炉操作应严格依照规程规定的降温曲线进行，注意各部位火嘴熄火对炉膛降温均匀性的影响；火嘴未全部熄灭或炉腔温度较高时，不得进行排空和低点排凝，以免可燃气体进入炉膛引发事故。

⑪ 停车时严禁高压串低压。

⑫ 停车时应做好有关人员的安全防护工作，防止物料伤人。

⑬ 冬季停车后，采取防冻保温措施，注意低位、死角及水、蒸汽管线、阀门、疏水器和保温伴管的情况，防止冻坏。

⑭ 用于紧急处理的自动停车联锁装置，不应用于常规停车。

二、紧急停车

紧急停车是指化工装置运行过程中，突然出现不可预见的设备故障、人员操作失误或工艺操作条件恶化等情况，无法维持装置正常运行造成的非计划性被动停车。

紧急停车分为局部紧急停车和全面紧急停车。局部紧急停车是指生产过程中，某个（部分）设备或某个（部分）生产系统的紧急停车；全面紧急停车是指生产过程中，整套生产装置系统的紧急停车。

化工装置紧急停车时的注意事项除参照正常停车的程序执行外，还应注意以下几点：

① 发现或发生紧急情况，必须立即按规定向生产调度部门和有关方面报告，必要时可先处理后报告；

② 发生停电、停水、停气（汽）时，必须采取措施，防止系统超温、超压、跑料及机电设备的损坏；

③ 出现紧急停车时，生产场所的检修、巡检、施工等作业人员应立即停止作业，迅速撤离现场；

④ 发生火灾、爆炸、大量泄漏等事故时，应首先切断物料源，尽快启动事故应急救援预案。

在生产经营活动中，为了避免造成人员伤害和财产损失事故，应采取相应的事故预防和控制措施，使生产过程在符合规定的条件下进行，以保证从业人员的人身安全与健康、设备和设施免受损坏、环境免遭破坏，保证生产经营活动的顺利进行。化工生产装置在生产前必须符合安全生产的条件。利用开车前安全检查知识开展开车前安全检查，才能确保化工装置在开车和运行过程中不发生安全事故。

班级：__________　姓名：__________　学号：__________　日期：__________

知识巩固

1. 填空题。

(1) 化工装置常规停车应按以下要求做好准备：①__________，参加停车人员均经过培训并熟悉停车方案；②__________等各种票证齐全，并下发至岗位；③停车用的工（器）具、劳动防护用品齐备，如专用停车工具、__________、事故灯、__________等；④停车后的__________、停车阀位图等；⑤停车用的各种记录表等。

(2) 紧急停车注意事项：①发现或发生紧急情况，必须立即__________，必要时__________；②发生停电、停水、停气（汽）时，必须采取措施，防止系统__________；③出现紧急停车时，生产场所的检修、巡检、施工等作业人员应__________；④发生火灾、爆炸、大量泄漏等事故时，应首先__________，尽快启动事故应急救援预案。

2. 观察图 4-4-1 甲醇精馏流程，写出停车关闭阀门的步骤。

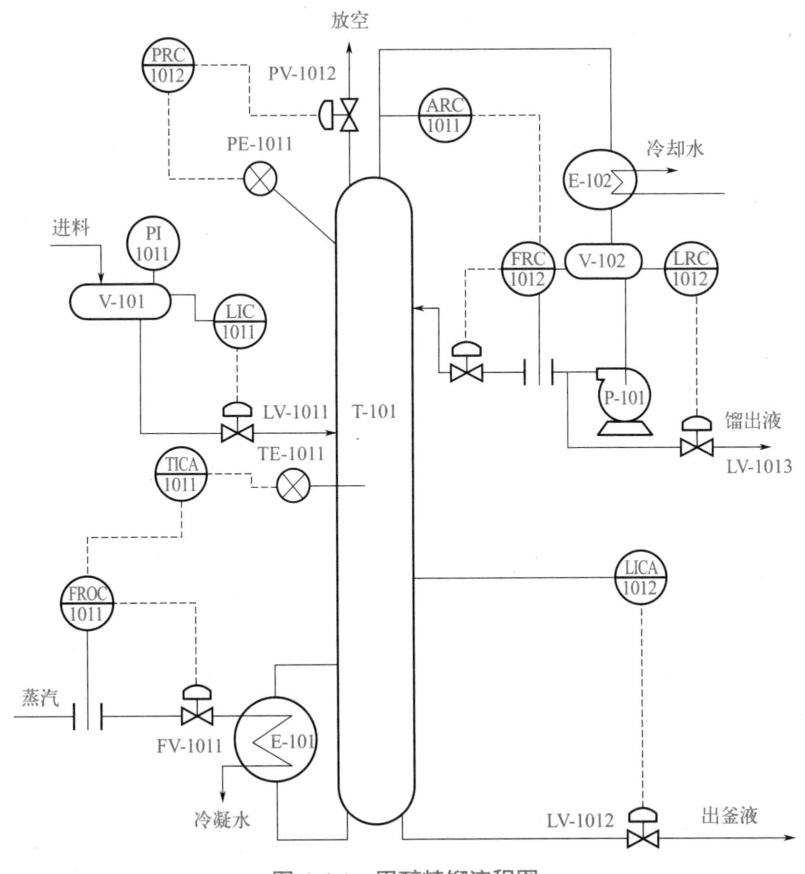

图 4-4-1　甲醇精馏流程图

学习评价

1. 学习成果自我评价

□已了解常规停车的准备工作　　□未了解常规停车的准备工作
□已熟悉常规停车的注意事项　　□未熟悉常规停车的注意事项
□已熟悉紧急停车的注意事项　　□未熟悉紧急停车的注意事项

2. 教师评价

完成情况：

□优秀　□良好　□中等　□合格　□不合格

知识提升

某化工企业乙酸装置，在停车过程中发生乙酸反应器温度异常升高事件。事件经过：中控室操作员李某接到班长停车命令后开始停车操作，5min 后发生了乙酸反应器超温报警。根据事故分析，李某操作过程中误将甲醇进料阀当作一氧化碳进料阀操作并大幅度关小，导致乙酸反应器 CO 过量，甲醇与 CO 剧烈反应发生超温事件。请根据本单元所学知识，结合该事故，谈谈李某有哪几点错误操作？

阅读材料

化工行业中的安全技术

安全是人类最重要、最基本的需求，是人民生命与健康的基本保证。安全是民生之本、和谐之基。安全生产始终是各项工作的重中之重。

化工生产的原料和产品多为易燃、易爆、有毒、有腐蚀性等，化工生产的特点多是高温、高压或深冷、真空，化工生产过程多是连续化、集中化、自动化、大型化，化工生产中的安全事故主要源于泄漏、燃烧、爆炸、毒害等，因此化工行业已成为危险源高度集中的行业。化工生产的管理人员、技术人员及操作人员均必须熟悉和掌握相关的安全知识和事故防范技术，并具备一定的安全事故处理技能。化工安全技术主要包括以下几方面内容。

一、预防发生各类事故的技术

例如化工生产过程中的防火、防爆，危险化学品的安全储存和运输，压力容器和设备的安全使用、维护、检修，人身保护，事故的数理统计分析以及安全系统工程等。

二、预防职业性危害的技术

例如防尘、防毒、采暖通风、采光照明、震动和噪声等的控制和治理，高温、高频、放射性等危害的防护以及对工人作业环境的各种卫生监测技术。

三、制订和不断完善各种化工安全技术的标准、规程和规范

用途较广的危险化学品约有 2000 种，按主要特性分为 10 大类，即爆炸品、压缩气体和液化气体、自燃物品、遇水燃烧物品、易燃液体、易燃固体、氧化剂、剧毒品和毒害品、腐蚀物品以及放射性同位素。除腐蚀物品和放射性同位素各有其特殊要求外，其他一般化学危险品的储存也都有其要求。

四、防火、防爆技术

做好预防工作，首先应消除或控制生产过程中引起燃烧和爆炸的因素。对于处理易燃、易爆物质十分重要的概念是爆炸极限、燃烧危险度和爆炸危险度。

1. 爆炸极限

当可燃气体、可燃蒸气或粉尘与空气组成的混合物，在一定浓度范围内，遇到明火或其他点火源时，就会发生爆炸。此浓度范围，就是某物质的爆炸极限。可燃气体、可燃蒸气或粉尘在空气中形成爆炸混合物的最低浓度（通常用体积分数表示）称为爆炸下限，最高浓度称为爆炸上限。可燃气体、可燃蒸气和粉尘的爆炸极限是防止爆炸的原始数值，是防爆技术中的重要数据。爆炸极限不是一个固定值，会随温度、压力、惰性气体、容器情况等各种因素而变更。其中爆炸性混合物的原始温度越高，则爆炸极限越大，即爆炸下限降低而爆炸上限增高。

2. 爆炸性混合物的原始压力

爆炸性混合物的原始压力对爆炸极限有很大影响。压力降低，则爆炸极限缩小；待压力降至某值时，其下限与上限重合，此时的压力称为爆炸临界压力；若压力在爆炸临界压力以下，系统便不会爆炸。混合物中惰性气体的含量增加、爆炸极限缩小；惰性气体的浓度提高到一定值，可使混合物不爆炸。充装容器的管子直径越小，爆炸极限范围越小。当管径（或火焰通道）小到一定程度时，其火焰即不能通过。其他如火花的能量、受热表面的面积、火源与混合物的接触时间以及光的照射等，对爆炸极

项目四

限均有影响。

3. 燃烧危险度

从预防火灾的角度将易燃固体和易燃液体进行分级。易燃固体一般以其燃点作为燃烧危险度的分级依据。易燃液体则按其闪点（液体的蒸气发生闪燃的最低温度）分为四级，第一、二级称为易燃液体，第三、四级称为可燃液体。

4. 爆炸危险度

爆炸危险度的数值越大，表示其危险性越大，反之则其危险性较小。火灾危险性分类对于化工生产过程的火灾危险性进行综合分析，确定在生产或储存中的火灾危险性类别，以便从开始设计时即作为重点考虑。

5. 火灾危险性分类

我国将化工生产和储存中的火灾危险性分为甲、乙、丙、丁、戊五类。

（1）甲类：使用或产生闪点＜28℃的易燃液体；爆炸下限＜10%的可燃气体；常温下能自行分解或在空气中氧化即能导致迅速自燃或爆炸的物质；常温下受到水或空气中蒸汽的作用能产生可燃气体并引起燃烧或爆炸的物质；遇酸、受热、撞击、摩擦以及遇有机物或硫黄等易燃无机物，极易引起燃烧或爆炸的强氧化剂；受撞击、摩擦或与氧化剂、有机物接触时能引起燃烧或爆炸的物质；在压力容器内超过自燃点的物质。

（2）乙类：使用、储存或生产中产生闪点为28～60℃的易燃、可燃液体；爆炸下限≥10%的可燃气体，助燃气体和不属于甲类的氧化剂；不属于甲类的化学易燃危险固体；生产、使用中排出浮游状态的可燃纤维或粉尘，并能与空气形成爆炸混合物。储存物质中在常温下与空气接触缓慢氧化，积热不散，引起自燃的危险物品。

（3）丙类：使用、储存或生产中产生闪点≥60℃的可燃液体；可燃固体。

（4）丁类：对非燃烧物质进行加工，并在高温或熔化状态下经常产生辐射热、火花或火焰的生产；利用气体、液体、固体作为燃料，或将气体、液体进行燃烧作其他用的各种生产；常温下使用或加工难燃烧物质的生产和储存。

（5）戊类：常温下使用或加工非燃烧物质的生产。

上述中，甲类的危险性最大，应重点采取措施。

6. 防火、防爆的基本措施

火灾、爆炸的危险性取决于可燃物的种类、性质及用量，生产装置区域及厂房空间的大小，生产装置的技术状况和先进程度，通风换气条件和设备，以及装置是否可能泄漏和操作是否可能出差错等。

通常采取的基本措施有以下几种：

（1）严格控制点火能源。主要是指明火（加热用火、维修用火等）、高热物及高温表面、电火花、静电火花、冲击和摩擦、绝热压缩、自然发热、化学反应热、光线和射线等。

（2）防止造成危险性较大的物质形成燃烧爆炸的条件。首先应尽量改进工艺，以危险性较小的物质取代之。若不可能则采取适当措施，如采取惰性介质保护，密闭或加强通风以降低物质的浓度或在负压下操作等。

（3）严格控制工艺参数在安全限度以内操作，最好采用自动调节和控制。提高自动控制与安全保险装置的能力是保证安全生产的重要措施。

此外，要限制火灾或爆炸后果的蔓延，在开始设计布局时就要考虑，既能预防事故灾害的扩大，又要便于运行管理。

模块二

化工 DCS 仿真操作实训

项目五
乙醛氧化制备乙酸 DCS 仿真操作与控制

知识导图

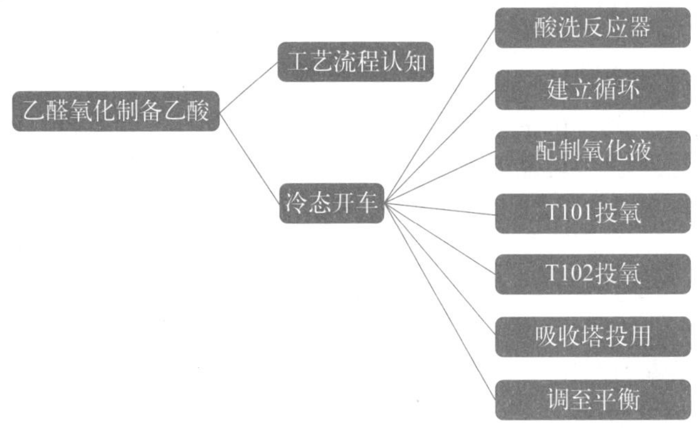

项目导入

乙酸又称醋酸，常温下是一种有刺鼻气味的无色液体，凝固点为 16.6℃，凝固后为无色晶体。乙酸是一种重要的化学试剂和有机化工产品，是合成纤维、胶黏剂、医药、染料和农药的重要原料，此外还是优良的有机溶剂，在化工、轻纺、塑料、医药及染料等行业应用广泛。乙酸的生产方法有很多，如乙醛氧化法、甲醇羰基合成法、粮食发酵法等。由于乙醛氧化法的生产过程包含了完整的自动化控制过程，所以乙醛氧化法制备乙酸软件在 DCS 教学中使用较多。

本项目主要介绍乙醛氧化法制备乙酸氧化工段开车的原理、设备、工艺及 DCS 操作与控制。

学习目标

知识目标

熟悉乙醛氧化制备乙酸的原理。

掌握乙醛氧化制备乙酸的流程。

熟悉乙醛氧化制备乙酸氧化塔的结构。

技能目标

能熟记各参数的位号和标准值。

能解决软件练习过程中的事故。

能在闭卷模式下完成整个软件并获得 90 分以上的成绩。

素质目标

树立节能降耗、保护环境的低碳环保意识。

具备做事严谨求真、精益求精、专注并全力以赴的工匠精神。

树立安全责任意识，具备认真细致、科学严谨的工作态度。

学习任务

任务一　乙醛氧化制备乙酸工艺流程认知

任务二　酸洗反应器

任务三　建立循环，配制氧化液

任务四　T101 投氧，T102 投氧

任务五　吸收塔投用，调至平衡

任务一　乙醛氧化制备乙酸工艺流程认知

任务内容

认识乙醛氧化制备乙酸的主要设备，识读乙醛氧化制备乙酸氧化工段的工艺流程，绘制该工段的流程框图。

任务导入

查阅资料并回答，乙酸制备的方法有哪些？

知识储备

一、原理

微课 5-1-1
原理

$$CH_3CHO+O_2 \xrightarrow{\text{乙酸锰}} CH_3COOOH\text{（过氧乙酸）}$$

$$CH_3COOOH+CH_3CHO \longrightarrow 2CH_3COOH$$

总方程式：$$2CH_3CHO+O_2 \longrightarrow 2CH_3COOH+Q\text{（放热反应）}$$

催化剂乙酸锰的作用是促进过氧乙酸的分解。原理讲解见微课 5-1-1。

二、设备

如图 5-1-1 所示，乙醛氧化制备乙酸氧化工段的设备有：发生乙醛氧化反应的第一氧化塔（T101）和第二氧化塔（T102），对尾气进行洗涤的尾气洗涤塔（T103），存储洗涤剂的工艺水储罐（V103）和碱液储罐（V105），冷态开车盛装乙酸或氧化液的氧化液中间储罐（V102）。

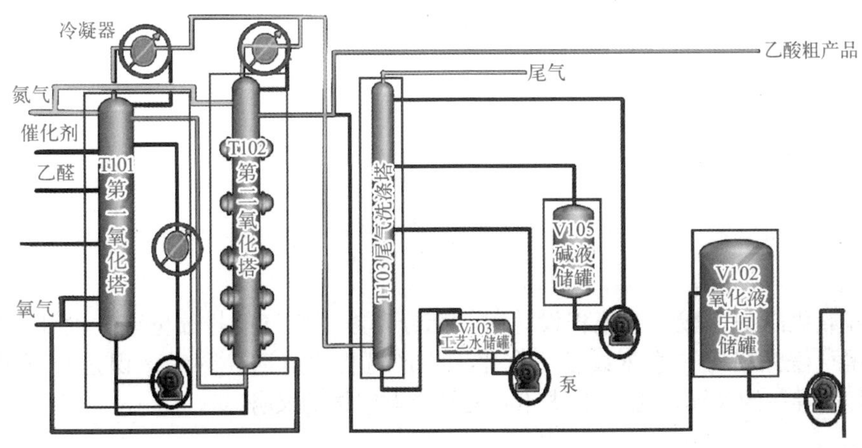

图 5-1-1　氧化工段设备图

项目五

彩图 5-1-1
流程图

微课 5-1-2
工艺流程

三、工艺流程

氧化工段总工艺流程见彩图 5-1-1，工艺流程讲解见微课 5-1-2。

1. 反应液流向

氧气通过气体分布器从第一氧化塔的底部以鼓泡的形式进入第一氧化塔塔内，氧气在塔内与乙醛及催化剂接触进行氧化反应，反应后的氧化液经过第一氧化塔的上部出口溢出，第一氧化塔出来的氧化液组成中乙醛的残余量为 3%。氧化液从第一氧化塔溢出后，接着从第二氧化塔的底部进入第二氧化塔，在第二氧化塔内与新鲜的氧气再次接触反应，残余 3% 左右的乙醛在第二氧化塔中近乎完全反应，第二氧化塔的氧化液从第二氧化塔的上部出口溢出，接着去精馏段提纯。从第二氧化塔出来的氧化液中，乙醛残余量仅有 0.1% 左右，粗产品乙酸的含量达 97% 左右。

2. 尾气的流向

从氧化塔上部通入氮气，其主要目的是稀释未反应的氧气浓度，防止生产时因尾气中氧气含量超标造成系统跳车，严重时甚至会造成危险事故的发生。

从塔底通入的氧气在氧化塔中和乙醛不可能完全反应，未反应的氧气在塔上部与氮气混合后从塔顶流出，从塔内出来的气体会带走一部分被汽化的氧化液，通过塔顶冷却器将大部分的氧化液冷凝后回到氧化塔，没有被冷凝的氧化液会随着尾气流向尾气洗涤塔，所以尾气中会含有氧化液，氧化液中大部分成分是乙酸，乙酸是酸性，不可直接排放到大气中。第一氧化塔和第二氧化塔塔顶流出的尾气从尾气洗涤塔底部进入尾气洗涤塔，尾气洗涤塔分为两段，下段自上而下淋入工艺水，利用乙酸易溶于水的物性，将残余的大部分乙酸溶解；上段淋入碱液，利用酸碱中和反应的原理，将最后残余的乙酸中和，保证排放的尾气达到排放标准。

我可以 画出乙醛氧化制备乙酸氧化工段的流程框图。

乙醛氧化制备乙酸工艺流程设计时，充分考虑了废气的排放标准，设计了塔顶冷凝器及尾气洗涤塔等一系列设备。在化工生产流程设计时，环保意识是必不可少的。地球是我们唯一的家园，保护地球环境是每个人应尽的义务。

班级：__________　姓名：__________　学号：__________　日期：__________

任务实施

1. 补充完整下列内容。

（1）乙醛氧化制备乙酸的原料是_______和_______。

（2）乙醛氧化制备乙酸所用的催化剂是_________。

（3）乙醛氧化制备乙酸反应是_______热反应（放或吸）。

（4）写出乙醛氧化制备乙酸的分步反应方程式。

（5）乙醛氧化制备乙酸氧化工段生产出来的粗产品中，乙酸含量达_______。

2. 在表 5-1-1 中，写出设备位号对应的设备名称。

表5-1-1　设备位号表

设备位号	设备名称	设备位号	设备名称
V102		T101	
T103		T102	
V103		V105	

3. 回答下列问题。

（1）生产中通入氮气的作用是什么？

（2）塔顶冷却器的作用是什么？

（3）从 T101 和 T102 塔顶出来的尾气主要成分是什么？

（4）为了使尾气达到排放标准，采取了哪些措施？

任务评价

1. 学习成果自我评价

□已了解相关原理　　□未了解相关原理

□已熟悉设备的名称及相对位置　　□未熟悉设备的名称及相对位置

□已掌握该工艺流程　　□未掌握该工艺流程

2. 教师评价

□工作页已完成并提交　　□工作页未完成

□完成情况达标　　□完成情况不达标

□完成时间达标　　□完成时间不达标

□整体完成情况合格　　□整体完成情况不合格

任务提升

目前乙酸生产的主流方法是甲醇羰基合成法，反应条件是 3MPa、130~180℃。图 5-1-2 为甲醇羰基合成法合成工段工艺流程图。请写出甲醇羰基合成法制备乙酸的化学反应方程式，尝试理解其合成工段工艺流程并画出流程框图。

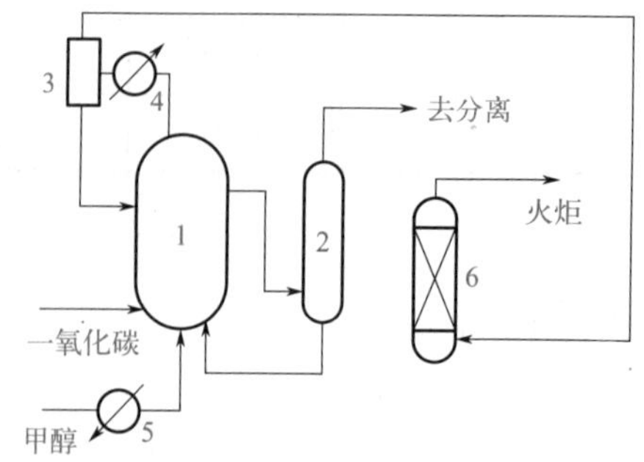

图 5-1-2　甲醇羰基合成法合成工段工艺流程

1—反应釜；2—闪蒸塔；3—气液分离器；
4—冷凝器；5—预热器；6—吸收塔

任务二　酸洗反应器

任务内容

在闭卷模式下，完成 DCS 仿真软件“乙醛氧化制备乙酸—氧化工段开车—酸洗反应器”大步骤的所有操作，软件步骤分获得满分，并使质量操作评分系统中第二个大步骤“建立循环”变成绿色，完成时间不超过 20min。

任务导入

查阅资料并回答，开车前准备的意义是什么？

知识储备

一、氧化塔的结构

乙醛氧化生产乙酸工业生产采用的反应器为全混型鼓泡床塔式反应器，简称氧化塔。与其他液相氧化反应相同，乙醛氧化生产乙酸的主要特点是：反应为气液非均相的强放热反应，介质有强腐蚀性，反应潜伏着爆炸的危险性。所以，对氧化反应器相应的要求是：①能提供充分的相接触界面；②能有效移走反应热；③设备材质必须耐腐蚀；④确保安全生产防爆；⑤流动形态要满足反应要求（全混型）。乙醛氧化生产乙酸的氧化塔按照移除热量的方式不同有两种形式，即内冷却型和外冷却型。氧化塔的结构讲解见微课 5-2-1。

微课 5-2-1
塔结构

内冷却型氧化塔结构如图 5-2-1 所示，氧化塔塔底由乙醛和催化剂入口组成。塔身分为多节，各节设有冷却盘管，盘管中通入冷却水移走反应热以控制反应温度，其结构展示见动画 5-2-1。各节上部都设有氧气分配管，氧气由分配管上小孔吹入塔中（也有采用泡罩或喷射装置的），塔身之间装有花板，通过花板达到氧气均匀分布。在氧化塔上部设有扩大空间部分，目的是使废气在此缓冲减速，减少乙酸和乙醛的夹带量。塔的顶部装有氮气通入管，通入氮气降低气相中乙醛及氧气浓度。顶部还装有防爆口，以保证氧化过程的安全操作。内冷却型氧化塔可以分段控制冷却水和通氧量，但传热面积太小，生产能力受到限制。乙醛氧化制备乙酸的 T102 为内冷却型氧化塔。

动画 5-2-1
具有塔内热交换单元的鼓泡塔

在大规模生产中都采用外冷却型氧化塔，其结构如图 5-2-2 所示。该塔是一个空塔，设备结构简单，位于塔外的冷却器为列管式热交换器，制造检修远比内冷却型氧化塔方便。乙醛和乙酸锰是在塔中上部加入的，氧气从下部分三段加入。氧化液由塔底抽出送入塔外冷却器进行冷却，经冷却后再循环回氧化塔，其进口略高于乙醛入口。氧化液溢流口高于循环液进口约 1.5m，尾气由塔顶排出，安全设施与内冷却型相同。乙醛氧化制备乙酸的 T101 为外冷却型氧化塔。

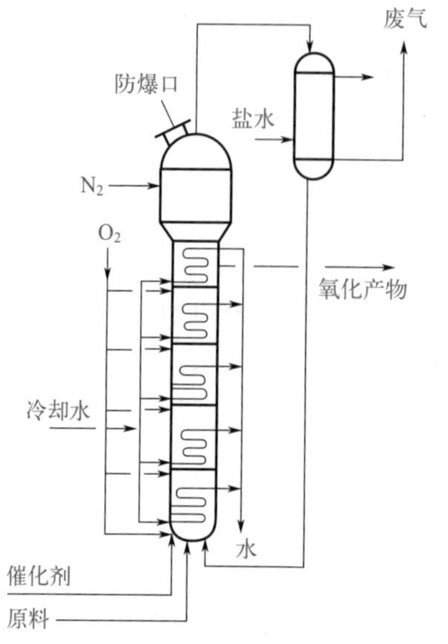

图 5-2-1　内冷却型氧化塔（T102）

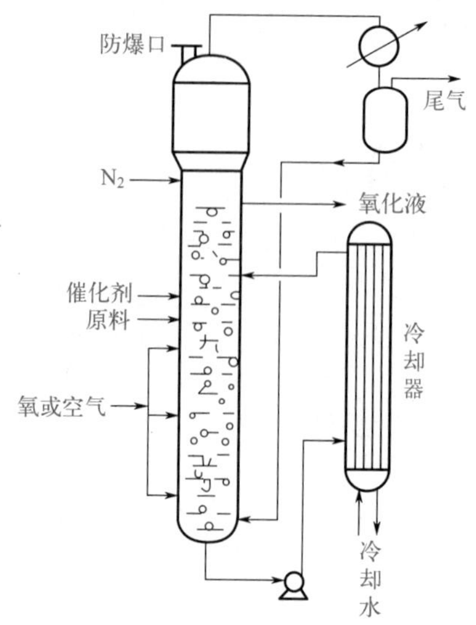

图 5-2-2　外冷却型氧化塔（T101）

我可以 通过对两种氧化塔的结构认知，完成以下内容。

① 内冷却型氧化塔的优点：________________　缺点：________________

外冷却型氧化塔的优点：________________　缺点：________________

② 工业中采用较多的是：________________（内冷却型 / 外冷却型）

③ 结论：两个塔在清洗时，操作上的区别是____

____

彩图 5-2-1 酸洗反应器工艺流程图

微课 5-2-2 酸洗反应器流程

二、酸洗反应器工艺流程

彩图 5-2-1 为酸洗反应器工艺流程图，酸洗反应器流程讲解见微课 5-2-2。

酸洗反应器工艺流程是将酸在反应设备和管道中传输一遍，从 V102 流出，最后传输回 V102，达到润洗反应设备和管道的效果。

具体流程如下：

① 将酸输入 V102 中；

② 由泵将酸从 V102 传输至 T101；

③ 开循环泵，润洗 T101 外循环；

④ T101 酸洗完毕后，用 N_2 将 T101 中的酸经塔底压送至 T102，进行 T102 润洗；

⑤ T102 润洗结束后，用 N_2 将酸全部压回 V102 中；

⑥ 退酸结束后，将 T101 和 T102 中的 N_2 放空。

我可以 以框图的形式，写出酸洗反应器操作步骤中酸润洗设备的顺序。

班级：__________　姓名：__________　学号：__________　日期：__________

任务实施

1. 下图为酸洗反应器工艺流程，请将选项填入图中正确的位置。

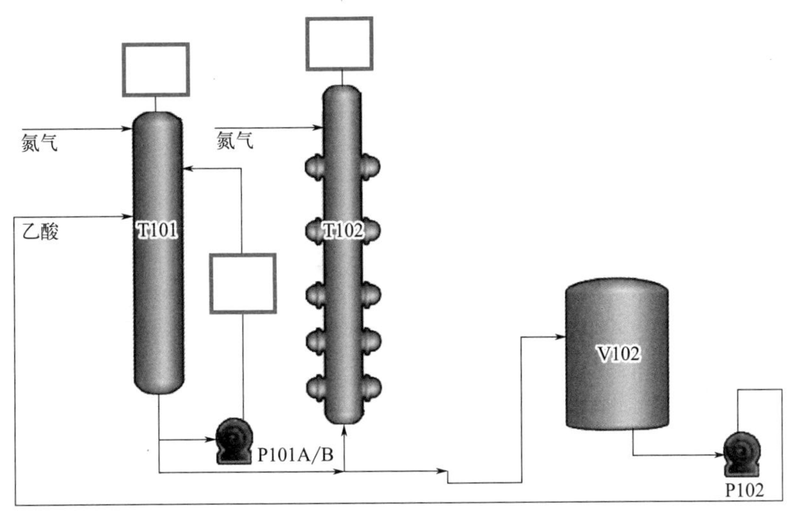

A.T101 顶部放空　B. 冷凝器　C.T102 顶部放空

2. 在表 5-2-1 中，写出 DCS 控制仪表位号，并将位号填写到 DCS 控制界面中。

表 5-2-1　仪表位号表

仪表名称	仪表位号	仪表名称	仪表位号
V102 的液位显示仪表		T101 乙酸进酸控制仪表	
T101 液位控制仪表		T102 液位控制仪表	
T101 进氮控制仪表		T102 进氮控制仪表	
T101 尾气出口控制仪表		T102 尾气出口控制仪表	
T101 外循环流量控制仪表		V102 退酸流量显示仪表	

3. 记录软件操作时的关键数据和位号。

① 首先将尾气吸收塔 T103 的放空阀______打开（op=50）。

② 开阀 V57 将酸送入 V102 中，当 V102 液位达到______后，关闭 V57。

③ 打开泵 P102、DCS 控制阀______（op=100）向第一氧化塔 T101 进酸。

④ 当 T101 液位达到______后停泵 P102，关闭 FIC112。

⑤ 打开 T101 外循环的现场阀_______、_______和氧化液循环泵 P101，以及 DCS 流量控制阀______循环润洗 T101，循环时间不少于______s。

⑥ 打开 T101 进 N_2 阀门和 T101 塔底出口现场阀______________，T102 塔底现场阀______和______，将 T101 中的酸经塔底压送至第二氧化塔 T102。

⑦ T102 的液位 LIC102 超过______% 时，关闭 T101 进 N_2 阀门。

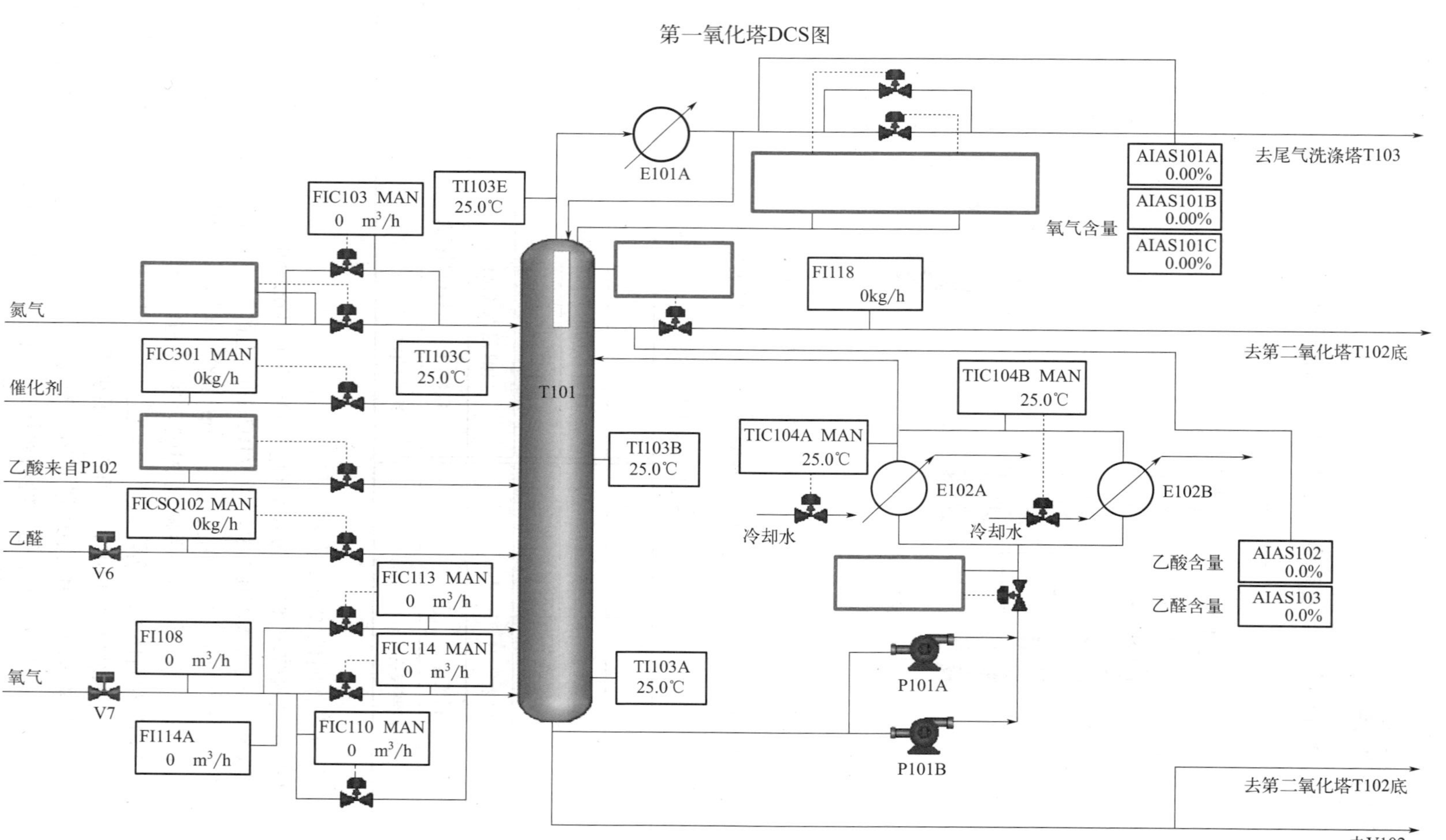
去尾气洗涤塔T103
去第二氧化塔T102底
AIAS101A 0.00%
AIAS101B 0.00%
AIAS101C 0.00%
氧气含量
AIAS102 0.0%
AIAS103 0.0%
乙酸含量
乙醛含量
去第二氧化塔T102底
去V102
E101A
E102A
E102B
TIC104B MAN 25.0℃
TIC104A MAN 25.0℃
冷却水
冷却水
FI118 0kg/h
P101A
P101B
TI103B 25.0℃
TI103A 25.0℃
T101
TI103E 25.0℃
TI103C 25.0℃
FIC103 MAN 0 m^3/h
FIC113 MAN 0 m^3/h
FIC114 MAN 0 m^3/h
FIC110 MAN 0 m^3/h
FIC301 MAN 0kg/h
FICSQ102 MAN 0kg/h
FI108 0 m^3/h
FI114A 0 m^3/h
V6
V7
氮气
催化剂
乙酸来自P102
乙醛
氧气

第一氧化塔DCS图

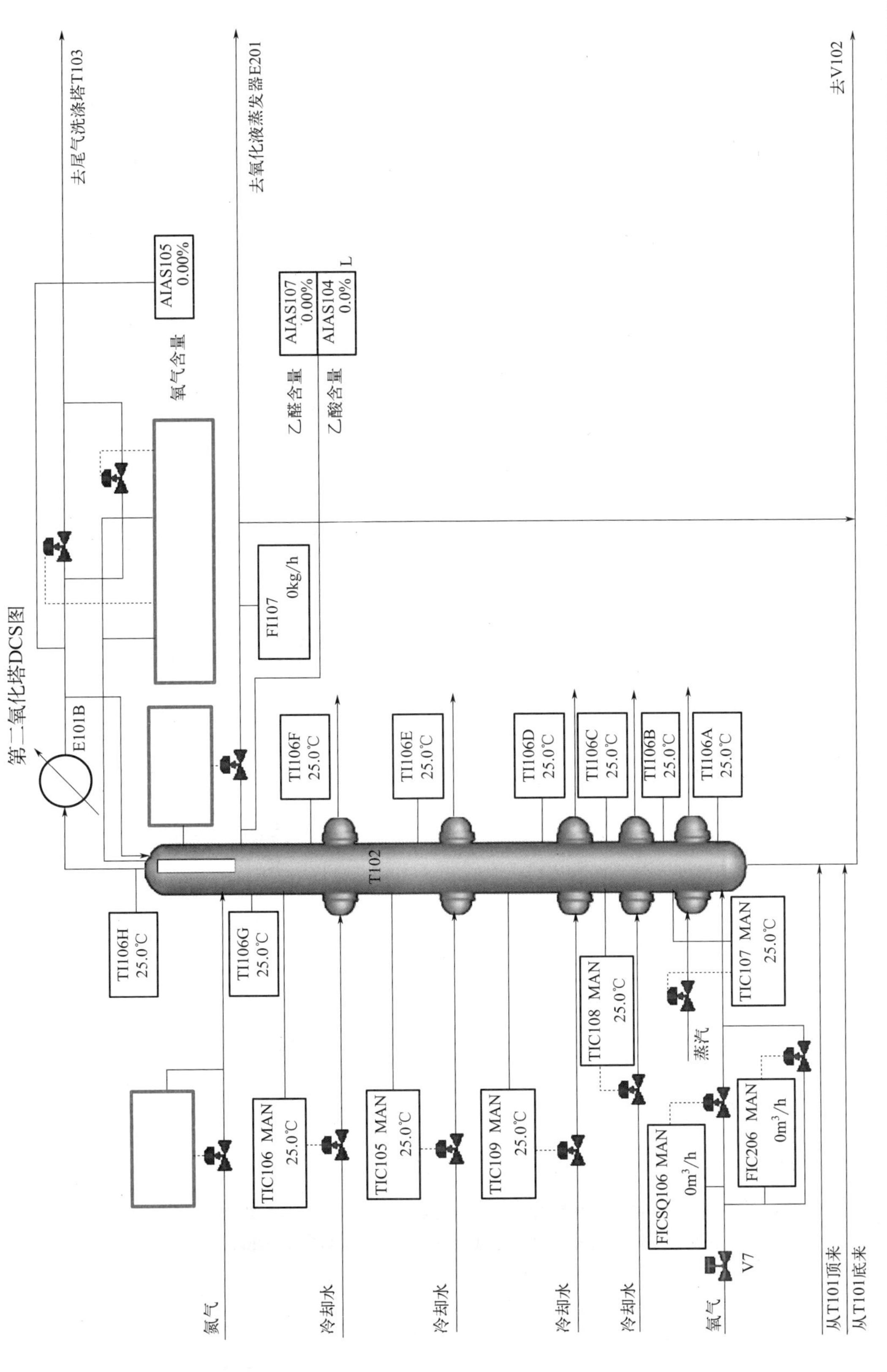
第二氧化塔DCS图
E101B
去尾气洗涤塔T103
去氧化液蒸发器E201
去V102
氧气含量
AIAS105
0.00%
乙醛含量
AIAS107
0.00%
乙酸含量
AIAS104
0.0%
L
FI107
0kg/h
T102
TI106F
25.0℃
TI106E
25.0℃
TI106D
25.0℃
TI106C
25.0℃
TI106B
25.0℃
TI106A
25.0℃
TI106H
25.0℃
TI106G
25.0℃
TIC106 MAN
25.0℃
TIC105 MAN
25.0℃
TIC109 MAN
25.0℃
TIC108 MAN
25.0℃
TIC107 MAN
25.0℃
FICSQ106 MAN
0m³/h
FIC206 MAN
0m³/h
V7
蒸汽
氮气
冷却水
冷却水
冷却水
冷却水
氧气
从T101顶来
从T101底来

项目五

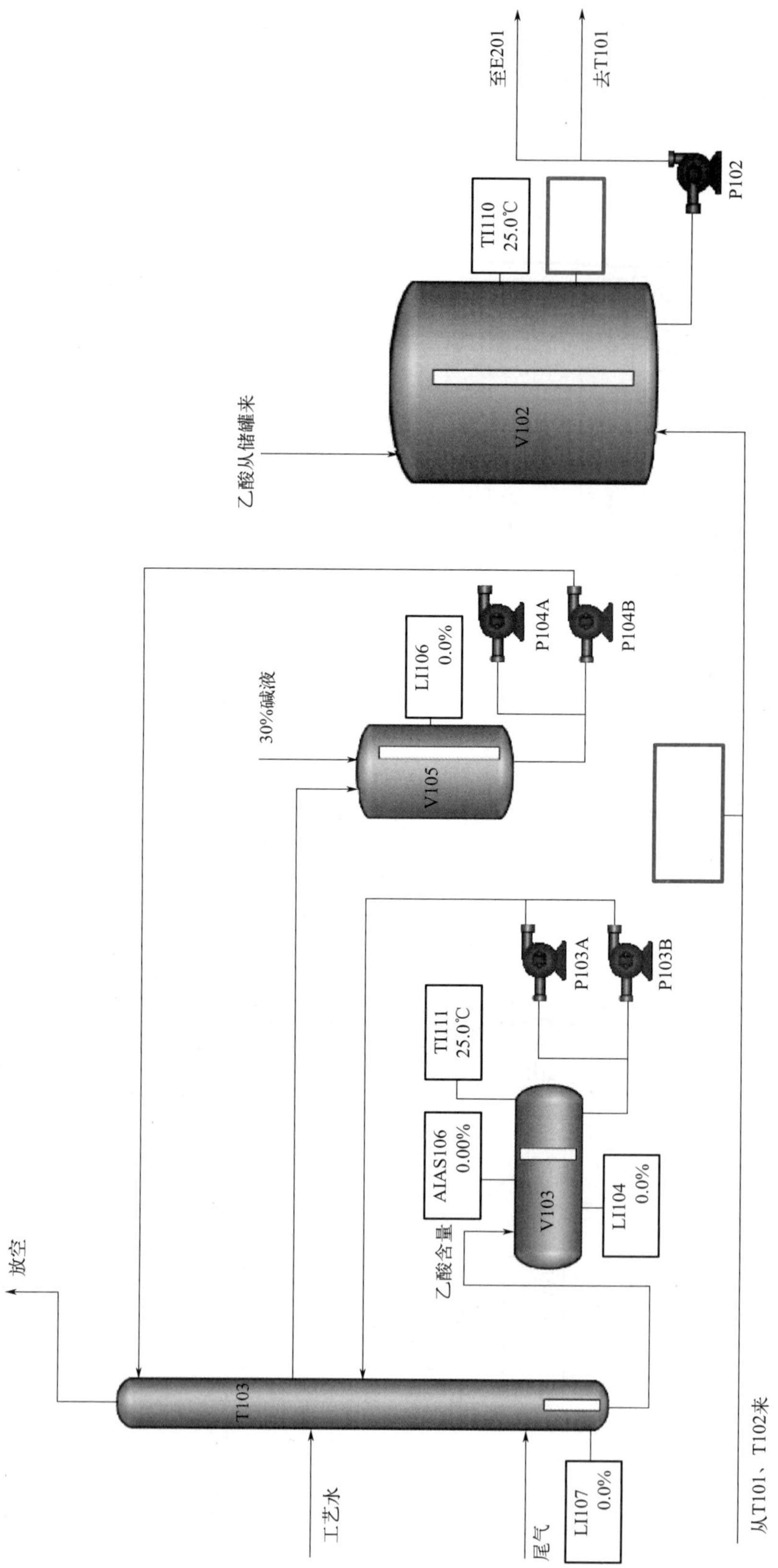

尾气洗涤塔和中间储罐DCS图

放空
T103
工艺水
尾气
LI107 0.0%
乙酸含量
AIAS106 0.00%
V103
LI104 0.0%
TI111 25.0℃
P103A
P103B
30%碱液
V105
LI106 0.0%
P104A
P104B
乙酸从储罐来
V102
TI110 25.0℃
P102
至E201
去T101
从T101、T102来

⑧ 打开 T102 进 N_2 阀门________和 V102 罐底进口现场阀________，将酸全部压回 V102。

⑨ 当________流量显示为 0 时，表示退酸结束。关闭 T102 进 N_2 阀门，关闭 T101 塔底现场阀________，关闭 T102 塔底现场阀_______和_______。

⑩ 打开 T101 塔顶压力阀_________，阀门保持开启时间不少于 2s，对 T101 塔内进行放空，待压力为_______时，放空结束，关闭 T101 塔顶压力阀。

⑪ 打开 T102 塔顶压力阀_________，阀门保持开启时间不少于 2s，对 T102 塔内进行放空，待压力为_______时，放空结束，关闭 T102 塔顶压力阀。

4. 操作中遇到的问题及解决方法。

教师点拨 练习过程中，你是否有以下疑问或出现以下问题？

1. 本步骤练习时，操作质量评分系统中出现蓝圈是怎么回事？

解答：因为化工生产是连续化操作，工艺流程设计时，必须要考虑一些突发情况的应急处理，就会设计很多备用系统，在主线路出现问题时，为了不让生产停止，临时启用备用线路。例如第一氧化塔界面的 P101A 和 P101B，两者是并联关系，实际生产时，只需开主泵 A 泵，B 泵不开。只有当 A 泵出现故障需要检修时，才会启用 B 泵。完成本步骤后，操作质量评分系统中出现蓝圈和绿勾交替的情况是正确的。

2. 向 T101 和 T102 灌液时，液位只需要达到 2% 和 0%，为什么需要等待很长时间？

解答：见微课 5-2-3。

3. 按步骤操作，软件出现连续的蓝圈，并提示评分终止，步骤分得不到是什么原因？

解答：本步骤中，如果出现连续的蓝圈，可能是由于打开了备用系统。

4. 整个大步骤做完后，发现 S25（压酸结束后关闭 T101 底阀 V16）还是红色，未获得满分，是什么原因？

解答：见微课 5-2-4。

5. 操作质量评分系统—扣分步骤—S0 出现“-20”分，是什么原因？

解答：这种情况是由于 V102 灌液时，V57 关闭不及时，造成 LI106 有超过 95% 的瞬间。

项目五

微课 5-2-3
灌液时间长的原因

微课 5-2-4
V16 阀门红色的原因

任务评价

1. DCS 操作过程评价

练习得分：_______ _______ _______ _______ _______ _______ _______

错误步骤及出错原因分析：

2. 学习成果自我评价

□已了解本步骤的工艺流程　　□未了解本步骤的工艺流程
□已熟悉 DCS 控制点位及阀门位置　　□未熟悉 DCS 控制点位及阀门位置
□软件操作已完成　　□软件操作未完成
□软件操作已取得满分　　□软件操作未取得满分

3. 教师评价

(1) 软件操作成果评价

练习次数	第一次	第二次	第三次	第四次	第五次
开卷 / 闭卷					
得分					
操作时间					
错误步骤					

(2) 本次任务最终完成情况评价

□闭卷　　□开卷
□分数达标　　□分数不达标
□完成时间达标　　□完成时间不达标
□整体完成情况合格　　□整体完成情况不合格

任务三　建立循环，配制氧化液

任务内容

在闭卷模式下，完成 DCS 仿真软件“乙醛氧化制备乙酸—氧化工段开车—建立循环，配制氧化液”两个大步骤的所有操作，软件步骤分获得满分，并使质量操作评分系统中第四个大步骤“第一氧化塔投氧”变成绿色，完成时间不超过 20min（1200s）。

任务导入

查阅资料并回答：什么是连续化生产？连续化生产的特点是什么？

知识储备

一、连续化生产

连续化生产就是不中断生产、一直不停地生产。连续化生产是将各种反应原料按一定比例和恒定的速度连续不断地加入反应器中，而且从反应器中以恒定的速度连续不断地排出反应产物，反应器中某一特定部位的反应物料组成、温度和压力始终保持恒定。

连续化生产容易实现自动化控制，产品的质量和产量稳定；能够缩短反应时间，提高生产效率，降低生产成本；物料流动有利于反应热及时导出，而且反应物的浓度较低，可有效防止副反应；能够实现节能。但一旦其中某道工序出现故障，将导致整个流程的停产。

二、氧化液的组成

在一定条件下，乙醛液相氧化所得的反应液称为氧化液，即连续化生产时氧化塔里的溶液。其主要成分有乙醛、乙酸、乙酸锰、氧气、过氧乙酸，此外还有原料带入的水分及副反应生成的乙酸甲酯、甲酸、二氧化碳等。

三、建立循环和配制氧化液的流程

建立循环的主要目的是检查仪表设备是否正常，各处有无泄漏，DCS 系统是否正常。

微课 5-3-1
建立循环
流程

建立循环步骤的工艺流程见图 5-3-1，详细讲解见微课 5-3-1。

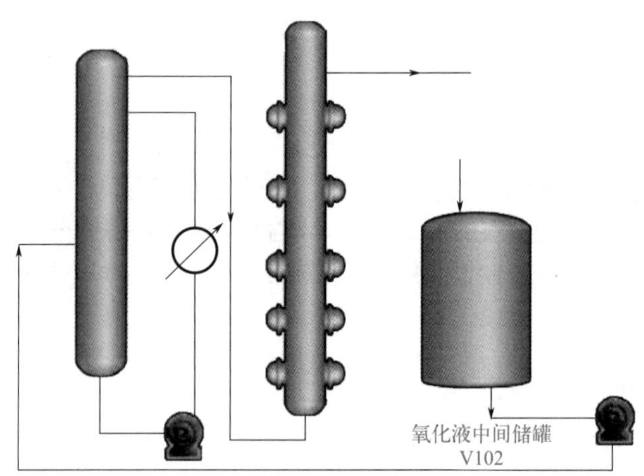

图 5-3-1 建立循环工艺流程图

配制氧化液是将氧化塔里的氧化液尽可能地配制成生产连续化进行时氧化液的组成状态。

四、建立循环和配制氧化液操作

1. 建立循环

建立循环，并将 T101 和 T102 液位控制在 30%。

① 用 P102 将 V102 的酸传输到 T101；

② T101 液位 LIC101 达到 30% 后，开启 LIC101（op 输入 50），开 T102 塔底阀 V32，将酸输入 T102；

③ 当 T102 液位 LIC102 达到 30% 后，开启 LIC101（op 输入 50），开阀 V44，粗乙酸去精馏工段。

2. 配制氧化液

① 打开 T101 塔顶冷凝水阀。

② 五关：关闭 P102、关闭 FIC112、关闭 LIC101、关闭 LIC102、关闭 V44。

③ 两开：在 T101 DCS 界面，打开催化剂进口阀，打开乙醛进口阀。

④ 两关：当乙醛含量超过 7.5% 时，关闭催化剂进口阀，关闭乙醛进口阀。

⑤ 一循环：将 T101 外循环重新打开。

⑥ 一控温：打开 T101 现场蒸汽进口阀 V20 进行加热。注意关注 T101 塔底温度，达到 73 ～ 76℃时，关闭 V20；若此时温度已经超过 76℃，去现场关闭 V20，去 DCS，打开冷凝水阀 TIC104，注意关注温度变化，到达范围内，立即关闭冷凝水阀门。

我可以 总结连续化生产的典型特点。

班级：__________　姓名：__________　学号：__________　日期：__________

任务实施

1. 将正确的选项填入下面的建立循环工艺流程图中。

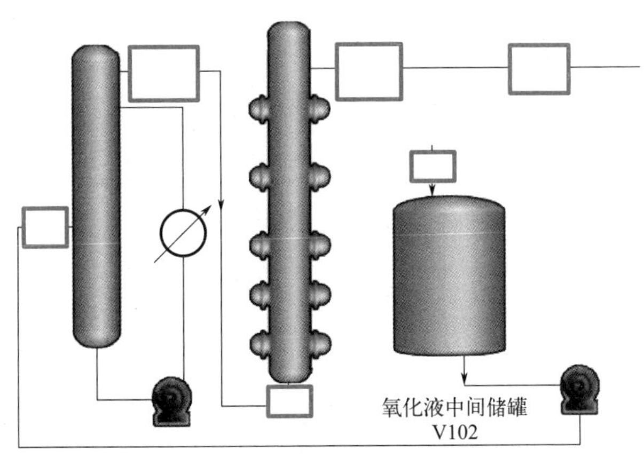

A. LIC101　B. LIC102　C.V57　D.V32　E.V44　F.FIC112

2. 在表 5-3-1 中，写出 DCS 控制仪表位号，并将位号填写到 DCS 控制界面中。

表 5-3-1　仪表位号表

名称	位号	名称	位号
T101 液位控制仪表		T101 乙酸进酸控制仪表	
T101 投催化剂控制仪表		T101 投乙醛控制仪表	
T101 氧气含量显示仪表		T101 乙醛含量显示仪表	
T101 外循环流量控制仪表		T101 塔底温度显示仪表	

3. 记录软件操作时的关键数据和位号。

① 打开尾气吸收塔现场的__________泵，以及第一氧化塔 DCS 界面的 DCS 控制阀 __________，将酸向 T101 塔内传输。

② 当 LIC101 液位超过______后，打开 DCS 控制阀______，op 开______。

③ 打开 T101 现场______、______和______泵，打开 DCS 控制阀______。（一循环）

④ 打开 T101 现场蒸汽加热阀门______，蒸汽出口阀______，对氧化液进行加热。（一控温）

⑤ 当 T102 液位超过______，打开 DCS 控制阀______，op 开______。去现场，打开______。

⑥ 打开 T101 塔顶冷凝水阀______和______。

⑦ 五关：关闭______、关闭______、关闭______、关闭______、关闭______。

⑧ 两开：在 T101 DCS 界面，打开催化剂进口阀______，op 开______，打开乙醛进口阀______，op 开______。

⑨ 两关：当乙醛含量超过______时，关闭催化剂进口阀，关闭乙醛进口阀。

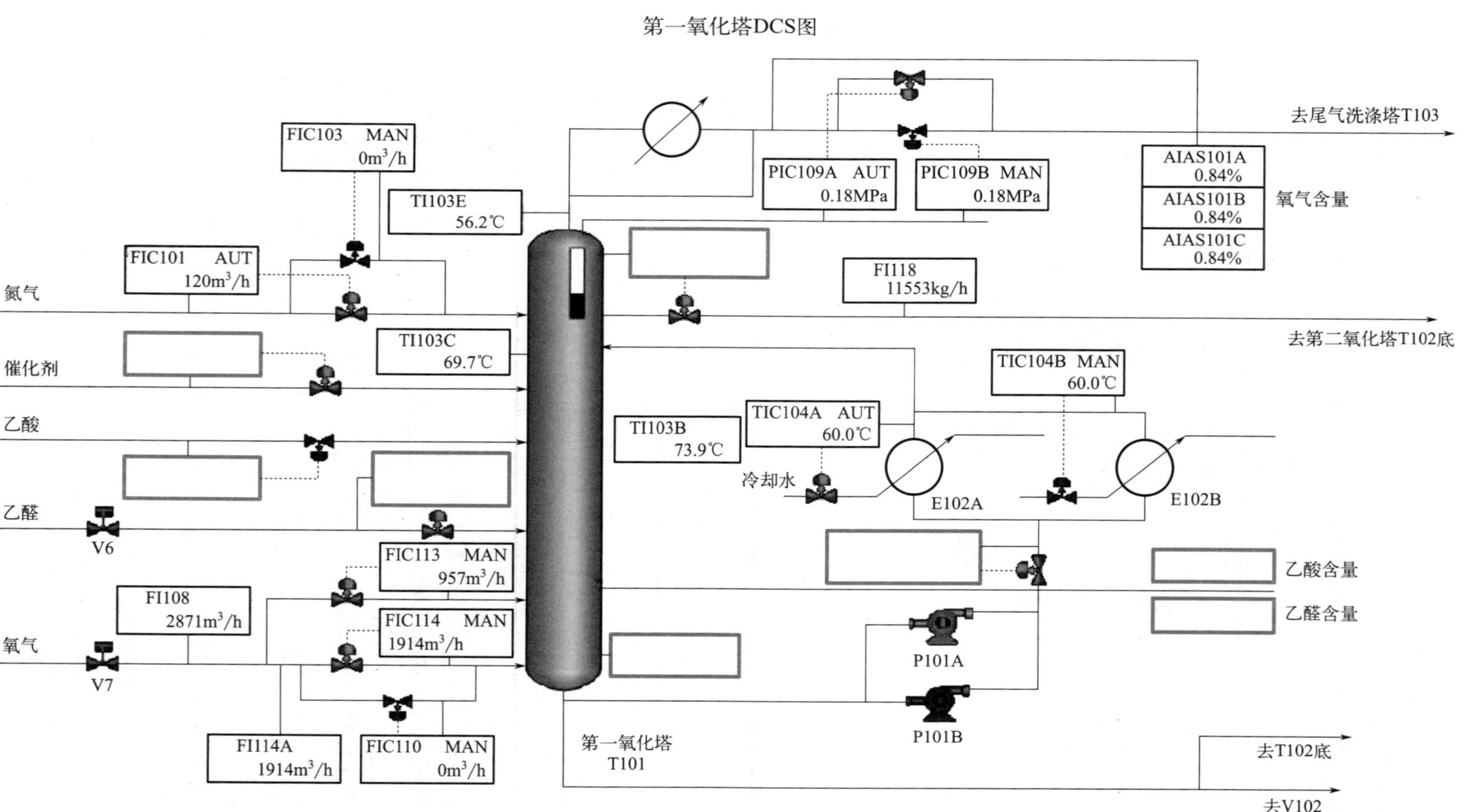
第一氧化塔DCS图
去尾气洗涤塔T103
FIC103 MAN 0m³/h
TI103E 56.2℃
PIC109A AUT 0.18MPa
PIC109B MAN 0.18MPa
AIAS101A 0.84%
AIAS101B 0.84%
AIAS101C 0.84%
氧气含量
FIC101 AUT 120m³/h
氮气
FI118 11553kg/h
去第二氧化塔T102底
催化剂
TI103C 69.7℃
TIC104B MAN 60.0℃
TIC104A AUT 60.0℃
TI103B 73.9℃
乙酸
冷却水
E102A
E102B
乙醛
V6
FIC113 MAN 957m³/h
乙酸含量
FI108 2871m³/h
乙醛含量
FIC114 MAN 1914m³/h
氧气
V7
P101A
P101B
FI114A 1914m³/h
FIC110 MAN 0m³/h
第一氧化塔 T101
去T102底
去V102

⑩ 注意关注 T101 塔底温度，达到______时，关闭蒸汽阀______。

⑪ 若此时温度已经超过 76℃，去现场关闭______，去 DCS，打开冷凝水阀______，注意关注温度变化，到达范围内，立即关闭冷凝水阀门。

4. 操作中遇到的问题及解决方法。

微课 5-3-2 T101 塔底温度控制

教师点拨 练习过程中，你是否有以下疑问或出现以下问题？

1. T101 塔底温度 TI103A 如何控制？

解答：见微课 5-3-2。

2. 蒸汽阀 V20 确定打开了，但系统没有给分？

解答：见微课 5-3-3。

微课 5-3-3 V20 红色的原因

任务评价

1. DCS 操作过程评价

练习得分：_______ _______ _______ _______ _______ _______ _______

错误步骤及出错原因分析：

项目五

2. 学习成果自我评价

□已了解本步骤的工艺流程 □未了解本步骤的工艺流程
□已熟悉 DCS 控制点位及阀门位置 □未熟悉 DCS 控制点位及阀门位置
□软件操作已完成 □软件操作未完成
□软件操作已取得满分 □软件操作未取得满分

3. 教师评价

（1）软件操作成果评价

练习次数	第一次	第二次	第三次	第四次	第五次
开卷 / 闭卷					
得分					
操作时间					
错误步骤					

（2）本次任务最终完成情况评价

□闭卷 □开卷
□分数达标 □分数不达标
□完成时间达标 □完成时间不达标
□整体完成情况合格 □整体完成情况不合格

任务提升

本次任务中，T101 塔底升温很慢，为了缩短完成总时间，该如何操作？需注意哪些问题？

任务四　T101 投氧，T102 投氧

任务内容

在闭卷模式下，完成 DCS 仿真软件“T101 投氧”和“T102 投氧”两大步骤的所有操作，软件步骤分获得满分，完成时间不超过 20min（1200s）。

任务导入

观察图 5-4-1 和图 5-4-2，回答：图中设备的名称是什么？作用是什么？

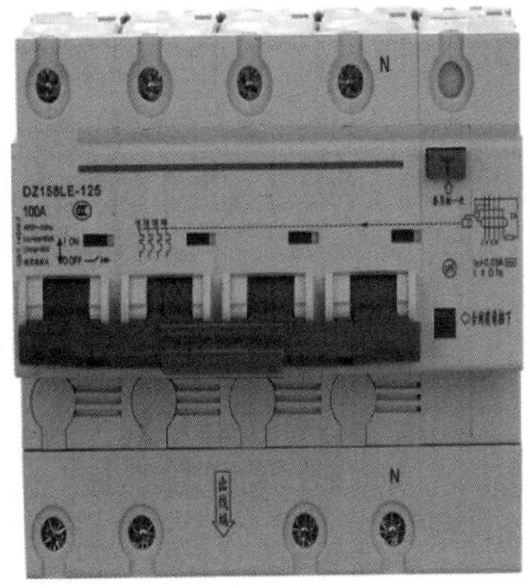

图 5-4-1 ____________

图 5-4-2 ____________

知识储备

酸洗反应器、建立循环、配制氧化液，这三个大步骤都没有发生化学反应，都只是生产准备工作，从第一氧化塔投氧这个大步骤开始，化学反应就开始了。此化学反应过程中形成了过氧乙酸中间体，过氧化物具有强氧化性，不稳定，容易发生爆炸，所以乙醛氧化制备乙酸在生产时有爆炸的危险，需在生产中加入自动信号与联锁保护系统来保证生产的安全进行。

一、跳车

软件中“INTERLOCK”是启动自动联锁与保护系统的按钮。点击“INTERLOCK”，启动自动保护系统后，当某些参数超标，系统会自动切断原料供给，让生产在将要发生事故之前停止，这个过程叫作“跳车”。在第一氧化塔 DCS 界面的左下角有两个大的绿色阀 V6 和 V7，V6 是乙醛进料总阀，V7 是氧气总阀，正常情况下，V6 和 V7 是绿色的，原料是正常传输的。当生产出现危险时，系统跳车，自动保护系统切断原料供给， V6 和 V7 就会变成红色，所以在练习软件时，要多关注这两个阀门的颜色，如果已经变成红色，需要先解决跳车问题，才能继续进行。系统一旦跳车，需要找出原因。

一般有四种情况会引起跳车：

① T101 塔液位 LIC101 超过 80%；

② T102 塔液位 LIC102 超过 80%；

③ T101 塔顶尾气中氧气含量 AIAS101 超过 8%；

④ T102 塔顶尾气中氧气含量 AIAS105 超过 8%。

这四个参数中的任何一个参数超标，都会引起跳车。找到原因，解决完问题后，再点击“reset”按钮，重新打开原料供给，V6 和 V7 变回绿色。

彩图 5-4-1 第一氧化塔投氧工艺流程图

彩图 5-4-2 第二氧化塔投氧工艺流程图

微课 5-4-1 投氧原理

二、投氧工艺流程

彩图 5-4-1 为第一氧化塔投氧工艺流程图，彩图 5-4-2 为第二氧化塔投氧工艺流程图，投氧原理讲解见微课 5-4-1。

T101 和 T102 投氧后，化学反应发生，由于中间体过氧乙酸的生成，若参数控制不当，会有爆炸风险，所以在操作此步骤时，需要有细致严谨的工作态度，时刻关注参数变化，及时控制阀门开度，保证生产安全进行。

班级：__________ 姓名：__________ 学号：__________ 日期：__________

任务实施

1. 将下列内容填写完整。

① 系统“跳车”时，软件流程图界面的左下角_____阀和_____阀会变成红色。

② INTERLOCK 的作用是：__________________________。

③ 系统跳车之后，重新启动原料供给点_______按钮。

④ 以下情况会引起系统跳车：

T101 塔液位 LIC101 超过_______；

T102 塔液位 LIC102 超过_______；

T101 塔顶尾气中氧气含量 AIAS101 超过_______；

T102 塔顶尾气中氧气含量 AIAS105 超过_______。

2. 记录软件操作时的关键数据和位号。

（1）T101 投氧

① 点击_______，启动自动保护系统。

② 打开氮气阀______，将氮气投入 T101 塔，打开 T101 塔顶气体出口阀_______，投自动，sp 输 _______。

③ 打开 T101 液位调节阀 LIC101（op=100），当液位达到_________时，关闭 LIC101。

④ 检查 T101 塔底温度 TI103A 是否处于_______之间。

⑤ 打开 T101 氧气小投氧阀_________，op 输_________，逐渐增大 op 值，直至 FIC110 流量达到_______以上，打开投氧阀_______、_______。当 FIC114 实际流量超过_______，关闭小投氧阀 FIC110。

⑥ 紧接着投乙醛，打开_______，投催化剂，打开_______。

⑦ 观察冷却水温度 TIC104，超过_______℃时，打开 TIC104，op 输_______。

⑧ 等待 LIC101 液位，到达_______%，打开 LIC101，投自动，sp 输_______。

（2）T102 投氧

① 打开氮气阀______，将氮气投入 T102 塔，打开 T102 塔顶气体出口阀_______，投自动，sp 输_______。

② 打开 LIC102，投自动，sp 输_______，去第二氧化塔现场，打开_______，粗产物向精馏段输送。

③ 打开蒸汽阀_______，去现场，打开_______，对氧化液进行加热。

④ 当 TIC107 温度超过_______℃时，开始投氧。打开氧气阀_______。

⑤ 在 DCS 界面，打开冷却水进口阀_______，_______，_______，_______，去现场，打开冷却水出口阀_______，_______，_______，_______。

3. 操作中遇到的问题及解决方法。

项目五

教师点拨 练习过程中，你是否有以下疑问或出现以下问题？

1. T101 投氧步骤中，S5：投氧前，将 T101 的液位 LIC101 控制在 20% ～ 30%，如何操作？

解答：打开 LIC101，op 输 100，溶液流往 T102 塔，当 LIC101 接近 25 时，关闭 LIC101。

2. S5：投氧前 LIC101 液位已经调整到 20%~30%，但质量操作评分系统中的 S6 为红色？

解答：如果此步骤红色，可能是由于提前操作了。只需要在即将投氧前，将 LIC101 再打开再关上即可。

3. S10：逐渐增大 FIC110 到 320，并开 FIC114 投氧（开度小于 50%）。这个步骤一直不变绿，应如何操作？

解答：检查 FIC110 的实际值（PV），是不是没有达到 320？将 FIC110 的 op 开大即可（一般到 50）。

4. T101 投氧步骤中，为何 FIC110 投氧了，数值却显示 0，接下来的步骤一直是红色的？

解答：见微课 5-4-2。

5. 系统跳车了，应该怎么解决？

解答：见微课 5-4-3。

微课 5-4-2 FIC110 投氧显示 0

微课 5-4-3 跳车怎么解决

任务评价

1. DCS 操作过程评价

练习得分：______ ______ ______ ______ ______ ______ ______

错误步骤及出错原因分析：

2. 学习成果自我评价

□已了解本步骤的工艺流程　　□未了解本步骤的工艺流程
□已熟悉 DCS 控制点位及阀门位置　　□未熟悉 DCS 控制点位及阀门位置
□软件操作已完成　　□软件操作未完成
□软件操作已取得满分　　□软件操作未取得满分

3. 教师评价

（1）软件操作成果评价

练习次数	第一次	第二次	第三次	第四次	第五次
开卷 / 闭卷					
得分					
操作时间					
错误步骤					

（2）本次任务最终完成情况评价

□闭卷　　□开卷
□分数达标　　□分数不达标
□完成时间达标　　□完成时间不达标
□整体完成情况合格　　□整体完成情况不合格

任务提升

在本次任务实施的过程中，你会发现参数控制很难稳定到标准值，如何通过控制 op 来稳定控制参数达到标准值呢？请谈谈你的体会。

任务五　吸收塔投用，调至平衡

任务内容

在闭卷模式下，完成 DCS 仿真软件“乙醛氧化制备乙酸—氧化工段开车—吸收塔投用及调至平衡”大步骤的所有操作，软件操作分获得满分，完成时间不超过 20min（1200s）。

任务导入

查阅最新的《大气污染物综合排放标准》，了解化工生产中废气排放的要求，并将与“乙醛氧化制备乙酸”生产相关的废气排放标准写下来。

知识储备

一、尾气的组成

吸收塔投用主要就是处理尾气中的有毒有害物质，将尾气无害化处理之后再排放。

尾气的主要成分是氮气和氧气。没有反应完的氧气从氧化塔中出来时，带走了一部分汽化的氧化液，虽然在氧化塔塔顶设计了冷凝器对尾气进行冷凝，但还是会有一部分汽化的氧化液未能被冷凝。

氧化液的主要组成是乙醛和乙酸，因乙醛沸点较低，在前期冷凝器中大部分会被冷凝，相对来说，乙酸沸点较高，不易被冷凝，尾气中夹带的主要物质为乙酸和少量乙醛。

二、吸收塔投用工艺流程

图 5-5-1 为吸收塔投用工艺流程图。尾气进入尾气洗涤塔底部时，塔中部淋入工艺水，与尾气逆流接触。因乙醛和乙酸易溶于水，工艺水会将其溶解。残余的、未被溶解的乙酸跟随尾气进入尾气洗涤塔上段，在尾气洗涤塔的顶端，有 30% 的碱液喷淋而下，这些碱液会中和残余的乙酸。通过这两步洗涤将尾气中的乙酸吸收，从而达到可排放标准。

三、调至平衡

调至平衡的目的就是在生产冷态开车后，将生产中的各参数调节到标准值。第一氧化塔 DCS 界面参数标准值见表 5-5-1，第二氧化塔 DCS 界面参数标准值见表 5-5-2，尾气洗涤 DCS 界面参数标准值见表 5-5-3。

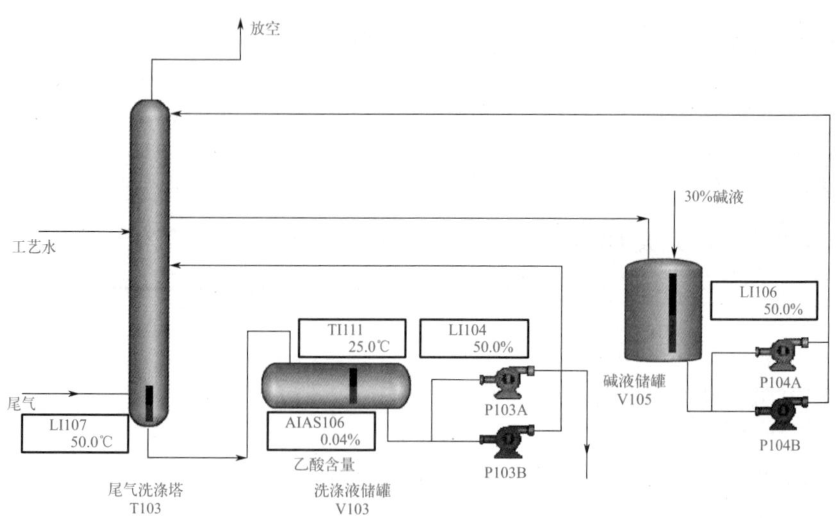

图 5-5-1　吸收塔投用工艺流程图

表 5-5-1　第一氧化塔 DCS 界面参数标准值

序号	阀门位号	标准值	序号	阀门位号	标准值
1	FIC101	120	8	LIC101	35
2	FIC301	1702	9	PIC101	0.19
3	FICSQ102	9852	10	AIAS101	1.0
4	FIC113	957	11	TI103A	77
5	FIC114	1914	12	AIAS102	94
6	FIC104	1518000	13	AIAS103	3.0
7	TIC104	60			

表 5-5-2　第二氧化塔 DCS 界面参数标准值

序号	阀门位号	标准值	序号	阀门位号	标准值
1	FIC105	90	5	PIC112	0.1
2	FICSQ106	122	6	AIAS105	3.0
3	TIC107	84	7	AIAS107	0.1
4	LIC102	35	8	AIAS104	97

表 5-5-3　尾气洗涤 DCS 界面参数标准值

序号	阀门位号	标准值	范围
1	LI107	50	30 ～ 70
2	LI104	50	30 ～ 70
3	LI106	50	30 ～ 70

调至平衡是培养学生调控参数的能力。化工生产中，每个参数都有其标准值。操作者必须将每个参数调整到其标准值附近。只有具备科学严谨的态度，才能将这项工作做好，从而保证生产的稳态进行。

班级：__________ 姓名：__________ 学号：__________ 日期：__________

任务实施

1. 在下面的吸收塔投用工艺流程图中，将选项填入正确的位置。

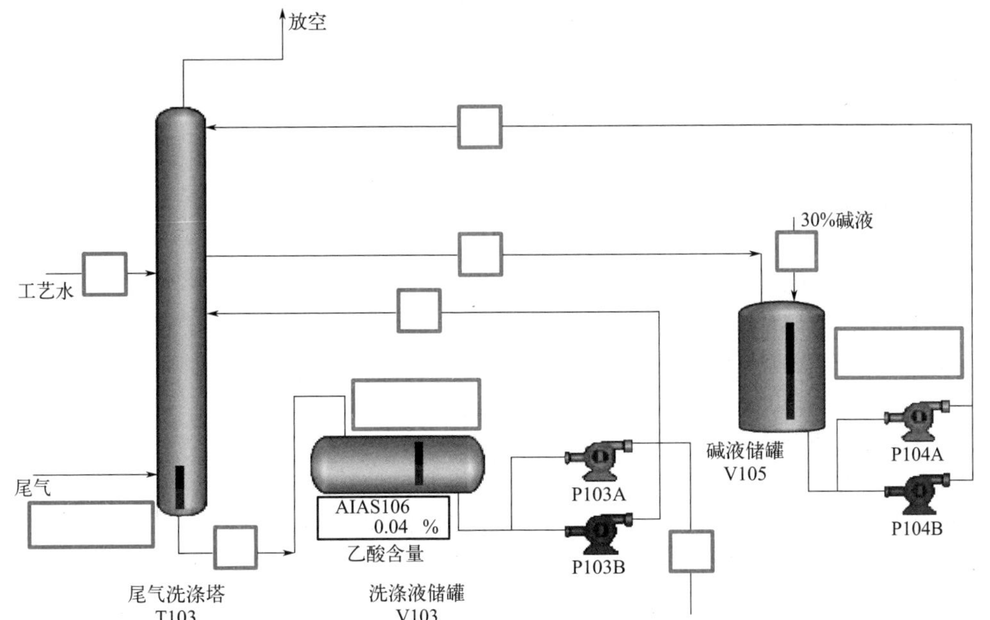

A.T103 液位显示仪表 **B.**V103 液位显示仪表 **C.**V105 液位显示仪表
D. 工艺水入口阀 **E.**T103 底部洗涤液出口阀 **F.** 洗涤液循环泵后阀
G. 洗涤液出口阀 **H.** 碱液入口阀 **I.**T103 碱液进口阀 **J.**T103 碱液出口阀

2. 在表 5-5-4 中，写出正确的仪表位号。

表 5-5-4 仪表位号图

名称	位号	名称	位号
T103 液位显示仪表		V103 液位显示仪表	
V105 液位显示仪表		工艺水入口阀	
T103 底部洗涤液出口阀		洗涤液循环泵后阀	
碱液入口阀		T103 碱液进口阀	
T103 碱液出口阀			

3. 记录“吸收塔投用”操作时的关键数据和位号。

（1）打开碱液入口阀_______，当 V105 液位 LI106 达到_______时，关闭 V48。

（2）打开泵_______，打开_______，打开_______，碱液循环开启。

（3）打开工艺水入口阀_______，op 输_______，打开泵_______，打开_______，op 输_______。

(4) 待 T103 液位 LI107 达_______时，打开_______；op 输_______。

(5) 待 V103 液位 LI104 达_______时，打开_______；op 输_______。

(6) V103 液位 LI104 在_______范围内，质量分可获得满分。

(7) V105 液位 LI106 在_______范围内，质量分可获得满分。

(8) T103 液位 LI107 在_______范围内，质量分可获得满分。

4. 记录“调至平衡”操作时的关键数据和位号。

(1) 在第一氧化塔 DCS 界面

① 氮气阀 FIC101，投自动，sp 输_______。

② 催化剂阀 FIC301，投自动，sp 输_______。

③ 乙醛阀 FICSQ102，投自动，sp 输_______。

④ 投氧阀 FIC113，投自动，sp 输_______。

⑤ 投氧阀 FIC114，投自动，sp 输_______。

⑥ T101 塔外循环流量阀 FIC104，投自动，sp 输_______。

⑦ T101 塔外循环冷凝水阀 TIC104，投自动，sp 输_______。

(2) 在第二氧化塔 DCS 界面

① 氮气阀 FIC105，投自动，sp 输_______。

② 投氧阀 FICSQ106，投自动，sp 输_______。

③ T102 塔塔底蒸汽阀 TIC107，投自动，sp 输_______。

教师点拨 练习过程中，你是否有以下疑问或出现以下问题？

1. 吸收塔投用和酸洗反应器两大步同时做时，操作质量评分系统中的 S8 一直不变绿。

解答：保持红色说明开始评分条件还没有满足。双击 S8 步骤，可以看到 S8 步骤开始评分的条件是 FI108>0，即开始投氧，S8 步骤才开始评分。不过，S8 这一步可以提前做，虽然现在没有分，但在投氧后，这个步骤分就会得到。

微课 5-5-1 T103 和 V103 液位控制方法

2. V105 液位控制在 30 ～ 70，质量分也获得了满分，但是 S7 没有分？

解答：V105 的液位要求曾经超过 50，即在完成软件的过程中，LI106 必须有某一刻是在 50 以上，才可以得分。

3. T103 和 V103 是串联关系，液位应如何调节？

解答：见微课 5-5-1。

任务评价

1. DCS 操作过程评价

练习得分：________　________　________　________　________　________　________

错误步骤及出错原因分析：

2. 学习成果自我评价

☐已了解本步骤的工艺流程 ☐未了解本步骤的工艺流程
☐已熟悉 DCS 控制点位及阀门位置 ☐未熟悉 DCS 控制点位及阀门位置
☐软件操作已完成 ☐软件操作未完成
☐软件操作已取得满分 ☐软件操作未取得满分

3. 教师评价

（1）软件操作成果评价

练习次数	第一次	第二次	第三次	第四次	第五次
开卷 / 闭卷					
得分					
操作时间					
错误步骤					

（2）本次任务最终完成情况评价

☐闭卷 ☐开卷
☐分数达标 ☐分数不达标
☐完成时间达标 ☐完成时间不达标
☐整体完成情况合格 ☐整体完成情况不合格

任务提升

本大步骤在操作时，T103、V103、V105 灌液，耗时较长。为了缩短操作时间，你想到了哪些应对方法？

阅读材料

推动绿色发展，促进人与自然和谐共生

第七十五届联合国大会一般性辩论上，我国提出要将二氧化碳排放力争于 2030 年前达到峰值，并努力争取 2060 年前实现碳中和。

碳达峰，就是指在某一个时点，二氧化碳的排放不再增长达到峰值，之后逐步回落。碳中和，是指企业、团体或个人测算在一定时间内直接或间接产生的温室气体排放总量，通过植树造林、节能减排等形式，以抵消自身产生的二氧化碳排放量，实现二氧化碳“零排放”。

力争在 2030 年前实现碳达峰，在 2060 年前实现碳中和，是中国对世界节能减排事业的重大承诺。要实现这一宏伟艰巨的任务，困难和挑战是很大的，体现了中国人民对世界生态文明建设和人类可持续发展的高度觉悟和自觉行动。

习近平总书记在党的二十大报告中明确指出：推动绿色发展，促进人与自然和谐共生。

大自然是人类赖以生存发展的基本条件。尊重自然、顺应自然、保护自然，是全面建设社会主义现代化国家的内在要求。必须牢固树立和践行绿水青山就是金山银山的理念，站在人与自然和谐共生的高度谋划发展。

我们要推进美丽中国建设，坚持山水林田湖草沙一体化保护和系统治理，统筹产业结构调整、污染治理、生态保护、应对气候变化，协同推进降碳、减污、扩绿、增长，推进生态优先、节约集约、绿色低碳发展。

1. 加快发展方式绿色转型

推动经济社会发展绿色化、低碳化是实现高质量发展的关键环节。加快推动产业结构、能源结构、交通运输结构等调整优化。实施全面节约战略，推进各类资源节约集约利用，加快构建废弃物循环利用体系。完善支持绿色发展的财税、金融、投资、价格政策和标准体系，发展绿色低碳产业，健全资源环境要素市场化配置体系，加快节能降碳先进技术研发和推广应用，倡导绿色消费，推动形成绿色低碳的生产方式和生活方式。

2. 深入推进环境污染防治

坚持精准治污、科学治污、依法治污，持续深入打好蓝天、碧水、净土保卫战。加强污染物协同控制，基本消除重污染天气。统筹水资源、水环境、水生态治理，推动重要江河湖库生态保护治理，基本消除城市黑臭水体。加强土壤污染源头防控，开展新污染物治理。提升环境基础设施建设水平，推进城乡人居环境整治。全面实行排污许可制，健全现代环境治理体系。严密防控环境风险。深入推进中央生态环境保护督察。

3. 提升生态系统多样性、稳定性、持续性

以国家重点生态功能区、生态保护红线、自然保护地等为重点，加快实施重要生态系统保护和修复重大工程。推进以国家公园为主体的自然保护地体系建设。实施生物多样性保护重大工程。科学开展大规模国土绿化行动。深化集体林权制度改革。推行草原森林河流湖泊湿地休养生息，实施好长江十年禁渔，健全耕地休耕轮作制度。建立生态产品价值实现机制，完善生态保护补偿制度。加强生物安全管理，防治外来

物种侵害。

4. 积极稳妥推进碳达峰碳中和

实现碳达峰碳中和是一场广泛而深刻的经济社会系统性变革。立足我国能源资源禀赋，坚持先立后破，有计划分步骤实施碳达峰行动。完善能源消耗总量和强度调控，重点控制化石能源消费，逐步转向碳排放总量和强度“双控”制度。推动能源清洁低碳高效利用，推进工业、建筑、交通等领域清洁低碳转型。深入推进能源革命，加强煤炭清洁高效利用，加大油气资源勘探开发和增储上产力度，加快规划建设新型能源体系，统筹水电开发和生态保护，积极安全有序发展核电，加强能源产供储销体系建设，确保能源安全。完善碳排放统计核算制度，健全碳排放权市场交易制度。提升生态系统碳汇能力。积极参与应对气候变化全球治理。

项目六

丙烯酸甲酯生产 DCS 仿真操作与控制

知识导图

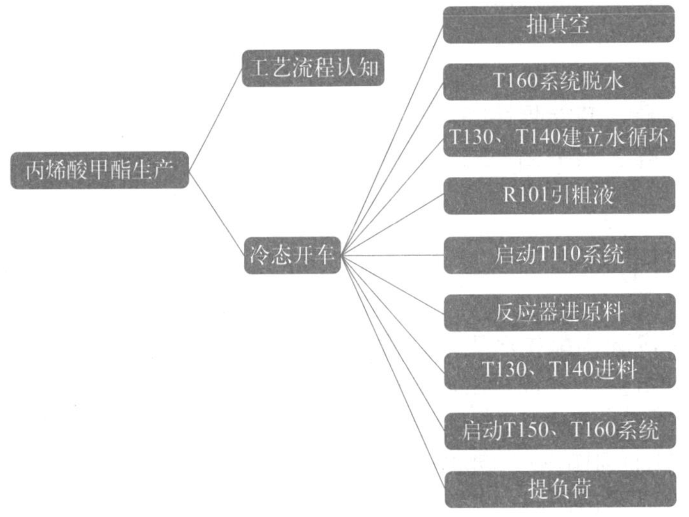

项目导入

丙烯酸甲酯，无色液体，有辛辣气味，熔点为 -76.5℃，沸点为 80.5℃，微溶于水，易溶于乙醇、乙醚、丙酮和苯。其易燃，中等毒性，有催泪性，对呼吸系统和皮肤有刺激性。丙烯酸甲酯是重要的精细化工原料之一，主要用作有机合成中间体及高分子化合物的优良改性单体，在涂料、胶黏剂、腈纶纤维改性、塑料改性、纤维及织物加工、皮革加工、造纸以及丙烯酸类橡胶等各领域都有十分广泛的用途。

丙烯酸甲酯的工业生产方法有很多，其中丙烯氧化法因其成本低且适宜大型化已成为主要的生产方法。该方法分成两步，第一步丙烯氧化生成丙烯酸；第二步丙烯酸和甲醇发生酯化反应生成丙烯酸甲酯。本项目是第二步酯化反应的工艺仿真，同时也是全国职业院校技能大赛“化工生产技术”赛项实操部分的比赛内容，通过融入大赛内容推动“以赛促教，以赛促学”。

本项目主要介绍丙烯酸甲酯生产的原理、设备、工艺以及开车的 DCS 操作与控制。

项目六

学习目标

知识目标

熟悉丙烯酸甲酯生产的原理。

掌握丙烯酸甲酯生产的流程。

熟悉丙烯酸甲酯生产中的各个设备及其作用。

技能目标

能熟记各参数的位号和标准值。

能解决开车练习中遇到的问题。

能在闭卷模式下完成开车操作并获得 85 分以上的成绩。

素质目标

树立安全生产和绿色化工的意识。

树立杜绝浪费、节能降耗的“双碳”意识。

践行“碳达峰、碳中和”的“双碳”理念。

学习任务

任务一　丙烯酸甲酯生产工艺流程认知

任务二　抽真空，T160 系统脱水

任务三　T130、T140 建立水循环

任务四　R101 引粗液，启动 T110 系统

任务五　反应器进原料，T130、T140 进料

任务六　启动 T150、T160 系统

任务七　提负荷

任务一　丙烯酸甲酯生产工艺流程认知

任务内容

认识丙烯酸甲酯生产的主要设备，识读丙烯酸甲酯生产的工艺流程，绘制该生产的流程框图。

任务导入

丙烯酸甲酯是重要的化工中间体和精细化工原料，请查阅资料了解丙烯酸甲酯的相关信息，并写出其性质、制备方法及用途。

知识储备

一、丙烯酸甲酯概述

丙烯酸甲酯（Methyl Acrylate，简写为 MA），别名败脂酸甲酯，分子式为 $C_4H_6O_2$ 或 $CH_2{=\!=}CHCOOCH_3$，无色液体，有辛辣气味，熔点为 -76.5℃，沸点为 80.5℃，微溶于水，易溶于乙醇、乙醚、丙酮和苯。丙烯酸甲酯在水中溶解度在 20℃时为 6g/100mL，40℃时为 5g/100mL，水在丙烯酸甲酯中的溶解度为 1.8mL/100g。其在储存过程中易聚合，光、热和过氧化物能加速其聚合作用。纯粹的单体在低于 10℃时不聚合。通常加入对苯二酚单甲醚 0.1% 作阻聚剂。其易燃，中等毒性，有催泪性，对呼吸系统和皮肤有刺激性。

丙烯酸甲酯是重要的精细化工原料之一，主要用作有机合成中间体及高分子化合物的优良改性单体，在涂料、胶黏剂、腈纶纤维改性、塑料改性、纤维及织物加工、皮革加工、造纸以及丙烯酸类橡胶等各领域都有十分广泛的用途。

丙烯酸甲酯的工业生产方法有很多，如氯乙醇法、氰乙醇法、乙炔羰基化法、烯酮法、丙烯腈水解法、丙烯氧化法等。随着丙烯酸甲酯需求量的加大和丙烯价格的下降，很多厂家都采用价格较低又适合大型化的空气氧化合成丙烯酸的方法实现工业化，丙烯氧化法已成为现在工业生产丙烯酸甲酯的主要方法。

项目六

丙烯氧化法是20世纪60年代发展起来的生产丙烯酸甲酯的方法，具有原料低廉、生产成本低、环境友好等优势。该方法分为两步：第一步为丙烯氧化生成丙烯酸，目前工业上有一段氧化法和两段氧化法两种路线，一般采用两段氧化法；第二步为丙烯酸和甲醇发生酯化反应生成丙烯酸甲酯。本仿真单元仅是第二步酯化反应的工艺仿真。

我可以 通过学习以上内容，结合查阅资料，解答下面的问题。

1. 目前工业上绝大部分的丙烯酸甲酯都是通过________法进行生产。该方法分为两步：第一步是将___________氧化为______；第二步再将______和______反应生成丙烯酸甲酯。

2. 上述丙烯酸甲酯的主要生产方法有哪些优点？

二、丙烯酸甲酯酯化部分生产的工艺流程

微课 6-1-1 工艺流程

彩图 6-1-1 酯化部分工艺流程图

丙烯酸甲酯酯化部分生产的工艺流程介绍见微课 6-1-1。

本仿真单元仅是丙烯法生产丙烯酸甲酯酯化部分的工艺仿真，即丙烯酸与甲醇反应生成丙烯酸甲酯。该部分工艺流程如彩图 6-1-1 所示。

我可以 请根据酯化部分工艺流程图，绘制其工艺流程框图。

班级：__________　姓名：__________　学号：__________　日期：__________

任务实施

1. 写出丙烯法生产丙烯酸甲酯的两步反应方程式。

2. 在酯化部分工艺流程图（见下页）中，将设备名称选项填入正确的位置。

3. 将下列各设备的作用填写到表 6-1-1 中。

表 6-1-1　设备作用表

设备名称	作用
酯化反应器	
薄膜蒸发器	
丙烯酸分馏塔	
醇萃取塔	
醇回收塔	
醇拔头塔	
酯提纯塔	

任务评价

1. 学习成果自我评价

□已了解丙烯酸甲酯的性质和用途　□未了解丙烯酸甲酯的性质和用途
□已了解丙烯酸甲酯的生产方法　□未了解丙烯酸甲酯的生产方法
□已熟悉丙烯酸甲酯的典型生产工艺　□未熟悉丙烯酸甲酯的典型生产工艺
□已能够识读酯化反应的工艺流程图　□未能够识读酯化反应的工艺流程图
□已能够绘制酯化反应的工艺流程框图　□未能够绘制酯化反应的工艺流程框图

2. 教师评价

□工作页已完成并提交　□工作页未完成
□完成情况达标　□完成情况不达标
□完成时间达标　□完成时间不达标
□整体完成情况合格　□整体完成情况不合格

任务提升

随着全球石油资源的日益紧缺，研究新型丙烯酸甲酯合成路线更具有现实意义。请通过查阅资料了解 1~2 种新型合成路线，写出其反应方程式。

酯化部分工艺流程图

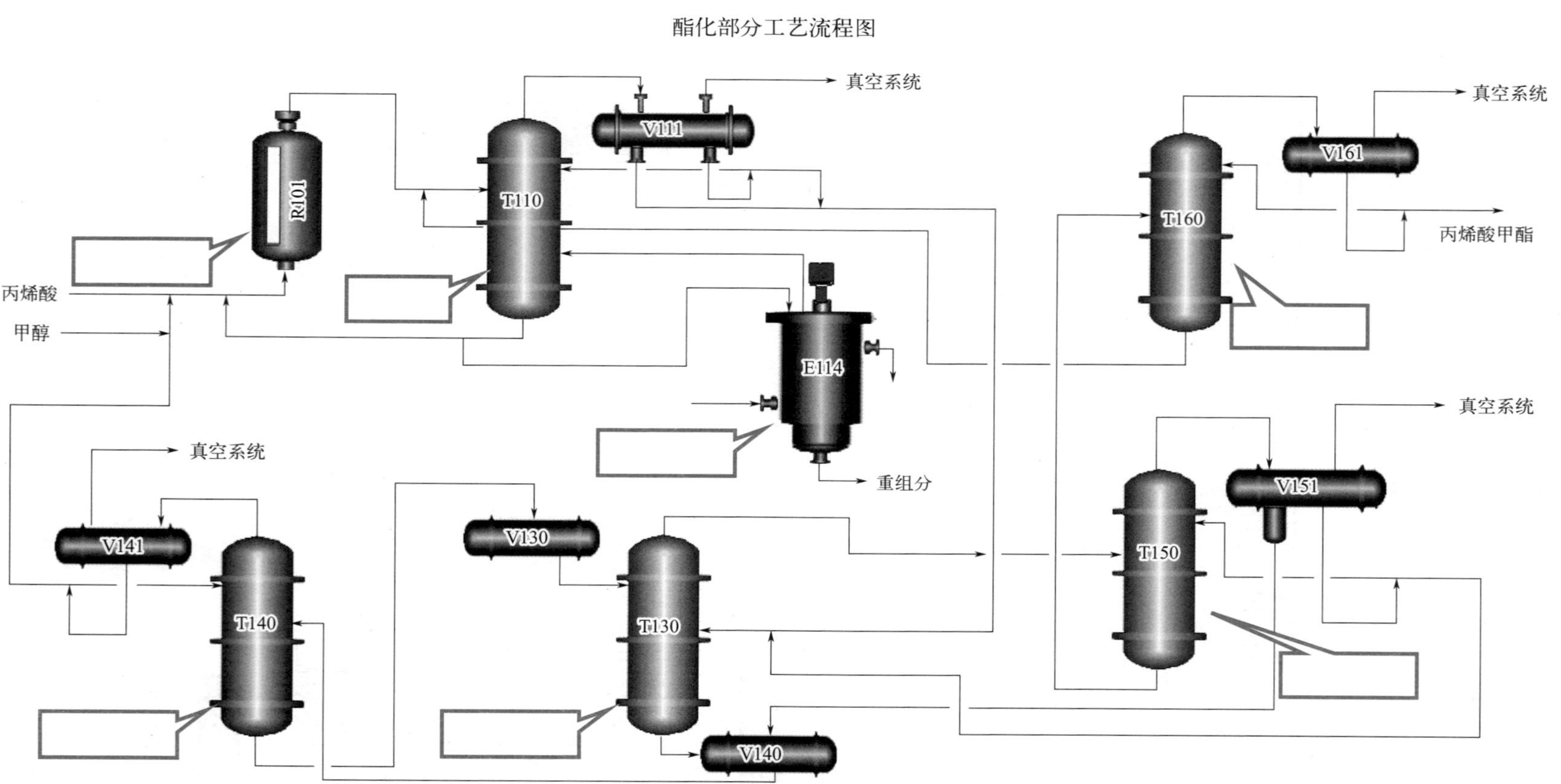

A. 酯化反应器 B 丙烯酸分馏塔 C. 薄膜蒸发器 D. 醇萃取塔 E. 醇回收塔 F. 醇拔头塔 G. 酯提纯塔

任务二　抽真空，T160 系统脱水

任务内容

在闭卷模式下，完成 DCS 仿真软件“丙烯酸甲酯开车—抽真空”和“丙烯酸甲酯开车—T160 系统脱水”两个大步骤的所有操作，质量操作评分系统中普通步骤评分能获得满分，扣分步骤和违规操作无扣分，并使第三、第四、第八和第九个大步骤变成绿色，完成时间不超过 30min（1800s）。

任务导入

在抽真空步骤之前实际装置要求的操作还有：

① 水、电、汽、风系统全部畅通，能保证充分的供应；

② 装置水联运，但其试压完成；

③ 检查电机、机泵、仪表的运行状况完好；

④ 启动总电源，控制阀电源及泵电源；

⑤ 启动真空泵系统。

DCS 仿真软件为了突出重点，对开车前的准备工作进行了简化，省略了以上操作。在进行冷态开车操作之前，默认这些准备工作都已经完成。需要特别强调的是，在实际的生产过程中，操作人员必须严格遵守岗位操作规程，不能随意简化。

知识储备

一、减压精馏

本仿真工艺中由于原料丙烯酸和产品丙烯酸甲酯在高温下都容易聚合，为防止在精馏精制过程中发生聚合影响生产，因此 T110、E114、T140、T150、T160 均采用减压操作方式，并且通入空气和加入阻聚剂。

1. 减压精馏的定义

在减压（低于一个大气压）下进行分离混合物的精馏叫减压精馏。减压下，纯物质的沸点较正常压力下要低，减压精馏就是借助降低系统压力，使混合液的泡点下降，在较低压力下沸腾，以达到降低精馏操作的温度。

2. 减压精馏的特点

① 对某些在高温下精馏时容易分解或聚合而达不到分离目的的物质（也叫热敏物料），必须采用减压精馏。

② 减压精馏可降低混合物的泡点，从而降低分离温度，因此可减少用于加热的蒸汽消耗和使用较低压力的加热蒸汽，特别是以水蒸气作热源时，加热温度提高后，所需的饱和水蒸气压力需要提高得更多，这对设备和蒸汽来源都提出了新的要求。

③ 能提高分离能力。众所周知，被分离混合物之间的相对挥发度越大，越容易分离。在减压下，一般来说，组分间的相对挥发度将增大。

④ 对于有毒物质的分离，采用减压精馏可以防止剧毒物料的泄漏，减少对环境的污染，在保护人身体健康方面具有一定意义。

但是，真空操作对设备密封要求严格，在技术上带来一定的困难，特别对易燃、易爆物质，当设备内进入空气（氧气）时，有爆炸危险，这是应当引起足够重视的问题。另外，减压精馏设备的生产能力低于常压和加压精馏设备。

我可以 通过对以上内容的学习，回答下列问题。

1. 第一大步抽真空的作用是：________________。
2. 减压精馏的原理是：________________。
3. 减压精馏的优点是：________________

________________。
4. 减压精馏的缺点是：________________。

二、抽真空的工艺过程

抽真空的工艺过程就是通过调节压力控制阀将 T110、T140、T150、T160 压力降到生产所需的适宜压力，并对各塔投用阻聚剂空气。

① 打开 V141 罐压力控制阀，给 T140 系统抽真空。
② 打开 V151 罐压力控制阀，给 T150 系统抽真空。
③ 打开 V161 罐压力控制阀，给 T160 系统抽真空。
④ 控制 V111 压力稳定在 27.86kPa 后，将 PIC109 设为自动。
⑤ 控制 V141 压力稳定在 61.33kPa 后，将 PIC123 设为自动。
⑥ 控制 V151 压力稳定在 61.33kPa 后，将 PIC128 设为自动。
⑦ 控制 V161 压力稳定在 20.7kPa 后，将 PIC133 设为自动。
⑧ 投用 T110、T140、T150、T160 及 E114 阻聚剂空气。

三、T160 系统脱水的工艺过程

T160 系统脱水的工艺过程就是先开阀引产品 MA 洗涤回流罐 V161，再打回流引入 T160 进行洗涤，最后将洗涤废液全部从 T160 底部直排阀排出。

① 打开 MA 进料阀，引产品 MA 洗涤回流罐 V161。
② 待 V161 液位达到 10% 后，启动回流泵。
③ 打开 T160 回流控制阀，引 MA 洗涤 T160。
④ 待 T160 底部液位达到 5% 后，关闭 MA 进料阀。
⑤ 待 V161 中洗液全部引入 T160 后，关闭回流控制阀，停回流泵。
⑥ 打开排放阀，将废洗液排出。
⑦ 关闭排放阀，然后按照上述步骤重新给 V161、T160 引 MA。

我可以 通过学习以上内容，结合查阅资料，回答下面的问题。

1. 阻聚剂的作用是：________________。
2. 丙烯酸甲酯生产中常用的阻聚剂有：________________。
3. 本仿真工艺中，需要加入阻聚剂的设备有：________________。
4. T160 系统脱水所用的介质是：________________。

班级：__________　姓名：__________　学号：__________　日期：__________

任务实施

1. 在表 6-2-1 中，写出设备名称对应的位号，并将位号填写到 DCS 控制界面中。

表 6-2-1　设备位号表

名称	位号	名称	位号
V111 压力控制仪表		V161 液位控制仪表	
V141 压力控制仪表		T160 回流流量控制仪表	
V151 压力控制仪表		T160 液位控制仪表	
V161 压力控制仪表			

2. 补充完整 T160 系统脱水步骤的流程。

MA —开阀VD711→ [　　塔] —开泵(　　)→ —开阀(　　)→ [　　塔]

3. 记录软件操作时的关键数据和位号。

（1）打开 T110 压力控制阀的前阀______和后阀______，打开压力控制阀______，给 T110 系统抽真空；待 V111 罐压力达到______kPa 后，将压力控制阀设置为______，并通过调节压力控制阀的开度，控制 V111 罐压力在______kPa。

（2）打开 T140 压力控制阀的前阀______和后阀______，打开压力控制阀______，给 T140 系统抽真空；待 V141 罐压力达到______kPa 后，将压力控制阀设置为______，并通过调节压力控制阀的开度，控制 V141 罐压力在______kPa。

（3）打开 T150 压力控制阀的前阀______和后阀______，打开压力控制阀______，给 T150 系统抽真空；待 V151 罐压力达到______kPa 后，将压力控制阀设置为______，并通过调节压力控制阀的开度，控制 V151 罐压力在______kPa。

（4）打开 T160 压力控制阀的前阀______和后阀______，打开压力控制阀______，给 T160 系统抽真空；待 V161 罐压力达到______kPa 后，将压力控制阀设置为______，并通过调节压力控制阀的开度，控制 V161 罐压力在______kPa。

（5）打开阀______，T110 投用阻聚剂空气；打开阀______，E114 投用阻聚剂空气。打开阀______，T140 投用阻聚剂空气。打开阀______，T150 投用阻聚剂空气。打开阀______，T160 投用阻聚剂空气。

（6）打开 MA 进料阀__________，引产品 MA 洗涤回流罐 V161；待 V161 液位达到______% 后，启动______。

（7）打开 T160 回流控制阀前阀______和后阀______，打开回流控制阀______，引 MA 洗涤 T160。

（8）待 T160 底部液位达到______% 后，关闭 MA 进料阀______。

（9）待 V161 中洗液全部引入 T160 后，关闭回流控制阀______。停泵______。

（10）打开 T160 排放阀______，将废洗液排出。

（11）待 T160 底部液位低于______% 后，关闭______，然后按照上述步骤重新给 V161、T160 引 MA。

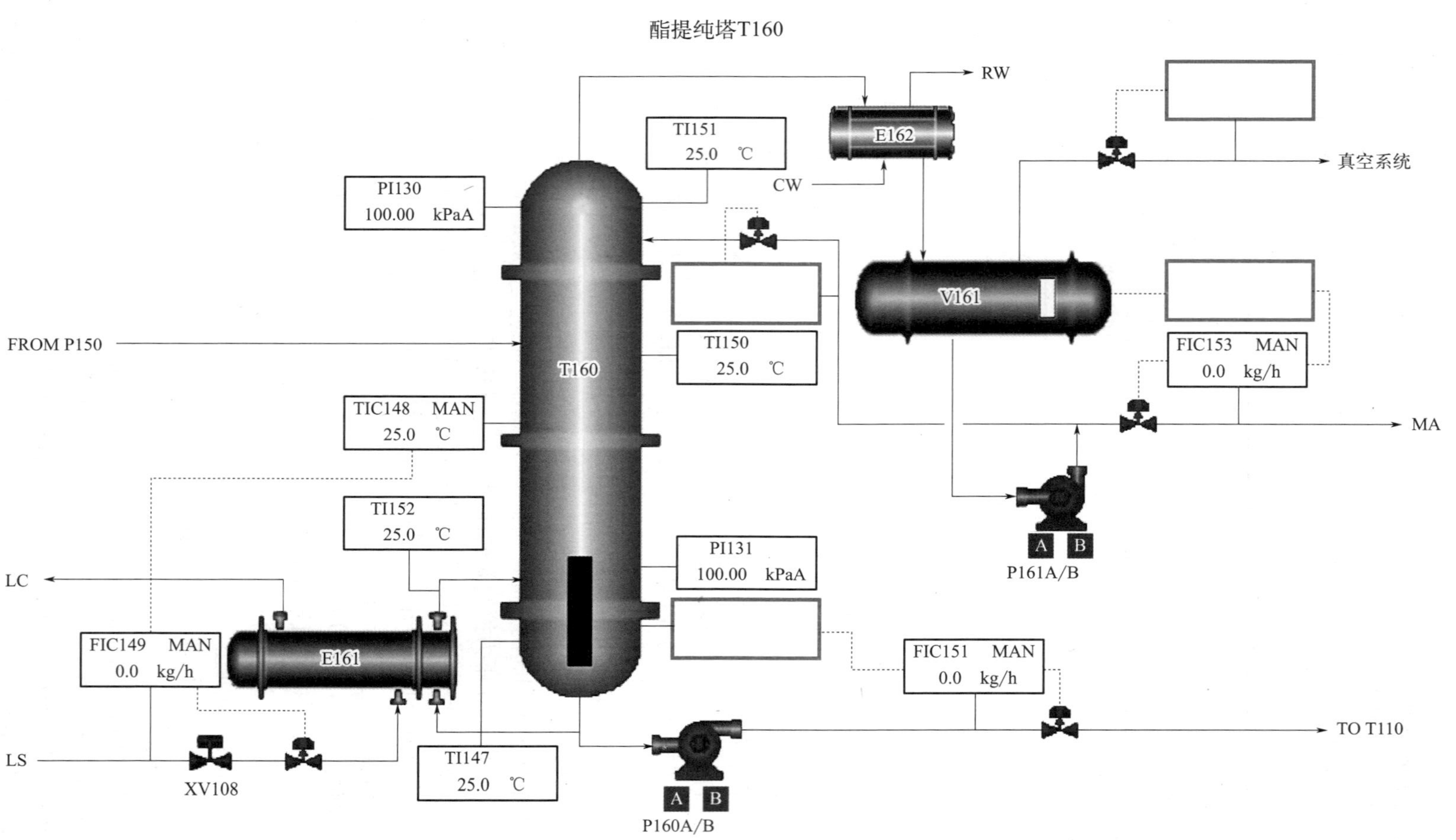
酯提纯塔T160
RW
E162
真空系统
TI151
25.0 ℃
PI130
100.00 kPaA
CW
V161
FROM P150
T160
TI150
25.0 ℃
FIC153 MAN
0.0 kg/h
MA
TIC148 MAN
25.0 ℃
TI152
25.0 ℃
A
B
P161A/B
LC
PI131
100.00 kPaA
FIC149 MAN
0.0 kg/h
E161
FIC151 MAN
0.0 kg/h
LS
TO T110
XV108
TI147
25.0 ℃
A
B
P160A/B

教师点拨　练习过程中，你是否有以下疑问或出现以下问题？

1. 为什么抽真空步骤等待时间比较久？

解答：见微课 6-2-1。

2. 违规步骤“失误扣分废洗液未排尽，就关闭排放阀门”出现“-500”分。

解答：见微课 6-2-2。

3. 为什么 T160 系统脱水大步骤中 S7 小步骤停泵 P161A 前出现“红叉”？

解答：这是因为泵的操作顺序错误。P161 是离心泵，未关闭出口阀 FV150 就直接停泵不符合离心泵的安全操作规程。离心泵的安全操作规程要求泵的启动是先开泵再打开出口阀，而停运是先关闭出口阀再停泵。因此，必须做完 S6 小步骤，关闭出口阀 FV150 后才能停泵。

微课 6-2-1
抽真空
时间久

微课 6-2-2
违规操作
扣分

任务评价

1. DCS 操作过程评价

练习得分：_______　_______　_______　_______　_______　_______　_______

错误步骤及出错原因分析：

项目六

2. 学习成果自我评价

□已了解本步骤的工艺流程　□未了解本步骤的工艺流程

□已熟悉 DCS 控制点位及阀门位置　□未熟悉 DCS 控制点位及阀门位置

□软件操作已完成　□软件操作未完成

□软件操作已取得满分　□软件操作未取得满分

3. 教师评价

（1）软件操作成果评价

练习次数	第一次	第二次	第三次	第四次	第五次
开卷 / 闭卷					
得分					
操作时间					
错误步骤					

（2）本次任务最终完成情况评价

□闭卷　□开卷

□分数达标　□分数不达标

□完成时间达标　□完成时间不达标

□整体完成情况合格　□整体完成情况不合格

任务三　T130、T140 建立水循环

任务内容

在闭卷模式下，完成 DCS 仿真软件“丙烯酸甲酯开车—T130、T140 建立水循环”大步骤的所有操作，质量操作评分系统中普通步骤评分能获得满分，扣分步骤不能有扣分，并使第七个大步骤“T130、T140 进料”变成绿色，完成时间不超过 20min（1200s）。

任务导入

查阅资料并回答：在化工生产中分离液 - 液混合物有多种方法，请列举至少两种方法，并说说它们的原理。

知识储备

一、萃取

在本仿真工艺中，由于丙烯酸分馏塔顶部馏出物主要是水、甲醇和丙烯酸甲酯，它们能够形成三元共沸系统，很难通过简单的蒸馏把丙烯酸甲酯从水和甲醇中分离出来，因此采用萃取的方法。醇萃取塔 T130 就是利用甲醇易溶于水的物性，用水将未反应的醇从粗丙烯酸甲酯物料中萃取出来。

液 - 液萃取是分离均相液体混合物的单元操作之一。利用液体混合物中各组分在某溶剂中溶解度的差异，从而达到将混合物分离的目的。所选用溶剂称为萃取剂，也称为溶剂。萃取操作在工业上得到广泛应用，在石油化学工业中尤为突出。其在制药工业、食品工业、湿法冶炼工业、核工业材料提取和环境保护治理污染中也起到重要作用。萃取在工业生产中的应用如下。

① 溶液中各组分的相对挥发度很接近或能形成恒沸物，采用一般精馏方法进行分离需要很多的理论板数和很大的回流比，操作费用高，设备过于庞大或根本不能分离。

② 组分的热敏性大，采用蒸馏方法易导致热分解、聚合等化学变化。

③ 溶液沸点高，需要在高真空下进行蒸馏。

④ 溶液中溶质的浓度很低，用蒸馏方法能耗太大，经济上不合理。

⑤ 多种金属物质的提取，如核燃料及稀有金属的提取。

动画 6-3-1
醇萃取塔

塔式液-液萃取设备适用于连续逆流操作。用于萃取的塔设备有喷洒塔、填料塔、筛板塔、转盘塔等。醇萃取塔 T130 采用的是填料塔，如图 6-3-1 所示。醇萃取塔结构见动画 6-3-1。粗丙烯酸甲酯由塔底部进入，经分布器分散成油滴，萃取剂水由塔顶部进入。由于水油两相比重差，丙烯酸甲酯自下而上流动，水自上而下流动，在塔内通过填料表面充分接触传质，粗丙烯酸甲酯中的甲醇溶于水而被萃取去除。大部分甲醇和水从塔底排出，丙烯酸甲酯从塔顶排出。

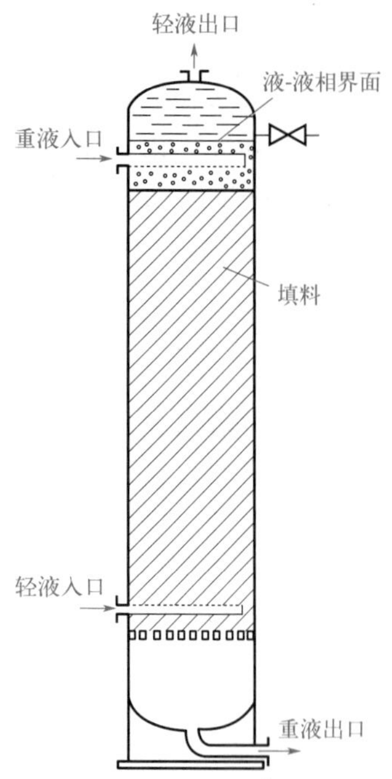

图 6-3-1 填料萃取塔

我可以 通过学习以上内容，回答下面的问题。

1. 萃取的原理是：____。

2. 本工艺中采取萃取操作的原因是：______________________________________。

二、T130、T140 建立水循环的工艺过程

T130、T140 建立水循环的工艺过程就是将水先引至给水罐 V130，再打入醇萃取塔 T130，待其装满水后，再将水注入缓冲罐 V140，再打入醇回收塔 T140 后，利用精馏的原理，大部分水从 T140 塔底排出，经冷却后排放到 V130，建立 T130 与 T140 水循环。同时轻组分从塔顶蒸出后，经冷凝后回流至醇回收塔 T140。

① 开脱盐水手阀引水到 V130 中。

② 开给水泵将水由 V130 打入 T130，打开 T130 顶部排气阀，并通过排气阀观察 T130 是否装满水。待 T130 装满水后，关闭排气阀。

③ 开 T130 液位控制阀将水由 T130 注入 V140，可以同时开脱盐水手阀补水。

④ 开 T140 给料泵将水由 V140 打入 T140。

⑤ 开冷却水手阀给 E142 投冷却水。待 T140 液位达到 25% 后，打开蒸汽阀给 E141 通蒸汽，控制 T140 塔底温度到 92℃。

⑥ 开冷却水手阀给 E144 投冷却水。启动 T140 底部泵，开 T140 塔釜液位控制阀，使 T140 底部液体经 E140、E144 排放到 V130。

⑦ 调整 V130 的脱盐水量，建立 T130 与 T140 水循环稳定后，关闭脱盐水手阀。

T140 塔顶的水蒸气经 E142 冷却后进入 V141，当 V41 液位达到 25% 后，启动 T140 回流泵，开回流流量控制阀向 T140 打回流。注意控制 V141 液位 LIC117 在 50%。

我可以 将图 6-3-2 T130、T140 建立水循环的流程示意图补充完整，将设备位号填入正确的位置。

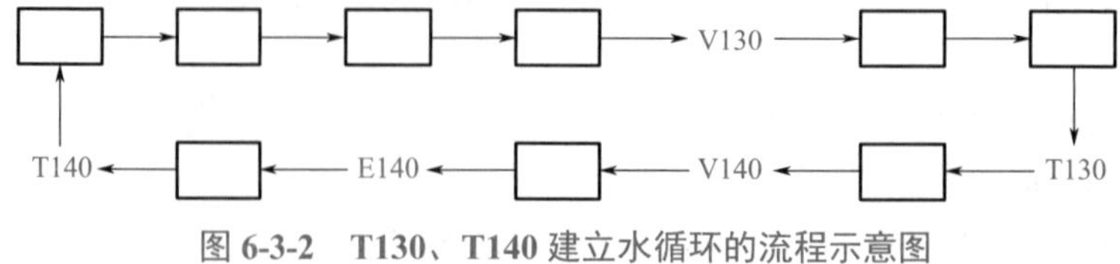

图 6-3-2 T130、T140 建立水循环的流程示意图

班级：__________　姓名：__________　学号：__________　日期：__________

任务实施

1. 在表 6-3-1 中，写出设备位号，并将位号填写到 DCS 控制界面中。

表 6-3-1　设备位号表

设备名称	位号	设备名称	位号
醇萃取塔		T140 底部一段冷却器	
T130 给水罐		T140 底部二段冷却器	
T140 缓冲罐		T130 给料冷却器	
醇回收塔		T130 给水泵	
T140 塔顶冷凝罐		T140 给料泵	
T140 回流罐		T140 回流泵	
T140 再沸器		T140 底部泵	

2. 在表 6-3-2 中，写出 DCS 控制仪表位号，并将位号填写到 DCS 控制界面中。

表6-3-2　仪表位号表

名称	位号	名称	位号
V130 至 T130 流量控制仪表		T140 蒸汽流量控制仪表	
V140 至 T140 流量控制仪表		T140 塔釜温度显示仪表	
T130 液位控制仪表		T140 塔釜液位控制仪表	
V130 液位显示仪表		V141 液位控制仪表	
V140 液位控制仪表		T140 回流流量控制仪表	
T130 温度显示仪表			

3. 记录软件操作时的关键数据和位号。

（1）打开 V130 顶部手阀______，引 FCW 到 V130。注意控制 V130 液位______在 50%。

（2）待 V130 液位达到_____% 后，启动 P130A。

（3）打开控制阀 FV129 前阀________和后阀________，打开控制阀 FV129，将水引入______。

（4）打开 T130 顶部排气阀_____，并通过排气阀观察 T130 是否装满水。

（5）待 T130 装满水后，关闭排气阀_____。

（6）打开控制阀 LV110 前阀_____和后阀 ______，打开控制阀 LV110，向______注水（可以同时打开 V404 阀补水）。注意控制 V140 液位_____在 50%。

项目六

（7）待 V140 液位达到_____% 后，启动 P142A。

（8）打开控制阀 FV131 前阀______和后阀______，打开控制阀 FV131，向______引水。注意控制 T140 液位_____在 50%。

（9）打开阀______，给 E142 投冷却水。待 T140 液位达到______% 后，打开 T140 蒸汽阀________。

（10）打开控制阀 FV134 前阀______和后阀_____，打开控制阀 FV134，给 E141 通蒸汽，控制 T140 塔底温度到_____℃。

（11）打开阀_____，给 E144 投冷却水。启动 P140A。

（12）打开控制阀 LV115 前阀______和后阀______。打开控制阀 LV115，使 T140 底部液体经 E140、E144 排放到_____。

（13）调整 V130 的 FCW 量，建立 T130 与 T140 水循环稳定后，关闭 FCW 手阀________。

（14）T140 塔顶的水蒸气经 E142 冷却后进入 V141，当 V41 液位达到______% 后，启动 P141A。

（15）打开控制阀 FV135 前阀______和后阀______。打开控制阀 FV135，向______打回流。注意控制 V141 液位______在 50%。

微课 6-3-1 V130 液位低于 20%

微课 6-3-2 V141 液位增长缓慢

教师点拨 练习过程中，你是否有以下疑问或出现以下问题？

1. 扣分步骤 S1 失误扣分“V130 液位低于 20%”出现“-100”分。

解答：见微课 6-3-1。

2. 为什么 V141 液位增长缓慢？

解答：见微课 6-3-2。

3. S2、S12、S18、S28 等步骤前出现“蓝圈”，评分终止，且步骤分得不到。

解答：离心泵启动前要求检查泵前设备的液位，如果液位条件不满足就启动泵，液位会下降，甚至降至 0，这将严重影响泵的正常运行。因此为了安全生产，这些步骤设置有相应液位达到 25% 的起始条件，未满足起始条件就急于操作，在评分质量表中该步骤前就会出现“蓝圈”，评分终止，且步骤分得不到。

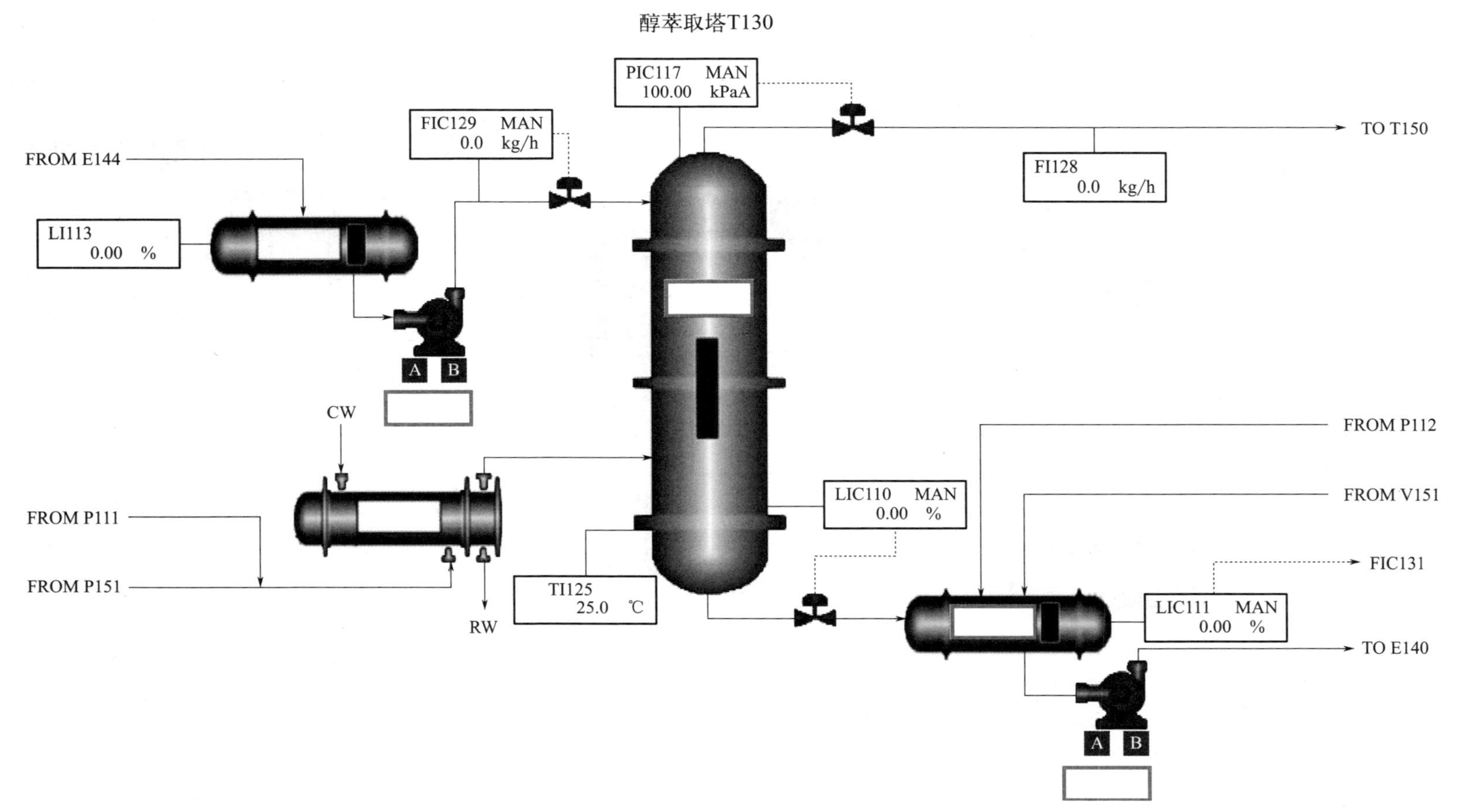
醇萃取塔T130
PIC117 MAN
100.00 kPaA
FIC129 MAN
0.0 kg/h
TO T150
FROM E144
FI128
0.0 kg/h
LI113
0.00 %
A
B
CW
FROM P112
FROM P111
LIC110 MAN
0.00 %
FROM V151
FIC131
FROM P151
TI125
25.0 ℃
RW
LIC111 MAN
0.00 %
TO E140
A
B

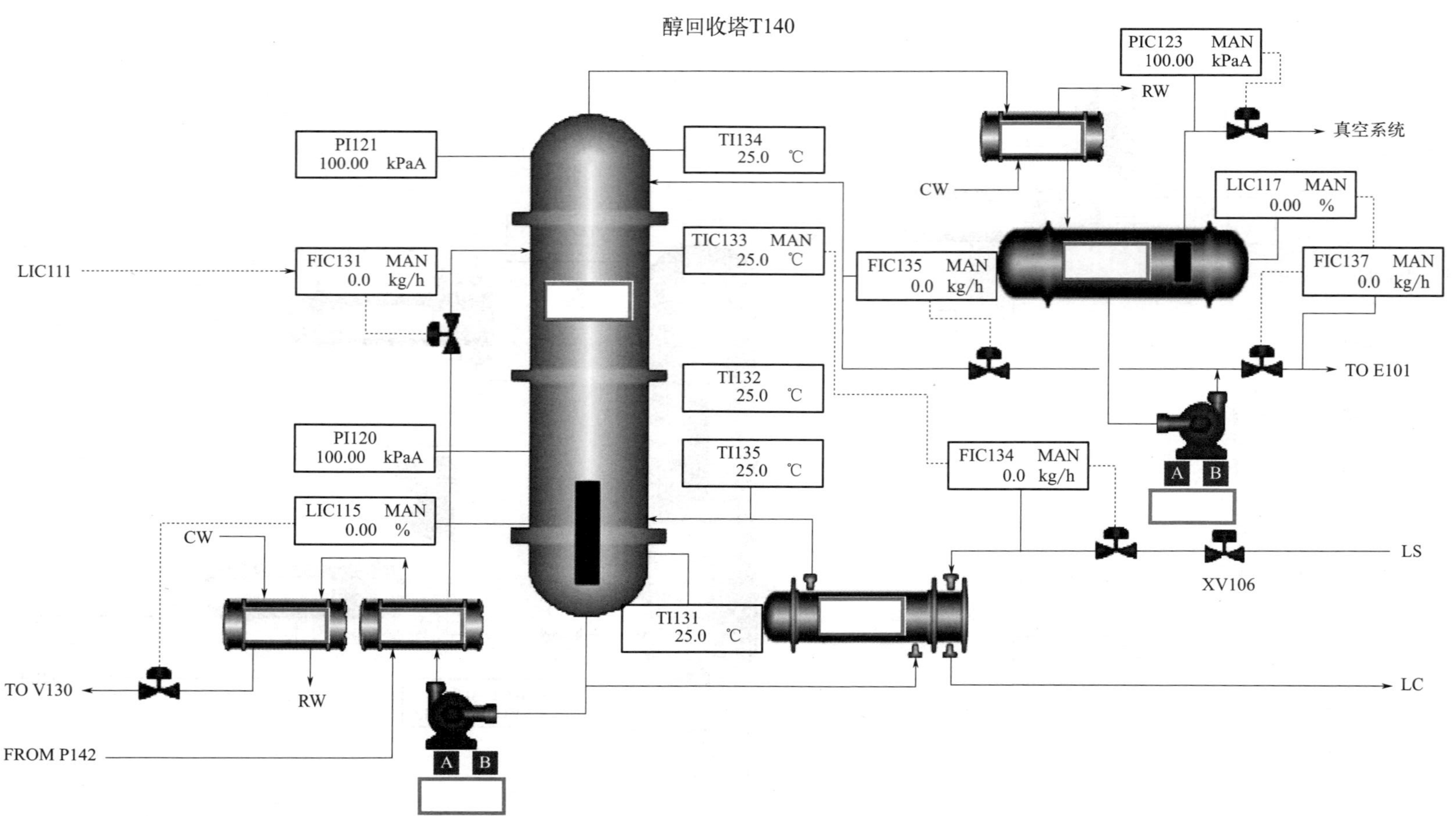
醇回收塔T140
PIC123 MAN 100.00 kPaA
RW
真空系统
CW
LIC117 MAN 0.00 %
FIC135 MAN 0.0 kg/h
FIC137 MAN 0.0 kg/h
TO E101
PI121 100.00 kPaA
TI134 25.0 ℃
LIC111
FIC131 MAN 0.0 kg/h
TIC133 MAN 25.0 ℃
TI132 25.0 ℃
PI120 100.00 kPaA
TI135 25.0 ℃
FIC134 MAN 0.0 kg/h
A
B
LIC115 MAN 0.00 %
CW
LS
XV106
TI131 25.0 ℃
TO V130
RW
LC
FROM P142
A
B

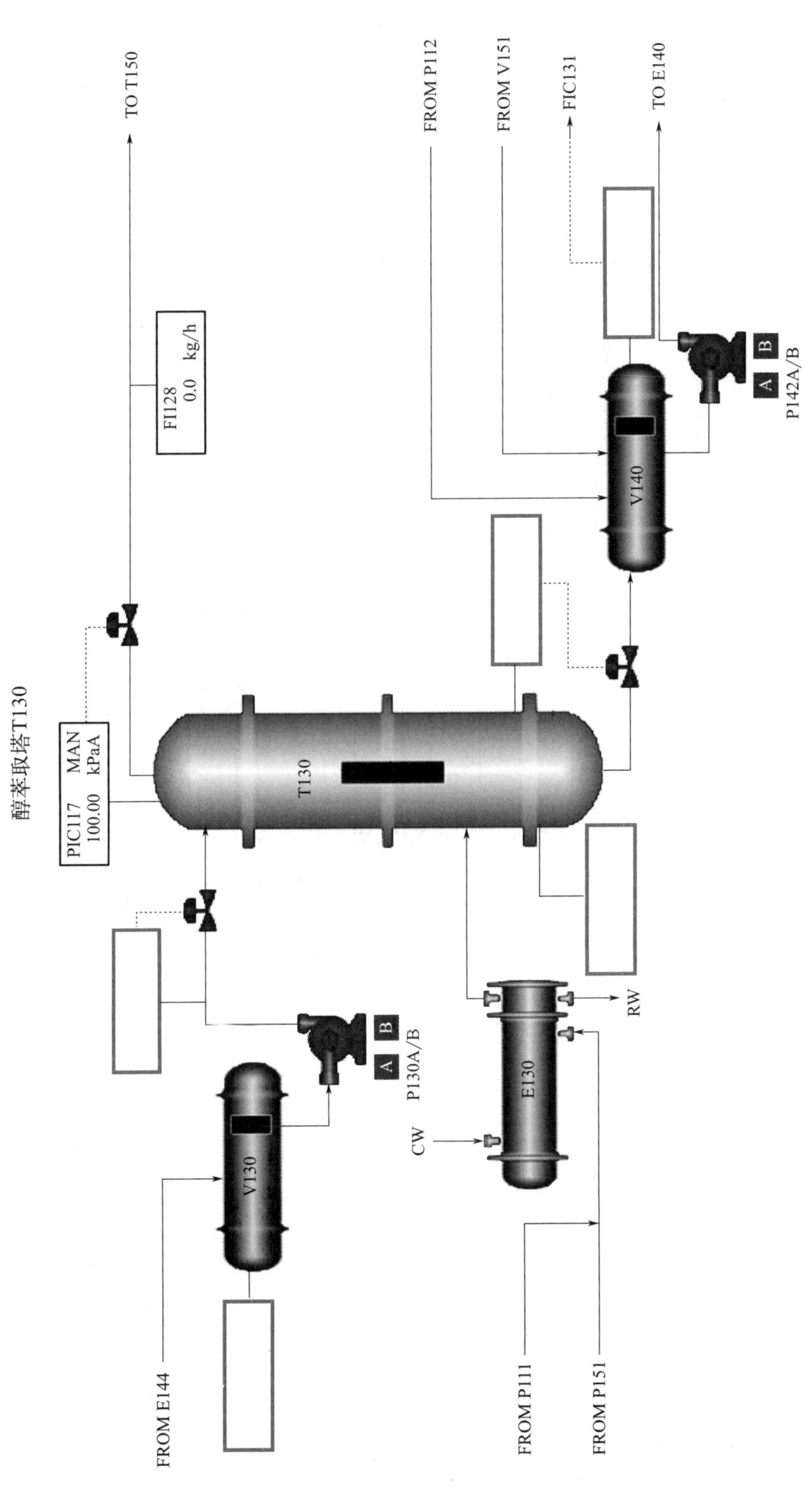
醇萃取塔T130
PIC117 MAN
100.00 kPaA
TO T150
FI128
0.0 kg/h
T130
FROM P112
FROM V151
FIC131
TO E140
V140
A B
P142A/B
V130
A B
P130A/B
E130
CW
RW
FROM E144
FROM P111
FROM P151

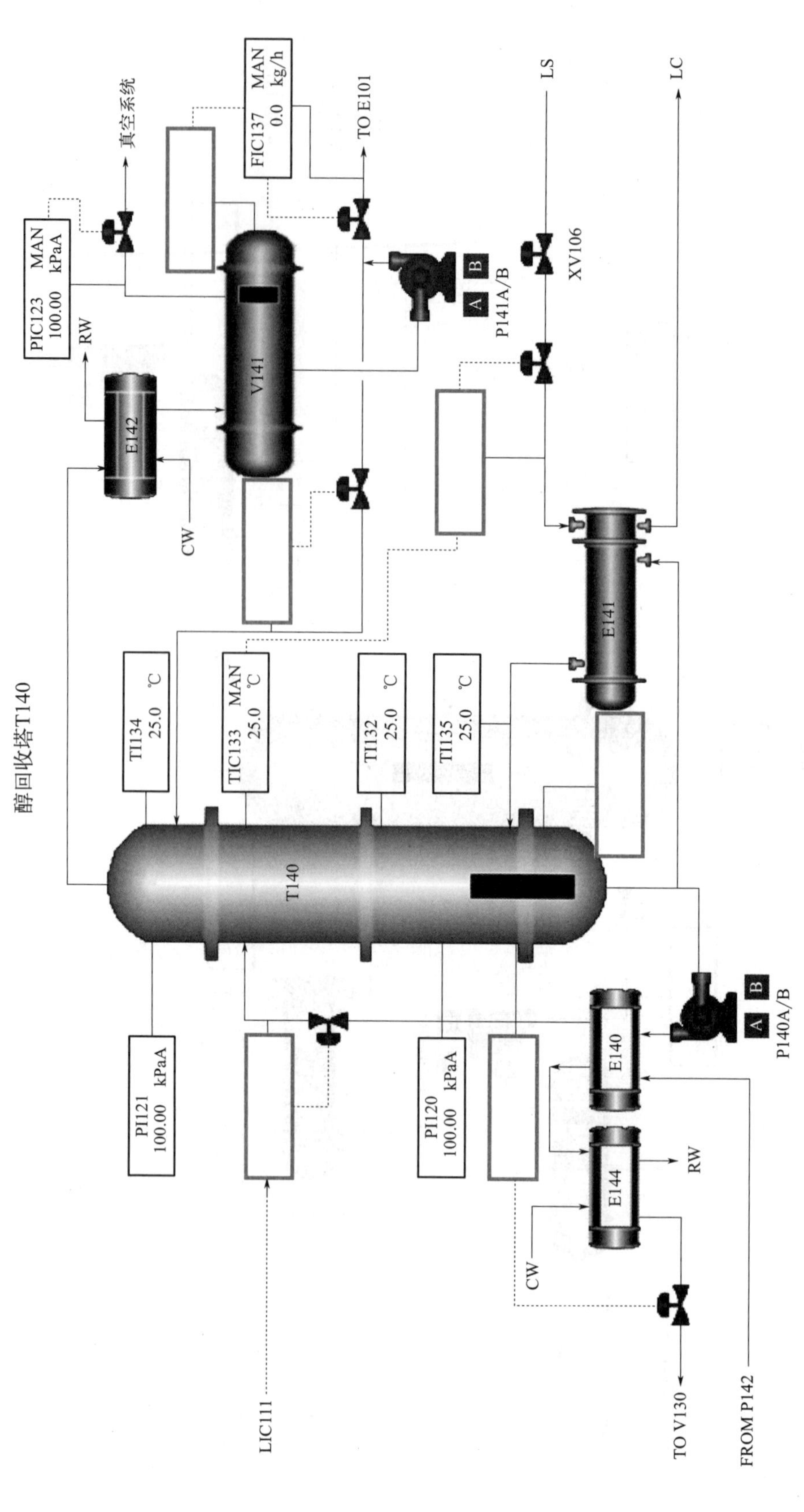

醇回收塔T140

PIC123 MAN
100.00 kPaA
真空系统
RW
FIC137 MAN
0.0 kg/h
TO E101
LS
LC
V141
E142
CW
P141A/B
A B
XV106
E141
TI134
25.0 ℃
TIC133 MAN
25.0 ℃
TI132
25.0 ℃
TI135
25.0 ℃
T140
PI121
100.00 kPaA
PI120
100.00 kPaA
E140
E144
RW
CW
P140A/B
A B
LIC111
TO V130
FROM P142

任务评价

1. DCS 操作过程评价

闭卷练习得分：_____ _____ _____ _____ _____ _____ _____

错误步骤及出错原因分析：

2. 学习成果自我评价

□已了解本步骤的工艺流程　□未了解本步骤的工艺流程
□已熟悉 DCS 控制点位及阀门位置　□未熟悉 DCS 控制点位及阀门位置
□软件操作已完成　□软件操作未完成
□软件操作已取得满分　□软件操作未取得满分

3. 教师评价

（1）软件操作成果评价

练习次数	第一次	第二次	第三次	第四次	第五次
开卷 / 闭卷					
得分					
操作时间					
错误步骤					

（2）本次任务最终完成情况评价

□闭卷　□开卷
□分数达标　□分数不达标
□完成时间达标　□完成时间不达标
□整体完成情况合格　□整体完成情况不合格

任务四　R101 引粗液，启动 T110 系统

任务内容

在闭卷模式下，完成 DCS 仿真软件“丙烯酸甲酯开车—R101 引粗液”和“丙烯酸甲酯开车—启动 T110 系统”大步骤的所有操作，质量操作评分系统中普通步骤评分能获得满分，扣分步骤不能有扣分，并使第六个大步骤“反应器进原料”变成绿色，完成时间不超过 40min（2400s）。

任务导入

本仿真工艺中的粗液指的是不合格的丙烯酸甲酯，为什么冷态开车时要先向 R101 引粗液，而不是直接投料生产？

知识储备

一、精馏

化工生产中常常要将混合物进行分离，以实现产品的提纯和回收或原料的精制。对于均相液体混合物，最常用的分离方法是蒸馏。要实现混合液的高纯度分离，需采用精馏操作。丙烯酸分馏塔 T110 塔就是通过精馏的方法从反应液中回收未反应的丙烯酸，使其循环使用。

利用混合物中各组分挥发能力的差异，通过液相和气相的回流，使气、液两相逆向多级接触，在热能驱动和相平衡关系的约束下，使得易挥发组分（轻组分）不断从液相往气相中转移，而难挥发组分却由气相向液相中迁移，使混合物得到不断分离，该过程称为精馏。

精馏在精馏装置中进行，如图 6-4-1 所示。精馏装置主要由精馏塔、塔顶冷凝器、塔底再沸器构成，有时还配有原料预热器、回流液泵、产品冷却器等装置。精馏塔是精馏装置的核心，本工艺中丙烯酸分馏塔 T110 采用的是筛板塔。丙烯酸分馏塔结构见动画 6-4-1。塔板的作用是提供气 - 液接触进行传热传质的场所。原料液进入的那层塔板称为加料板，加料板以上部分称为精馏段，加料板以下的部分（包括加料板）称为提馏段。精馏段的作用是自下而上逐步增浓气相中的易挥发组分，以提高产

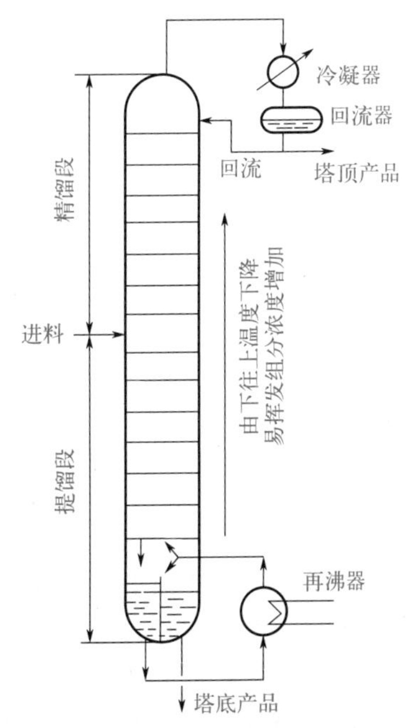

图 6-4-1　精馏装置示意图

动画 6-4-1
丙烯酸分馏塔结构

项目六

品中易挥发组分的浓度；提馏段的作用是自上而下逐步增浓液相中的难挥发组分，以提高塔釜产品中难挥发组分的浓度。再沸器的作用是提供一定流量的上升蒸气流。冷凝器的作用是冷凝塔顶蒸气，提供塔顶液相产品和回流液。回流液不但是使蒸气部分冷凝的冷却剂，而且还起到给塔板上液相补充易挥发组分的作用，使塔板上液相组成保持不变。

动画 6-4-2 T110 流程示意图

动画 6-4-3 E114 流程示意图

T110 系统的流程是连续精馏的流程，T110 流程示意图见动画 6-4-2 。来自反应器顶部的物料送至丙烯酸分馏塔 T110，在加料板上和精馏段下降的回流液汇合，逐板溢流下降，最后流入再沸器中。在再沸器中，取出部分液体作为塔底产品，主要是丙烯酸和少量重组分；部分液体汽化，产生上升蒸气依次通过各层塔板从塔顶排出，主要是丙烯酸甲酯、甲醇和水形成的均相混合物，经过塔顶冷凝器冷凝后进入回流罐，在罐中分为油相和水相，油相由回流泵抽出，一路作塔顶回流，另一路和分出的水相一起送至醇萃取塔 T130。丙烯酸从塔底排出，其中一部分直接送至过滤器过滤后重新进入反应器参与反应，另一部分送至薄膜蒸发器 E114（E114 流程示意图见动画 6-4-3），分离除去多聚物和阻聚剂等重组分，粗丙烯酸甲酯则重回丙烯酸分馏塔进一步分离回收。

我可以 通过学习以上内容，结合查阅资料，回答下面的问题。

1. 精馏的原理是：____

____。

2. T110 塔顶物料的主要成分是：__________________________________；

塔底物料的主要成分是：____。

3. 薄膜蒸发器 E114 的作用是：___________________________________。

二、R101 引粗液的工艺过程

文档 6-4-1 R101 引粗液操作步骤

R101 引粗液的工艺过程就是将粗液引入酯化反应器 R101，待 R101 装满粗液后，再通过压力控制阀将粗液排出，保持粗液循环。同时对粗液加热以控制反应器温度为 75℃。具体操作步骤见文档 6-4-1。

三、启动 T110 系统的工艺过程

文档 6-4-2 启动 T110 系统操作步骤

启动 T110 系统的工艺过程就是将粗液引至分馏塔 T110，利用精馏的原理，经再沸器加热后，重组分从塔釜排出，一部分循环回酯化反应器 R101，一部分打入薄膜蒸发器 E114，分离出丙烯酸回收到 T110，重组分送至废水处理单元重组分储罐。同时轻组分从塔顶蒸出后，经冷凝后在回流罐分为水油两相。其中油相打回流至 T110，水相排出。具体操作步骤见文档 6-4-2。

我可以 查阅资料，回答下面的问题。

什么是系统伴热？本仿真工艺中哪些系统需要投用伴热？为什么？

通过投料生产前引粗液的 DCS 操作，理解化工行业中安全生产和绿色环保的重要性。在化工产品生产过程中，从工艺源头就运用环保的理念，推行源头消减，进行生产过程的优化集成和废物再利用与资源化，从而降低成本与消耗，减少废弃物的排放和毒性，减少产品全生命周期对环境的不良影响。化工安全生产过程有严格的标准，严格遵守标准既保证了生产的本质安全，也是实现绿色化工的途径之一。

班级：__________ 姓名：__________ 学号：__________ 日期：__________

任务实施

1. 将图 6-4-2 补充完整，将选项填入正确的位置。

2. 在表 6-4-1 中，写出 DCS 控制仪表位号和设备位号，并将位号填写到 DCS 控制界面中。

表 6-4-1　仪表设备位号表

仪表名称	仪表位号	设备名称	设备位号
粗液流量控制仪表		酯化反应器	
R101 入口温度控制仪表		反应器循环过滤器	
R101 压力控制仪表		反应预热器	
T110 底部至 E101 流量控制仪表		丙烯酸分馏塔	
T110 塔底温度控制仪表		冷凝器	
T110 蒸汽流量控制仪表		再沸器	
T110 液位控制仪表		回流罐油相	
V111 油相液位控制仪表		回流罐水相	
V111 水相液位控制仪表		回流泵	
T110 回流流量控制仪表		排水泵	
油相至 T130 流量控制仪表		分馏塔塔底泵	
水相至 T130 流量控制仪表		薄膜蒸发器	
T110 塔釜至 E114 流量控制仪表		薄膜蒸发器底部泵	
E114 蒸汽流量控制仪表			
E114 至重组分回收流量控制仪表			
E114 温度控制仪表			
E114 液位控制仪表			

项目六

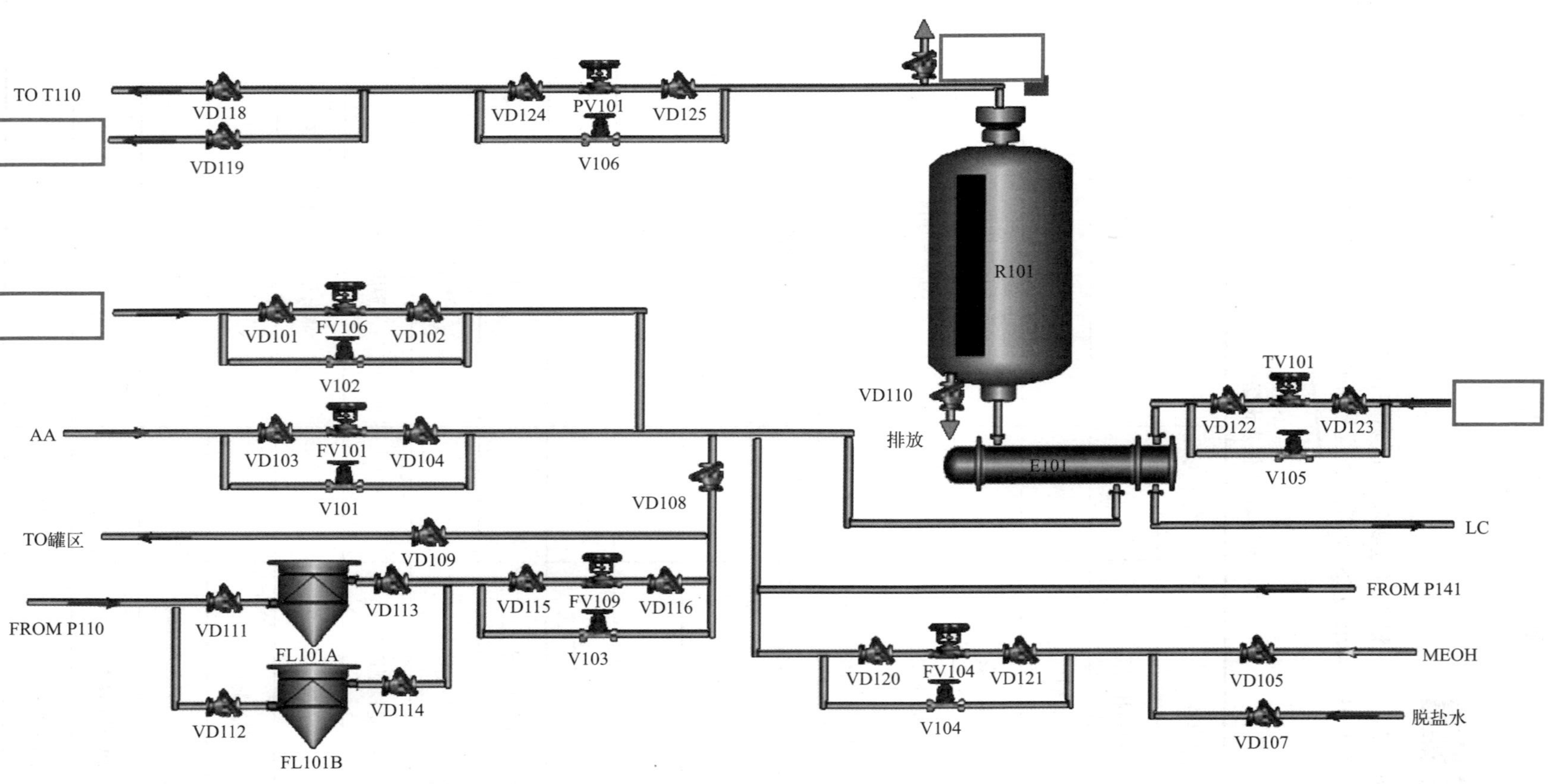

图 6-4-2 酯化反应器现场图

A. 粗液 B. 低压蒸汽 C. R101 排气 D. 不合格丙烯酸甲酯

酯化反应器R101

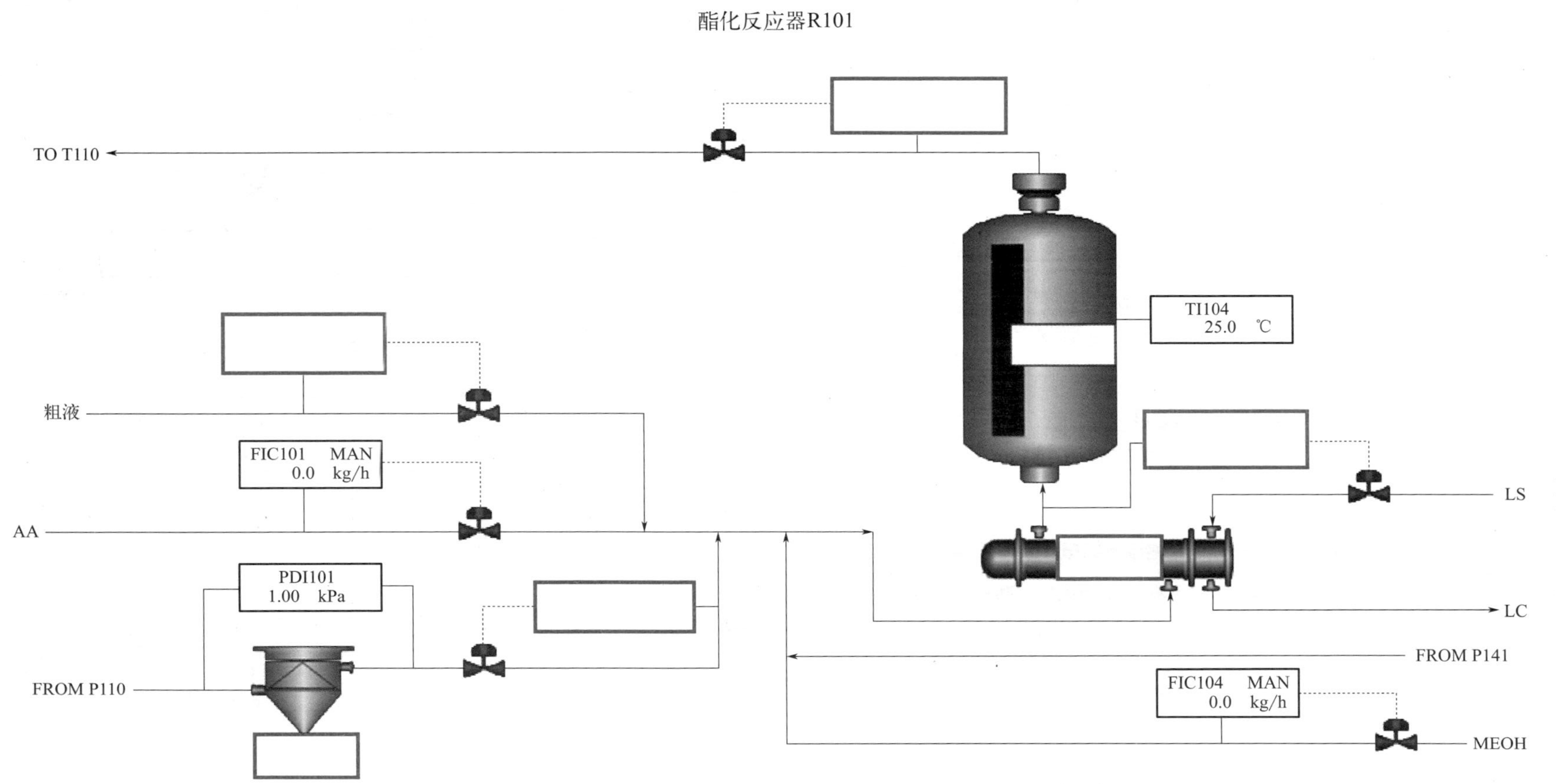
TO T110
TI104
25.0 ℃
粗液
FIC101 MAN
0.0 kg/h
AA
PDI101
1.00 kPa
FROM P110
LS
LC
FROM P141
FIC104 MAN
0.0 kg/h
MEOH

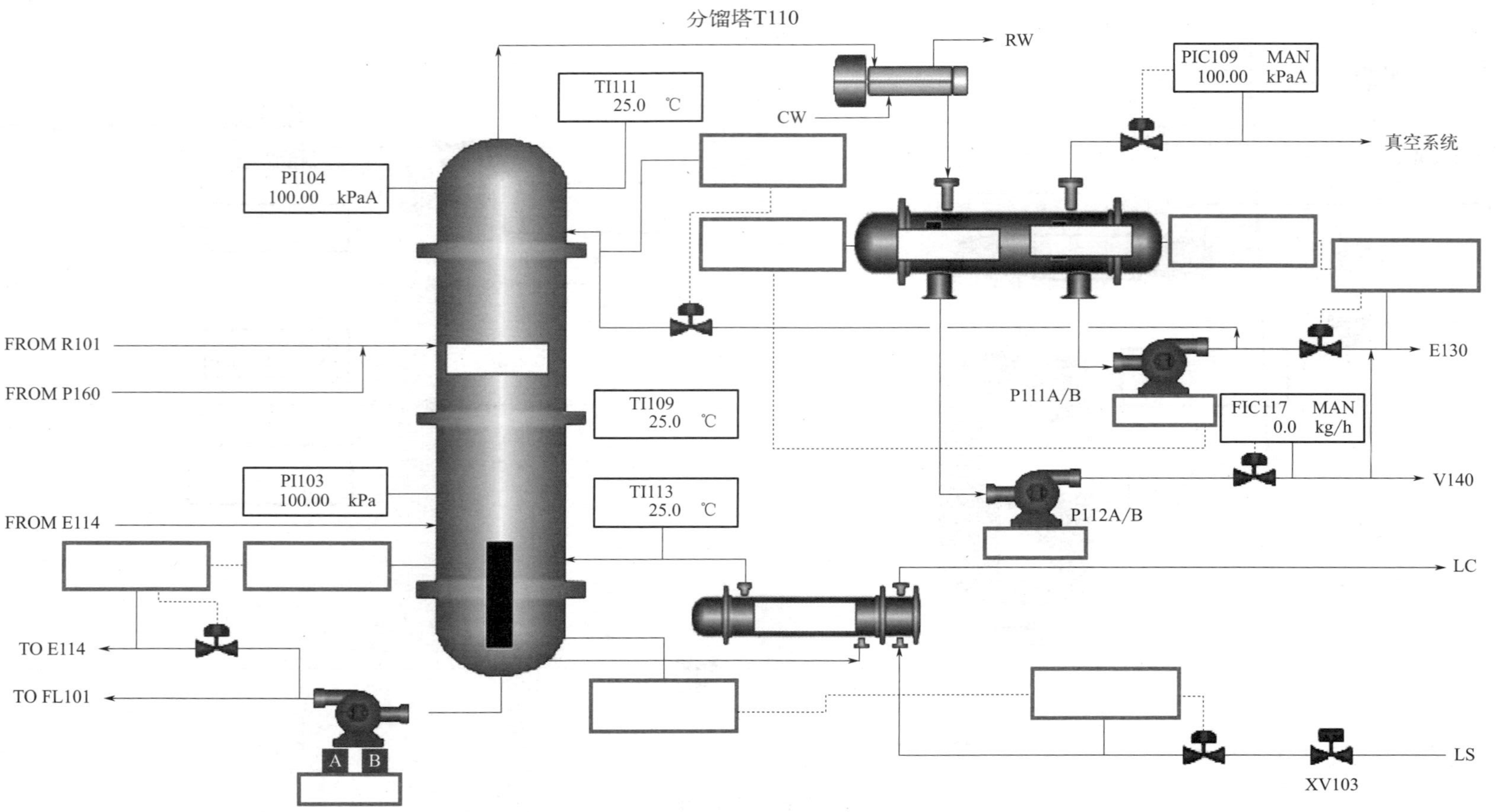

分馏塔T110
RW
PIC109 MAN
100.00 kPaA
TI111
25.0 ℃
CW
真空系统
PI104
100.00 kPaA
FROM R101
FROM P160
TI109
25.0 ℃
E130
P111A/B
FIC117 MAN
0.0 kg/h
PI103
100.00 kPa
V140
FROM E114
TI113
25.0 ℃
P112A/B
LC
TO E114
TO FL101
A
B
LS
XV103

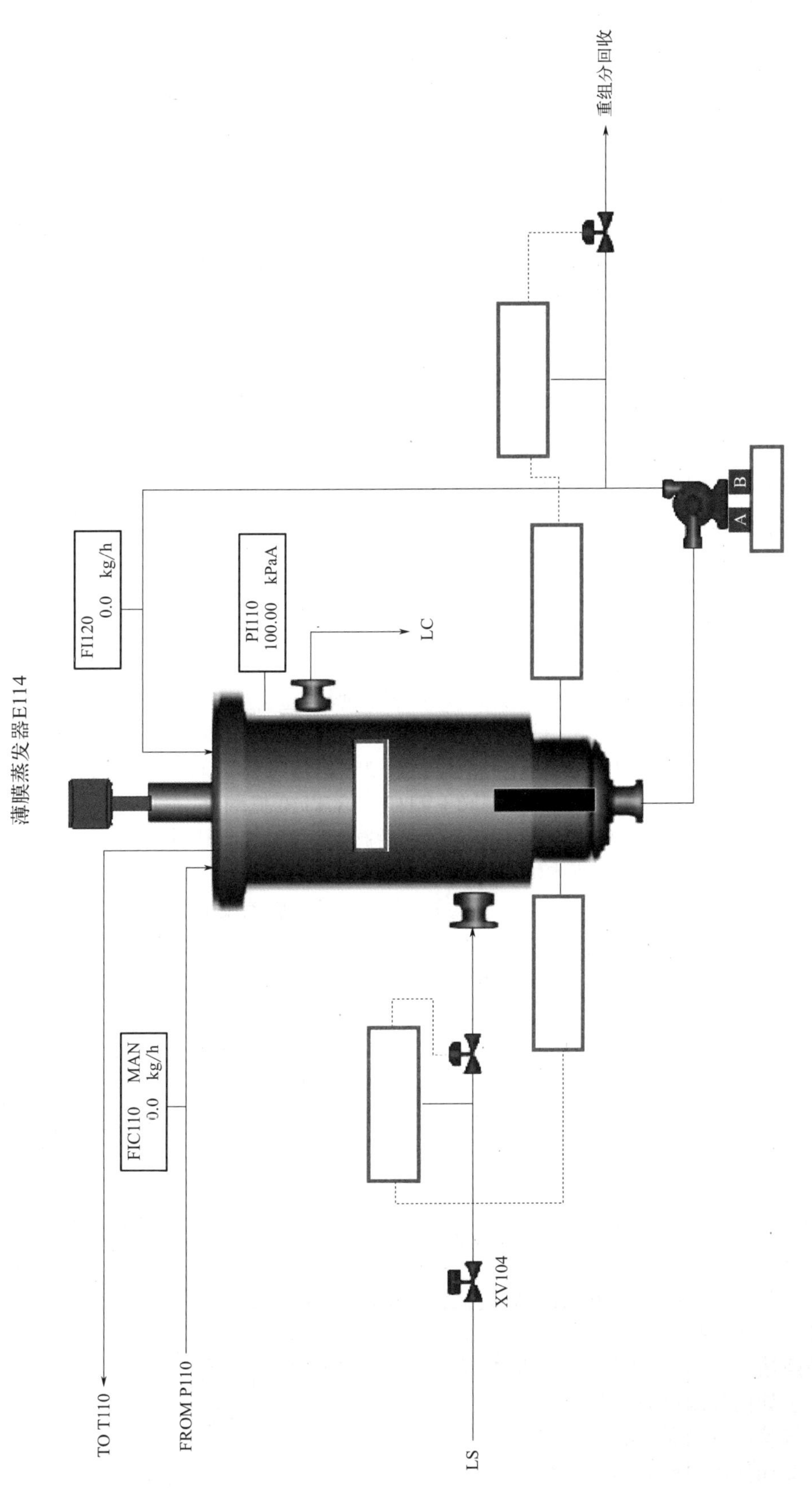
薄膜蒸发器E114
FI120 0.0 kg/h
PI110 100.00 kPaA
LC
重组分回收
A
B
FIC110 MAN 0.0 kg/h
TO T110
FROM P110
LS
XV104

3. 记录软件操作时的关键数据和位号。

（1）R101 进料前去伴热系统投用 R101 系统伴热。

（2）打开 R101 顶部排气阀_______排气。

（3）打开控制阀 FV106 前阀______和后阀______。打开控制阀 FV106，将粗液引入 R101。

（4）待 R101 装满粗液后，关闭排气阀______。

（5）打开_______。打开控制阀 PV101 前阀_______和后阀_______。打开控制阀 PV101，将粗液排出，保持粗液循环。注意控制 R110 压力_____kPa。

（6）打开控制阀 TV101 前阀______和后阀______。打开控制阀 TV101，向 E101 供给蒸汽。注意控制反应器入口温度_____为_____℃。

（7）打开阀_____，向 T110 加入阻聚剂。打开阀_____，向 V111 加入阻聚剂。

（8）打开阀_____，给 E112 投冷却水。打开阀_____，给 E130 投冷却水。

（9）T110 进料前去伴热系统投用 T110 系统伴热。

（10）待 R101 出口温度、压力稳定后，打开去 T110 手阀_______，将粗液引入 T110。关闭去罐区手阀______。

（11）待 T110 液位达到_____% 后，启动 P110A。

（12）打开 FL101A 前阀_______和后阀______。打开控制阀 FV109 前阀______和后阀______。打开控制阀 FV109。打开去罐区阀______，将 T110 底部物料经 FL101 排出。注意控制 T110 液位_____在 50%。

（13）投用 E114 系统伴热。打开 T110 蒸汽阀___________。打开控制阀 FV107 前阀________和后阀______。打开控制阀 FV107。注意控制 TIC108 温度为______℃。

（14）待 V111 油相液位______液位达到 25% 后，启动 P111A。打开控制阀 FV112 前阀_____和后阀_____。打开控制阀 FV112，给 T110 打回流。

（15）打开控制阀 FV113 前阀______和后阀______。打开控制阀 FV113。注意打开去罐区阀______，将部分液体排出，控制液位稳定，控制 V111 液位_____在 50%。

（16）待 V111 水相液位_____液位达到 25% 后，启动泵 P112A。

（17）打开控制阀 FV117 前阀_______和后阀_______。打开控制阀 FV117。打开阀 VD218，将水排出装置外，控制水相液位稳定，控制 V111 液位_____在 50%。

（18）待 T110 液位稳定后，打开控制阀 FV110 前阀______和后阀______。打开控制阀 FV110，将 T110 底部物料引至 E114。

（19）启动 P114A。打开阀___________，向 E114 打循环。打开控制阀 FV122 前阀________和后阀_________。待 E114 液位稳定后，打开控制阀 FV122。打开去罐区阀_______，将物料排出。注意控制 E114 液位_____在 50%。

（20）按 MD101 按钮，启动 E114 转子。打开 E14 蒸汽开关_______。打开控制阀 FV119 前阀_______和后阀_______。打开控制阀 FV119，向 E114 通入蒸汽。注意控制 TG110 温度为_____℃。

（21）待 E114 底部温度控制在_____℃后，关闭_____。打开_____，将不合格罐改至重组分回收。

微课 6-4-1
反应器温度

教师点拨 练习过程中，你是否有以下疑问或出现以下问题？

①如何控制反应器温度？

解答：见微课 6-4-1。

②如何控制反应器压力？

解答：见微课 6-4-2。

③为什么 V111 的水相和油相液位增长缓慢？

解答：见微课 6-4-3。

④ TG110 温度如何控制？

解答：见微课 6-4-4。

微课 6-4-2
反应器压力

微课 6-4-3
V111 液位
增长缓慢

微课 6-4-4
TG110 温度

任务评价

1. DCS 操作过程评价

练习得分：_______　_______　_______　_______　_______　_______　_______

错误步骤及出错原因分析：

2. 学习成果自我评价

□已了解本步骤的工艺流程　□未了解本步骤的工艺流程
□已熟悉 DCS 控制点位及阀门位置　□未熟悉 DCS 控制点位及阀门位置
□软件操作已完成　□软件操作未完成
□软件操作已取得满分　□软件操作未取得满分

3. 教师评价

(1) 软件操作成果评价

练习次数	第一次	第二次	第三次	第四次	第五次
开卷 / 闭卷					
得分					
操作时间					
错误步骤					

(2) 本次任务最终完成情况评价

□闭卷　□开卷
□分数达标　□分数不达标
□完成时间达标　□完成时间不达标
□整体完成情况合格　□整体完成情况不合格

任务五　反应器进原料，T130、T140 进料

任务内容

在闭卷模式下，完成 DCS 仿真软件“丙烯酸甲酯开车—反应器进原料，T130、T140 进料”两个大步骤的所有操作，质量操作评分系统中普通步骤评分能获得满分，扣分步骤不能有扣分，完成时间不超过 30min（1800s）。

任务导入

化学反应器是化工生产的核心设备，图 6-5-1 是几种常见的化学反应器结构图，仔细观察后，在括号里写出这些反应器的类型。

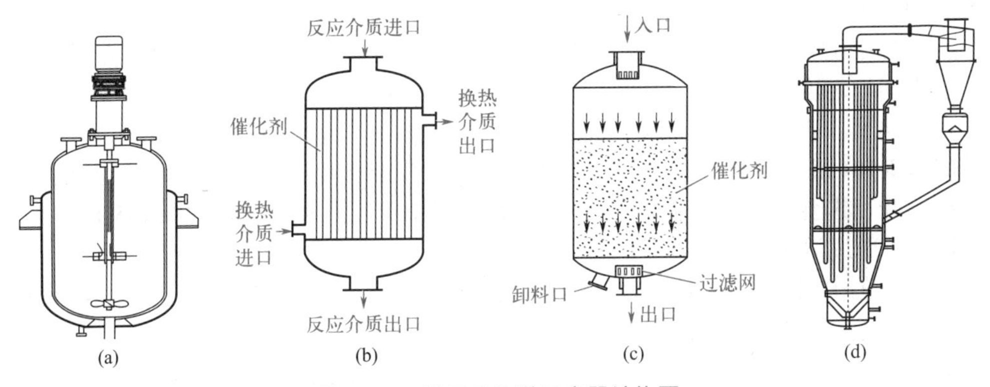

图 6-5-1　常见的化学反应器结构图

（a）是（　　　　）;（b）是（　　　　）;（c）是（　　　　）;（d）是（　　　　）。

知识储备

一、酯化原理

丙烯酸和甲醇在催化剂的作用下反应生成丙烯酸甲酯和水。

丙烯酸和甲醇的酯化反应是一种生产有机酯的可逆反应。本工艺中酯化反应以磺酸型离子交换树脂为催化剂。

（1）主反应　$CH_2=CHCOOH+CH_3OH \rightleftharpoons CH_2=CHCOOCH_3+H_2O$

（2）副反应　酯化反应的副产物主要是酯化过程中发生加成反应和聚合反应形成的，如：

$$CH_2=CHCOOH+2CH_3OH \longrightarrow (CH_3O)CH_2CH_2COOCH_3+H_2O$$

MPM（3- 甲氧基丙酸甲酯）

$$2CH_2=CHCOOH+CH_3OH \longrightarrow CH_2=CHCOOC_2H_4COOCH_3+H_2O$$

D-M（3- 丙烯酰氧基丙酸甲酯 / 二聚丙烯酸甲酯）

$$CH_2=CHCOOH+CH_3OH \longrightarrow HOC_2H_4COOCH_3$$ HOPM（3- 羟基丙酸甲酯）

$CH_2{=\!=}CHCOOH+CH_3OH \longrightarrow CH_3OC_2H_4COOH$ MPA（3- 甲氧基丙酸）

$2CH_2{=\!=}CHCOOH \longrightarrow CH_2{=\!=}CHCOOC_2H_4COOH$

D-AA（3- 丙烯酰氧基丙酸 / 二聚丙烯酸）

除了上面的副产物，还有由于原料中杂质的反应而形成的其他副产物，这里不再赘述。

二、工艺条件

（1）原料配比　酸 / 醇的摩尔比为 1 ： 0.75。

（2）转化率　甲醇的转化率控制在 60%~70% 。

（3）催化剂　催化剂为磺酸型离子交换树脂。

（4）反应温度　原料进入反应器的温度控制在 75℃。

（5）反应压力　酯化反应控制压力 301kPa。

三、反应设备

丙烯酸甲酯生产酯化部分工艺采用的是绝热式固定床反应器。这种反应器结构简单，催化剂均匀堆置于床内，床内没有换热装置，因此酯化反应物料需要预热。

动画 6-5-1 R101 流程示意图

在本仿真工艺中，混合后的反应物料经过反应预热器 E101 预热到 75℃后送至酯化反应器 R101 底部，自下而上流过催化剂床层发生酯化反应，反应之后的物料从反应器顶部离开，送至丙烯酸分馏塔进行初步分离。R101 流程示意图见动画 6-5-1。

我可以 通过学习以上内容，回答下面的问题。

1. 本工艺中酯化反应的反应温度为__________，反应压力为__________，原料配比为__________，醇的转化率设定为______________。

2. 本工艺中酯化反应的催化剂是：______________________________________。

3. 本工艺中酯化反应采用____________反应器进行连续生产。

四、反应器进原料，T130、T140 进料的工艺过程

文档 6-5-1 反应器进原料，T130、T140 进料操作步骤

反应器进原料，T130、T140 进料的工艺过程就是将新鲜原料丙烯酸和甲醇引入反应器进行生产，同时关闭粗液进料阀；将 T110 底部物料打入 R101；向 T140 输送阻聚剂；将 V111 油相打入 T130，T130 进油后调整萃取水量，控制 T130 界位和温度，待稳定后，将 T130 顶部物流排至不合格罐；调节 T140 再沸器蒸汽阀，控制 T140 温度；将 V141 中多余物料排至不合格罐，待其稳定后将 V141 物料引入 R101。具体操作步骤见文档 6-5-1。

我可以 画出 T130、T140 进料步骤的流程框图。

本次任务仿真操作中溶剂的循环使用和热量的循环利用，体现了化工生产低碳运行的理念。我国二氧化碳排放力争于 2030 年前达到峰值，并努力争取 2060 年前实现碳中和。“双碳”目标体现了我国作为发展中国家的担当和责任，同时也对我国化工行业的低碳发展提出了更高要求。

班级：__________　姓名：__________　学号：__________　日期：__________

任务实施

1. 在表 6-5-1 中，写出 DCS 控制仪表位号，并将位号填写到 DCS 控制界面中。

表 6-5-1　仪表位号表

名称	位号	名称	位号
新鲜甲醇流量控制仪表		T140 塔釜温度显示仪表	
新鲜丙烯酸流量控制仪表		T140 液位控制仪表	
T130 压力控制仪表		T140 至 R101 流量控制仪表	
T130 液位控制仪表			

2. 请回答下面的问题。

（1）影响酯化反应的工艺条件有哪些？

（2）V111 向 T130 进料后，T130 和 T140 塔顶物料和塔底物料的主要成分是什么？

3. 记录软件操作时的关键数据和位号。

（1）打开手阀______，打开新鲜原料甲醇流量控制阀的前阀______和后阀______，打开新鲜原料甲醇流量控制阀 FV104，新鲜原料进料流量为正常量的 80%（控制阀开度为______%）。

（2）打开新鲜原料丙烯酸流量控制阀的前阀______和后阀______，打开新鲜原料丙烯酸流量控制阀 FV101，新鲜原料进料流量为正常量的 80%（控制阀开度为______%）。

（3）关闭粗液流量控制阀______及其前后阀，停止进粗液。

（4）打开阀______，将 T110 底部物料打入 R101；同时关闭去罐区阀______。

（5）打开手阀______，向 T140 输送阻聚剂。

（6）关闭阀______、打开阀______，将 V111 油相由至不合格罐改至 T130。

（7）T130 进油后顶部暂不排放（顶部排气阀__________保持关闭），调整萃取水量，界位慢慢形成，控制 T130 界位______在 50%；控制手阀_______开度，调节 T130 温度为 25℃。

（8）界位稳定后，打开压力控制阀 PV117，打开阀_______，将 T130 顶部物流排至不合格罐，调节 PV117，控制 T130 压力为______kPa；T130 底部排至 V140 水相增多，使 T140 的进料也相应增多，T140 底部温度会下降，及时调整再沸器蒸汽量，控制塔底温度______在______℃。

（9）打开控制阀 FV137，打开______，将 V141 中多余物料排至不合格罐。

（10）待 T140 稳定后，关闭 V141 去不合格罐手阀______；打开______，将物流引向 R101。

项目六

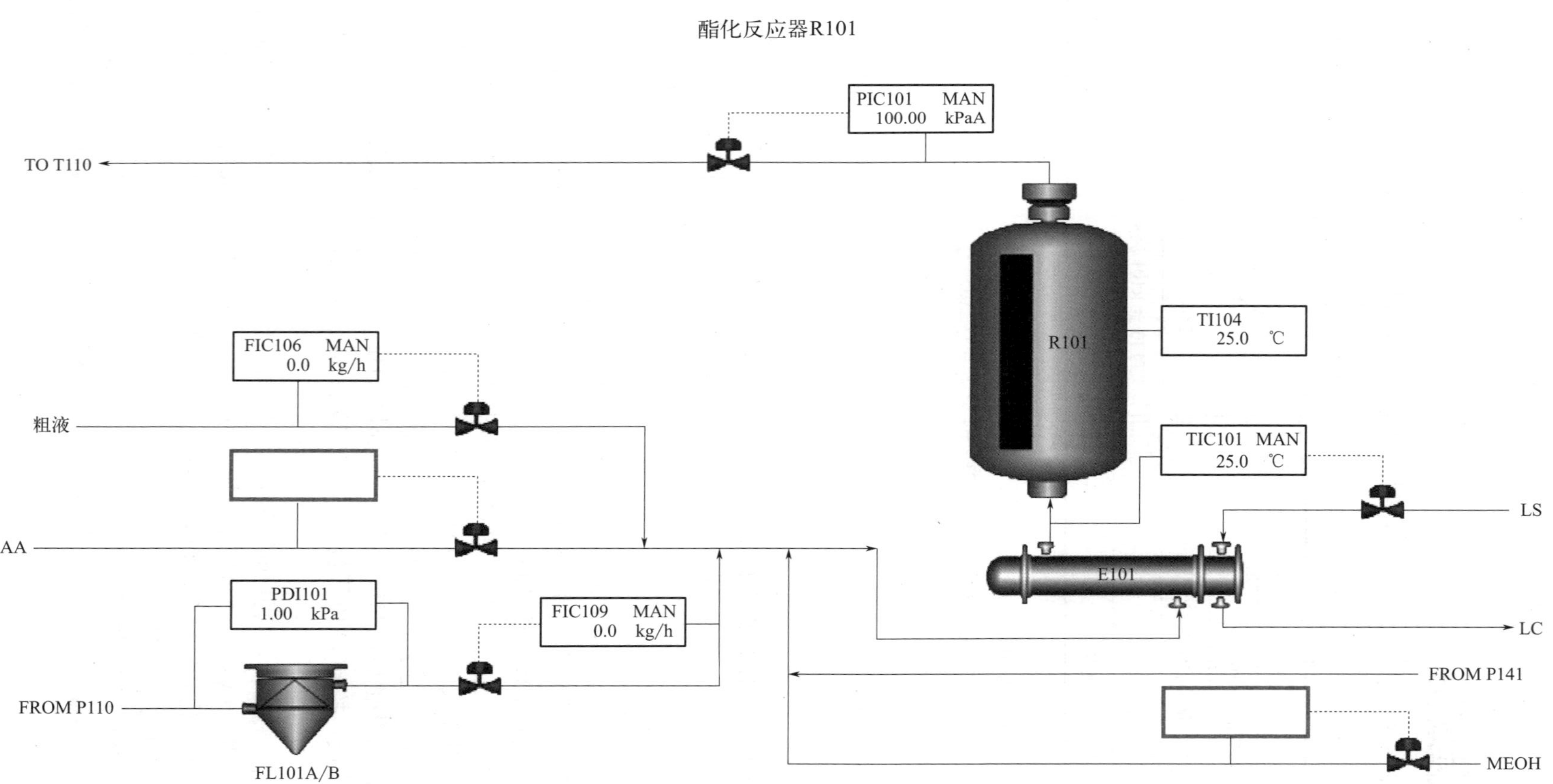
酯化反应器R101
PIC101 MAN
100.00 kPaA
TO T110
R101
TI104
25.0 ℃
FIC106 MAN
0.0 kg/h
粗液
TIC101 MAN
25.0 ℃
LS
AA
E101
PDI101
1.00 kPa
FIC109 MAN
0.0 kg/h
LC
FROM P141
FROM P110
MEOH
FL101A/B

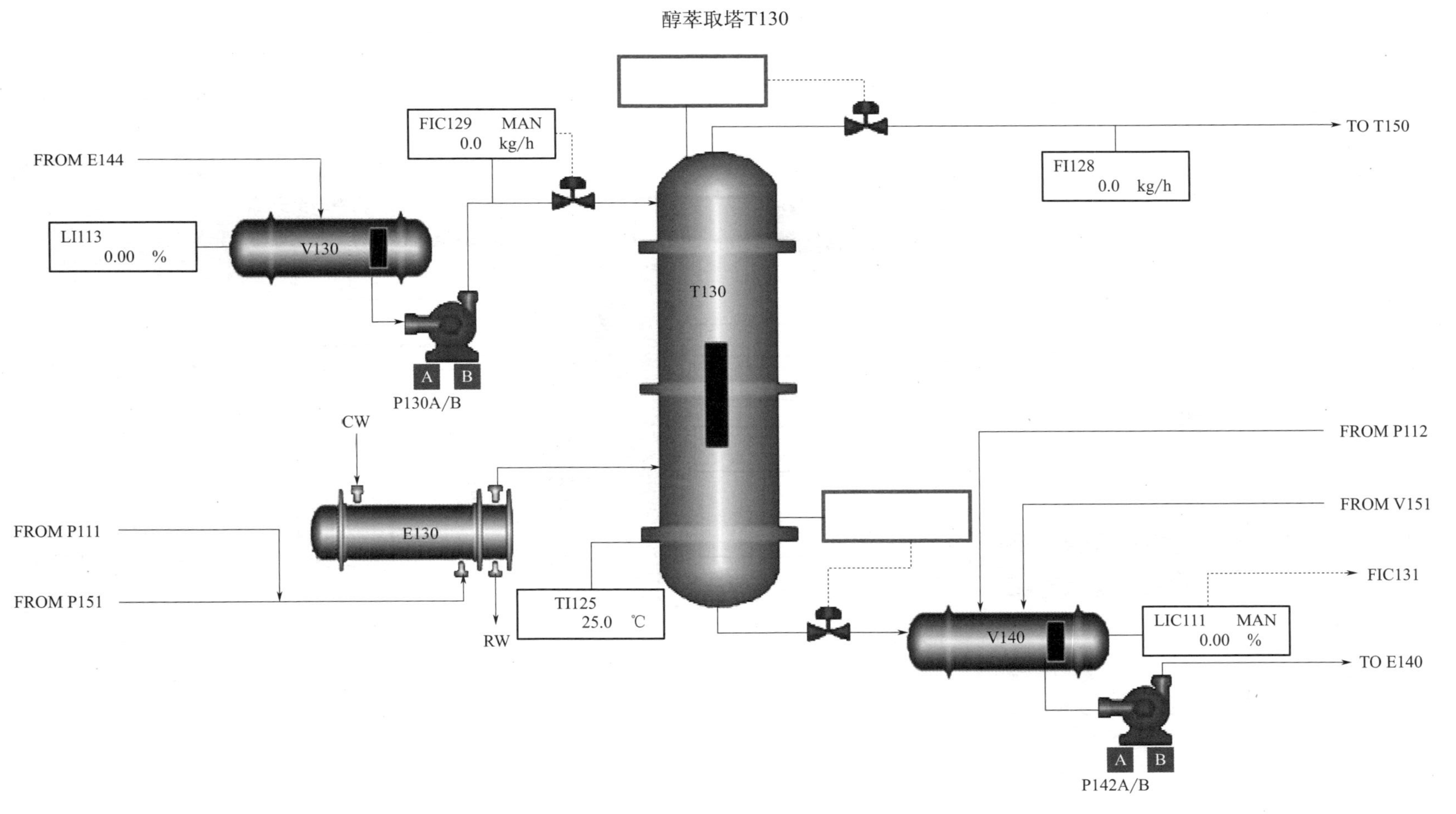
醇萃取塔T130
FIC129 MAN
0.0 kg/h
TO T150
FROM E144
FI128
0.0 kg/h
LI113
0.00 %
V130
T130
A
B
P130A/B
CW
FROM P112
FROM V151
FROM P111
E130
FIC131
FROM P151
TI125
25.0 ℃
LIC111 MAN
0.00 %
V140
RW
TO E140
A
B
P142A/B

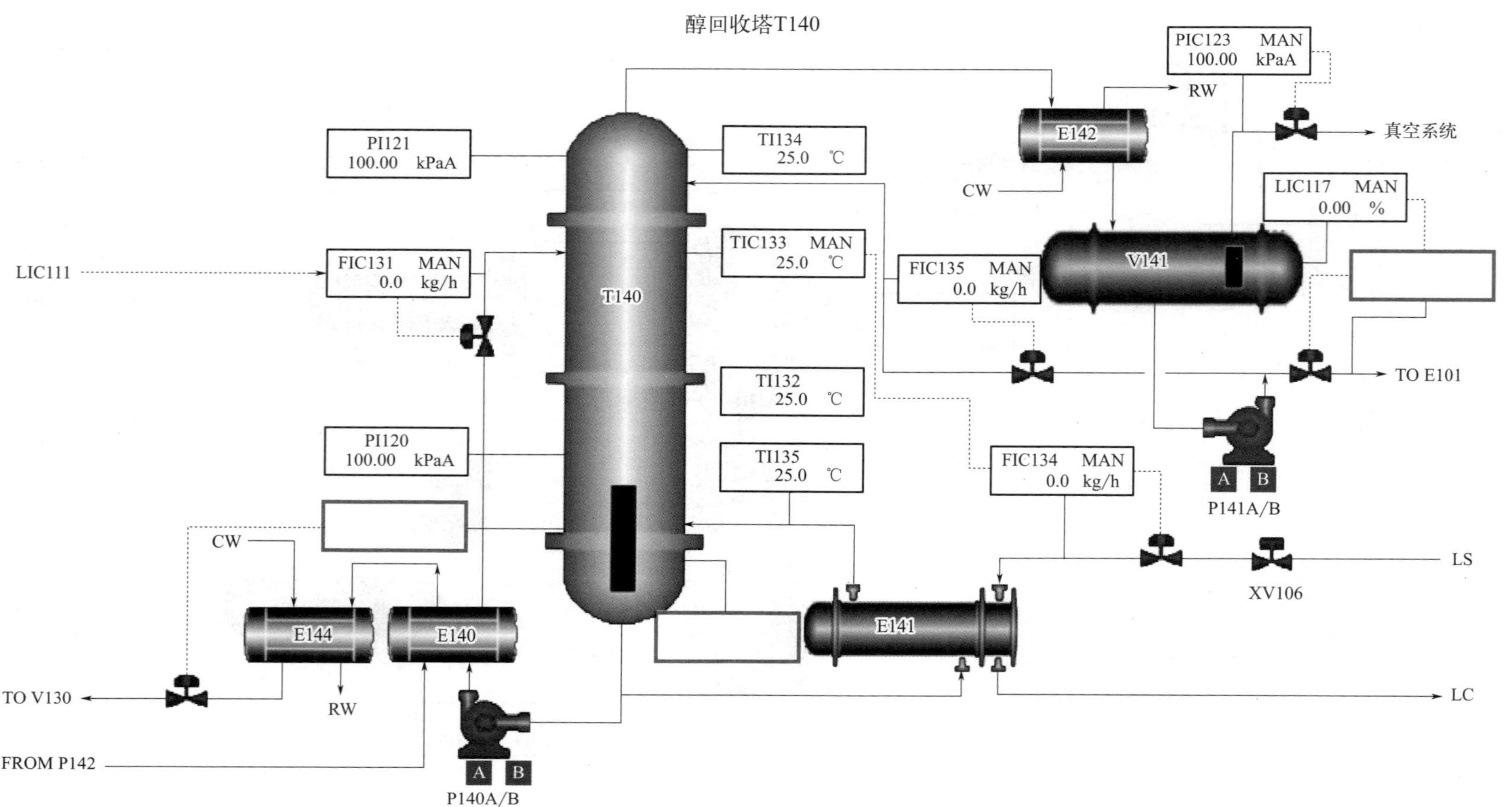
醇回收塔T140
PI121
100.00 kPaA
TI134
25.0 ℃
PIC123 MAN
100.00 kPaA
RW
真空系统
E142
CW
LIC117 MAN
0.00 %
LIC111
FIC131 MAN
0.0 kg/h
TIC133 MAN
25.0 ℃
FIC135 MAN
0.0 kg/h
V141
T140
TO E101
TI132
25.0 ℃
PI120
100.00 kPaA
TI135
25.0 ℃
FIC134 MAN
0.0 kg/h
A B
P141A/B
CW
LS
XV106
E144
E140
E141
TO V130
RW
LC
FROM P142
A B
P140A/B

4. 操作中遇到的问题及解决方法。

教师点拨 练习过程中，你是否有以下疑问或出现以下问题？

1. 如何控制 T130 压力？

解答：见微课 6-5-1。

2. 为什么 T130 界位 LIC110 降至 50% 需要很长时间？

解答：见微课 6-5-2。

3. 失误扣分：S28 反应器反应温度低于 60℃扣分，出现“-100”分；

失误扣分：S42 反应器反应温度高于 85℃扣分，出现“-100”分。

解答：由于新鲜原料丙烯酸和甲醇、循环甲醇都是冷物料，进料后就会引起反应器入口温度降低，如果不及时调节 TIC101，一旦温度降低到 60℃以下，就会出现 -100 扣分。而循环丙烯酸是热物料，它会引起反应器入口温度上升，当超过 85℃后也会出现 -100 扣分。因此当这些工艺条件发生变化时，一定要及时调节 TIC101 以控制反应器入口温度稳定。

微课 6-5-1 T130 压力控制

微课 6-5-2 T130 排液时间长

任务评价

1. DCS 操作过程评价

练习得分：_______ _______ _______ _______ _______ _______ _______

错误步骤及出错原因分析：

2. 学习成果自我评价

□已了解本步骤的工艺流程　　□未了解本步骤的工艺流程

□已熟悉 DCS 控制点位及阀门位置　　□未熟悉 DCS 控制点位及阀门位置

□软件操作已完成　　□软件操作未完成

□软件操作已取得满分　　□软件操作未取得满分

3. 教师评价

(1) 软件操作成果评价

练习次数	第一次	第二次	第三次	第四次	第五次
开卷 / 闭卷					
得分					
操作时间					
错误步骤					

(2) 本次任务最终完成情况评价

□闭卷　　□开卷

□分数达标　　□分数不达标

□完成时间达标　　□完成时间不达标

□整体完成情况合格　　□整体完成情况不合格

任务六　启动 T150、T160 系统

任务内容

在闭卷模式下，完成 DCS 仿真软件“丙烯酸甲酯开车—启动 T150、T160 系统”两个大步骤的所有操作，质量操作评分系统中普通步骤评分能获得满分，扣分步骤不能有扣分，完成时间不超过 30min（1800s）。

任务导入

粗丙烯酸甲酯经过 T110、T130 和 T140 回收大部分未反应的丙烯酸和甲醇后，进入产品精制流程。本仿真工艺中，丙烯酸甲酯的精制流程是典型的两塔精馏流程。请查阅资料，了解脱轻组分塔和脱重组分塔，并说说它们在有机化工产品精制中的作用是什么？

知识储备

一、启动 T150 系统的工艺过程

启动 T150 系统的工艺过程就是将 T130 顶部物料打入醇拔头塔 T150，利用精馏的原理，将主物流中少部分的醇从塔顶蒸出，经冷凝后在塔顶受液罐分为水油两相，油相一部分回流，一部分打入 T130，水相打入 T140；含有甲酯和少部分重组分的物流从塔底排出至 T160 进一步分离。

① 向 T150、V151 供阻聚剂。

② 打开冷却水阀，E152 投用。

③ 打开去 T150 手阀，关闭去罐区手阀，将 T130 顶部物料由不合格罐改至 T150。

④ 投用 T150 蒸汽伴热系统。

⑤ 当 T150 底部液位达到 25% 后，打通管路，由泵将 T150 底部物料排放至不合格罐，控制好塔液面。

⑥ 打开 T150 蒸汽通路，给 E151 引蒸汽。

项目六

⑦ 待 V151 液位达 25%，打通管路，用回流泵给 T150 打回流。

⑧ 打开 V151 去 T130 流量控制阀，打开去罐区手阀将部分物料排至不合格罐。

⑨ 待 V151 水包出现界位后，打开 V151 去 V140 手阀，向 V140 切水。注意保持界位正常。

⑩ 待 T150 操作稳定后，打开去 T130 手阀，同时关闭去罐区手阀，将 V151 物料从不合格罐改至 T130。

⑪ 打开去 T160 手阀，同时关闭去罐区手阀，将 T150 底部物料由不合格罐改去 T160 进料。

二、启动 T160 系统的工艺过程

启动 T160 系统的工艺过程就是利用精馏的原理，将主物流从塔顶蒸出，经冷凝后一部分回流，一部分以产品输出至产品罐；塔底部分重组分返回丙烯酸分馏塔重新回收。

① 打开手阀，向 T160、V161 供阻聚剂。

② 打开冷却水阀，E162 冷却器投用。

③ 投用 T160 蒸汽伴热系统。

④ 待 T160 液位达到 25% 后，打通管路，用 T160 底部泵将 T160 塔底物料送至不合格罐。

⑤ 打通 T160 蒸汽通路，向 E161 引蒸汽。

⑥ 待 V161 液位达到 25% 后，打通管路，用回流泵 P161 给 T160 打回流。

⑦ 打开去产品罐流量控制阀 FV153，打开去罐区手阀，将 V161 物料送至不合格罐。

⑧ T160 操作稳定后，关闭去罐区手阀，同时打开去 T110 手阀，将 T160 底部物料由至不合格罐改至 T110。

⑨ 关闭去罐区手阀，同时打开去产品罐手阀，将合格产品由不合格罐改至产品罐。

我可以 在本工艺中，哪个设备是脱轻组分塔？哪个设备是脱重组分塔？

班级：__________　姓名：__________　学号：__________　日期：__________

任务实施

1. 补充完整下面的流程，将选项填入正确的位置。

2. 在表 6-6-1 中，写出 DCS 控制仪表位号，并将位号填写到 DCS 控制界面中。

表 6-6-1　位号表

名称	位号	名称	位号
T130 至 T150 流量显示仪表		T150 至 T160 流量控制仪表	
T150 液位控制仪表		T150 蒸汽流量控制仪表	
V151 油相液位控制仪表		T150 塔釜温度显示仪表	
V151 水相液位控制仪表		T160 蒸汽流量控制仪表	
T150 回流流量控制仪表		T160 回流流量控制仪表	
油相至 T130 流量控制仪表		T160 至 T110 流量控制仪表	
水相至 V140 流量控制仪表		MA 产品输出流量控制仪表	
T160 塔釜温度显示仪表			

3. 记录软件操作时的关键数据和位号。

（1）打开手阀______，向 T150 供阻聚剂。打开手阀______，向 V151 供阻聚剂。

（2）打开 E152 冷却水阀_______，E152 投用。

（3）打开_______，将 T130 顶部物料改至 T150。关闭去不合格罐手阀_______。

（4）投用 T150 蒸汽伴热系统。

（5）当 T150 底部液位达到_______% 后，启动 P150A。

（6）打开控制阀 FV141 前阀_______和后阀_______。打开控制阀 FV141。打开手阀 VD615，将 T150 底部物料排放至不合格罐，注意控制 T150 液位_______在 50%。

（7）打开蒸汽开关________。打开控制阀 FV140 前阀________和后阀________。打开控制阀 FV140，给 E151 引蒸汽。注意控制塔底温度 TI139 为________℃，TG151 温度为________℃。

（8）待 V151 液位达到___________% 后，启动 P151A。打开控制阀 FV142 前阀_________和后阀_________。打开控制阀 FV142，给 T150 打回流。

（9）打开控制阀 FV144 前阀_______和后阀_______。打开控制阀 FV144。注意控制 V151 液位_______在 50%。

（10）打开阀_______，将部分油相物料排至不合格罐。

（11）打开控制阀 FV145 前阀_______和后阀_______。待 V151 水包出现界位后，打开 FV145 向_______切水。注意控制 V151 液位_______在 50%。

（12）待 T150 操作稳定后，打开阀________。关闭________，将 V151 油相物料从不合格罐改至 T130。关闭阀________。打开阀________，将 T150 底部物料由至不合格罐改去 T160 进料。

项目六

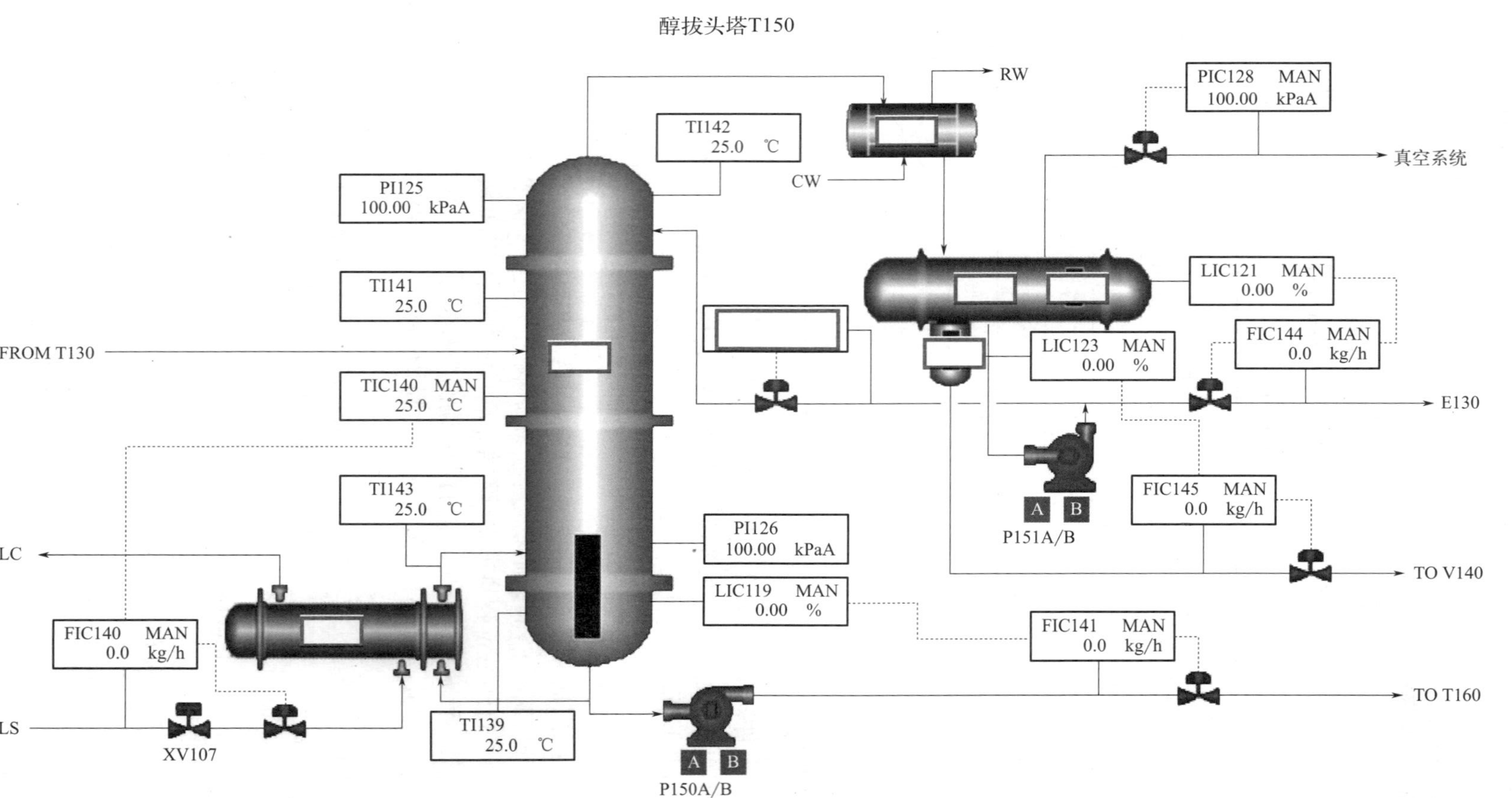

A. 精馏塔　B. 再沸器　C. 冷凝器　D. 回流罐　E. 回流　F. 水相　G. 油相

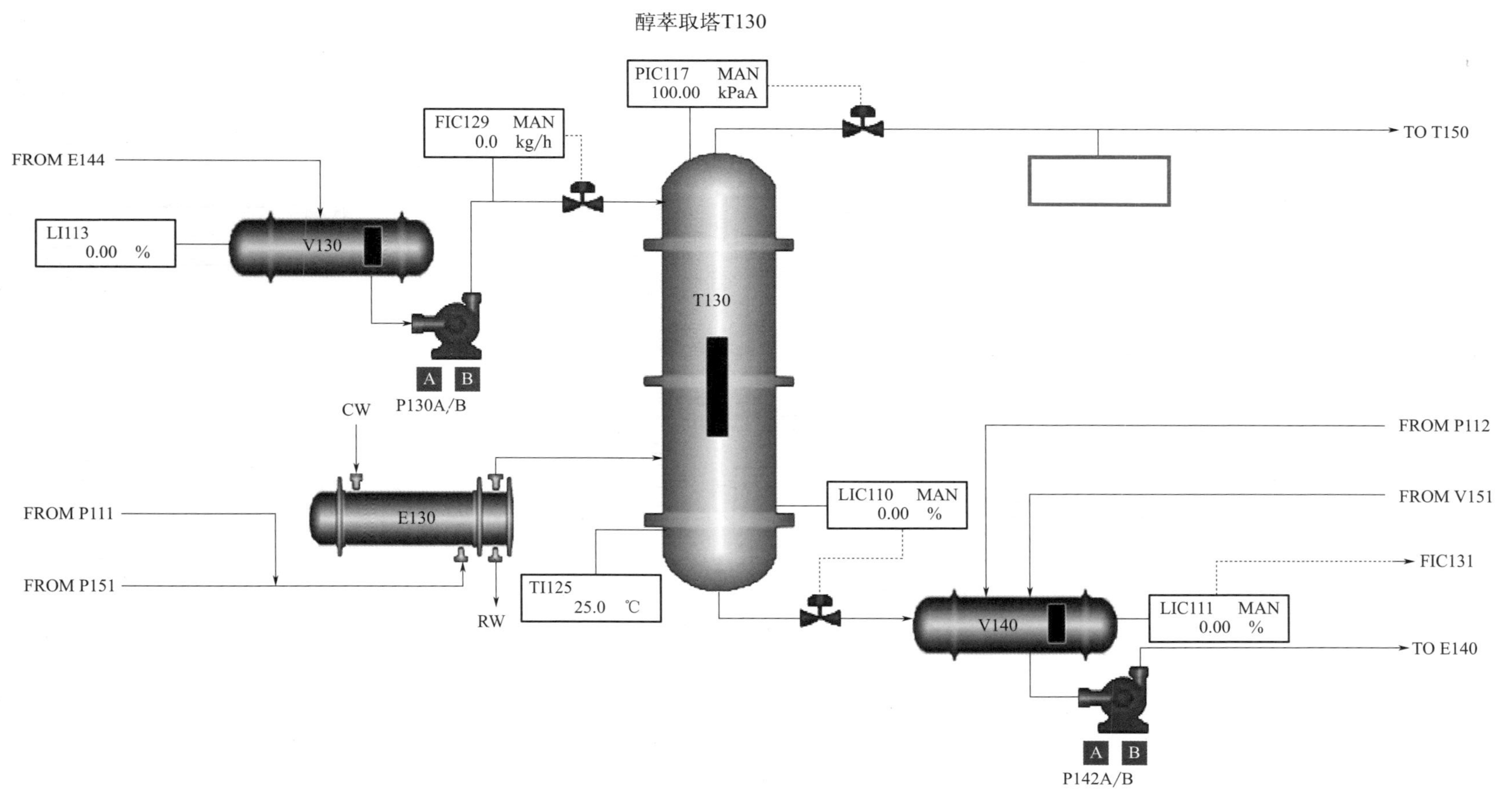
醇萃取塔T130
PIC117 MAN
100.00 kPaA
FIC129 MAN
0.0 kg/h
FROM E144
TO T150
LI113
0.00 %
V130
T130
A
B
P130A/B
CW
FROM P112
E130
LIC110 MAN
0.00 %
FROM V151
FROM P111
FIC131
FROM P151
TI125
25.0 ℃
V140
LIC111 MAN
0.00 %
RW
TO E140
A
B
P142A/B

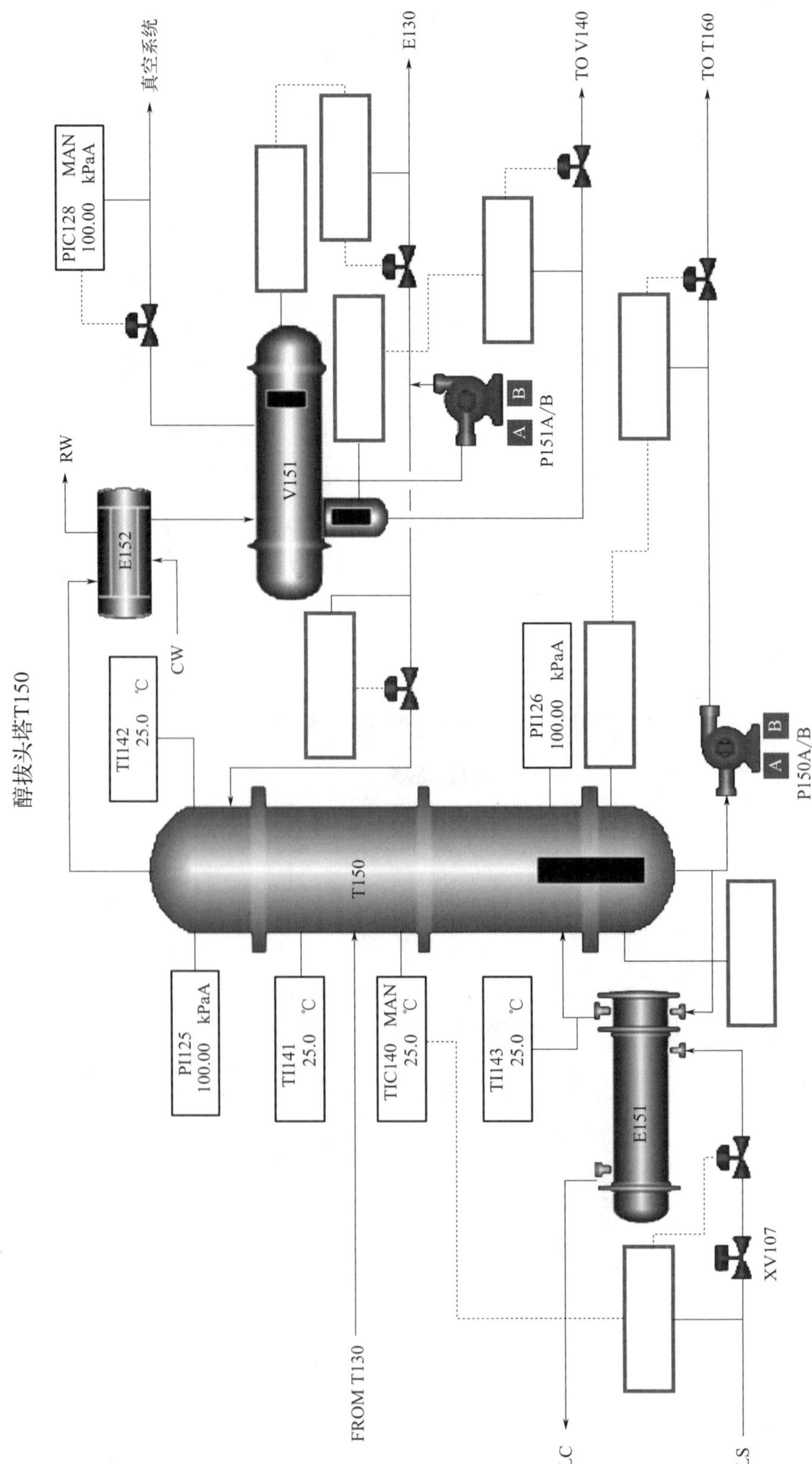
醇拔头塔T150
PIC128 MAN
100.00 kPaA
真空系统
E130
TO V140
TO T160
RW
E152
CW
V151
P151A/B
A
B
TI142
25.0 ℃
PI126
100.00 kPaA
P150A/B
T150
PI125
100.00 kPaA
TI141
25.0 ℃
TIC140 MAN
25.0 ℃
TI143
25.0 ℃
E151
XV107
FROM T130
LC
LS

酯提纯塔T160

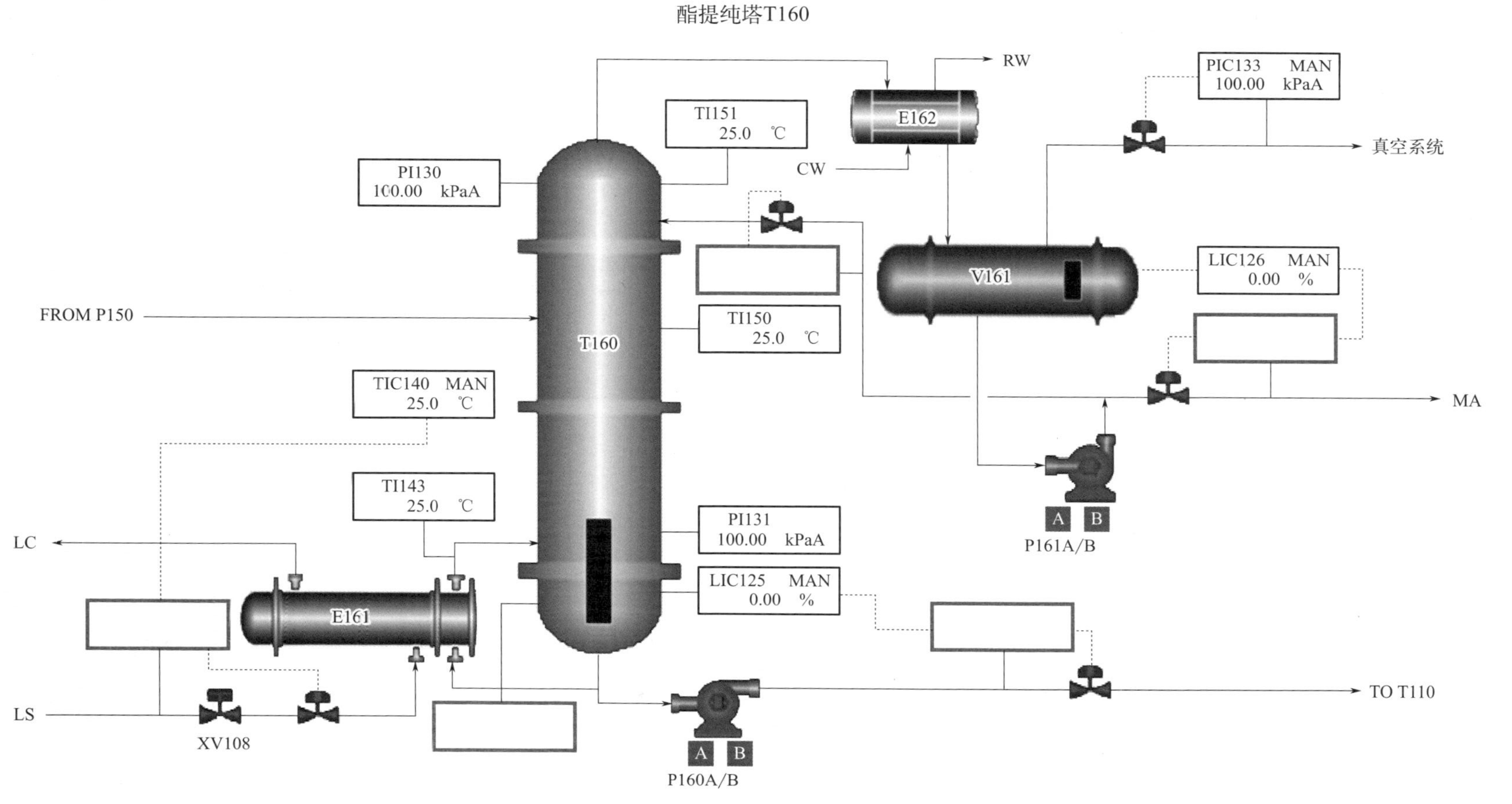
RW
PIC133 MAN
100.00 kPaA
真空系统
TI151
25.0 ℃
CW
E162
PI130
100.00 kPaA
V161
LIC126 MAN
0.00 %
FROM P150
T160
TI150
25.0 ℃
TIC140 MAN
25.0 ℃
MA
TI143
25.0 ℃
A
B
P161A/B
PI131
100.00 kPaA
LC
LIC125 MAN
0.00 %
E161
TO T110
LS
XV108
A
B
P160A/B

（13）打开手阀______，向 T160 供阻聚剂。打开手阀______，向 V161 供阻聚剂。

（14）打开阀______，E162 冷却器投用。投用 T160 蒸汽伴热系统。

（15）待 T160 液位达到 25% 后，启动 P160A。打开控制阀 FV151 前阀______和后阀______。打开控制阀 FV151。打开______，将 T160 塔底物料送至不合格罐。

（16）打开蒸汽阀______。打开控制阀 FV149 前阀______和后阀______。打开控制阀 FV149，向 E161 引蒸汽。

（17）待 V161 液位达到 25% 后，启动回流泵______。打开塔顶回流控制阀 FV150 打回流。打开控制阀 FV153 前阀______和后阀______。打开控制阀 FV153。打开阀______，将 V161 物料送至不合格罐。

（18）T160 操作稳定后，关闭阀______。打开阀______，将 T160 底部物料由至不合格罐改至 T110。关闭阀______。打开阀______，将合格产品由至不合格罐改至产品罐。

（19）控制 TG161 温度为______℃。控制塔底温度 TI147 为______℃。

微课 6-6-1 T150 液位增长缓慢

教师点拨 练习过程中，你是否有以下疑问或出现以下问题？

1. 为什么 T150 液位增长缓慢？

解答：见微课 6-6-1。

2. 为什么 T150 底部温度超高？

解答：见微课 6-6-2。

微课 6-6-2 T150 底部温度超高

任务评价

1. DCS 操作过程评价

练习得分：______ ______ ______ ______ ______ ______ ______

2. 学习成果自我评价

□已了解本步骤的工艺流程　　□未了解本步骤的工艺流程

□已熟悉 DCS 控制点位及阀门位置　　□未熟悉 DCS 控制点位及阀门位置

□软件操作已完成　　□软件操作未完成

□软件操作已取得满分　　□软件操作未取得满分

3. 教师评价

（1）软件操作成果评价

练习次数	第一次	第二次	第三次	第四次	第五次
开卷 / 闭卷					
得分					
操作时间					
错误步骤					

（2）本次任务最终完成情况评价

□闭卷　　□开卷

□分数达标　　□分数不达标

□完成时间达标　　□完成时间不达标

□整体完成情况合格　　□整体完成情况不合格

任务七　提负荷

任务内容

在闭卷模式下，完成 DCS 仿真软件“丙烯酸甲酯开车—提负荷”大步骤的所有操作，质量操作评分系统中质量步骤评分不低于 1800 分，扣分步骤不能有扣分，完成时间不超过 20min（1200s）。

任务导入

你知道低负荷开车法吗？化工生产一般采用低负荷开车法，即投料后先低负荷生产至装置运行平稳后再缓慢提升负荷。

采用低负荷开车法首先是出于安全考虑，在化工装置开车过程中很容易发生各种事故，低负荷开车可以减少事故带来的损失，降低危险。其次，在开车过程中，原料开始投入，同时也会有部分产品产出，但是由于初期各种工艺条件还未达到正常生产工况，所以产出的产品并不合格，因此，采用低负荷开车，还可以减少对原料和能源的浪费，起到节约成本和保护环境的作用。

知识储备

一、提负荷的工艺过程

提负荷的工艺过程就是将新鲜 AA（丙烯酸）和新鲜 MEOH（甲醇）负荷缓慢提高至正常生产要求的流量，同时微调各手动阀门及 DCS 控制阀，使各项工艺条件稳定提升，并达到正常生产工况。具体操作步骤见文档 6-7-1。

文档 6-7-1 提负荷操作步骤

二、工艺报警及联锁系统

在化工生产过程中，有时由于一些偶然因素的影响，导致工艺参数超出允许的变化范围，如不及时发现和处理，会影响产品质量、造成设备事故。而且很多事故可能会在几秒钟内发生，由操作人员直接处理根本来不及。因此，化工生产中常对某些关键性参数设有自动信号报警和联锁保护系统。在本仿真工艺中，辅助操作台就是工艺报警及联锁系统操作界面，如彩图 6-7-1 所示。

彩图 6-7-1 工艺报警及联锁系统操作界面

当工艺参数接近临界值时，信号报警系统就自动发出声光报警信号，提醒操作人员注意。本仿真工艺报警系统如表 6-7-1 所示。

表 6-7-1　工艺报警一览表

设备名称	报警指示灯	仪表位号	操作值	报警值
T110	PAH103	PI103	34.70 kPa	101.2 kPa
E114	PAH110	PI110	35.33 kPa	101.2 kPa
T140	PAH120	PI120	76.00 kPa	101.2 kPa

续表

设备名称	报警指示灯	仪表位号	操作值	报警值
T150	PAH126	PI126	72.70 kPa	101.2 kPa
T160	PAH131	PI131	26.70 kPa	101.2 kPa

当各设备压力未达到报警值时，对应报警指示灯不亮；当达到报警值时，报警指示灯闪烁，点击“报警确认”按钮，报警指示灯常亮。

如果工艺参数进一步接近临界值、工况接近危险状态时，联锁系统立即采取措施，比如自动打开安全阀、关闭泵或切断某些通路，甚至紧急停车，以防止事故的发生和扩大。本仿真工艺联锁系统如表 6-7-2 所示。

表 6-7-2　联锁系统一览表

设备名称	联锁序号	触发条件	引发动作	紧急停车按钮	复位按钮
T110	MOS101	PI103>151.2kPa	XV103 关；FV107 关	ES101	RS101
E114	MOS102	PI110>151.2kPa	XV104 关；FV119 关	ES101	RS101
T140	MOS103	PI120>151.2kPa	XV106 关；FV134 关	ES102	RS102
T150	MOS104	PI126>151.2kPa	XV107 关；FV140 关	ES103	RS103
T160	MOS105	PI131>151.2kPa	XV108 关；FV149 关	ES104	RS104

在实际生产中，一旦各设备压力达到触发值，不需要经过 DCS 系统，而直接由 ESD 紧急停车系统发出保护联锁信号，通过切断各设备蒸汽通路对现场设备进行安全保护，避免危险扩散造成巨大损失。作为安全保护系统，ESD 紧急停车系统凌驾于生产过程控制之上，实时在线监测装置的安全性。

在冷态开车仿真操作过程中，由于操作不当导致触发联锁信号，相应设备的蒸汽通路会被切断，要想恢复正常，必须去辅助操作台将设备对应的联锁开关打向“BP 档”摘除联锁，再去 DCS 界面打通蒸汽通路。如不摘除联锁而直接去 DCS 界面操作，将无法开启蒸汽阀门。待蒸汽通路打通后，应及时恢复联锁系统，保证安全生产。注意在实际生产中，联锁摘除或恢复应按相关安全生产管理规定办理相关手续后方可执行。

班级：________ 姓名：________ 学号：________ 日期：________

任务实施

1. 在 DCS 界面中写出各工艺条件的标准数值。

酯化反应器R101

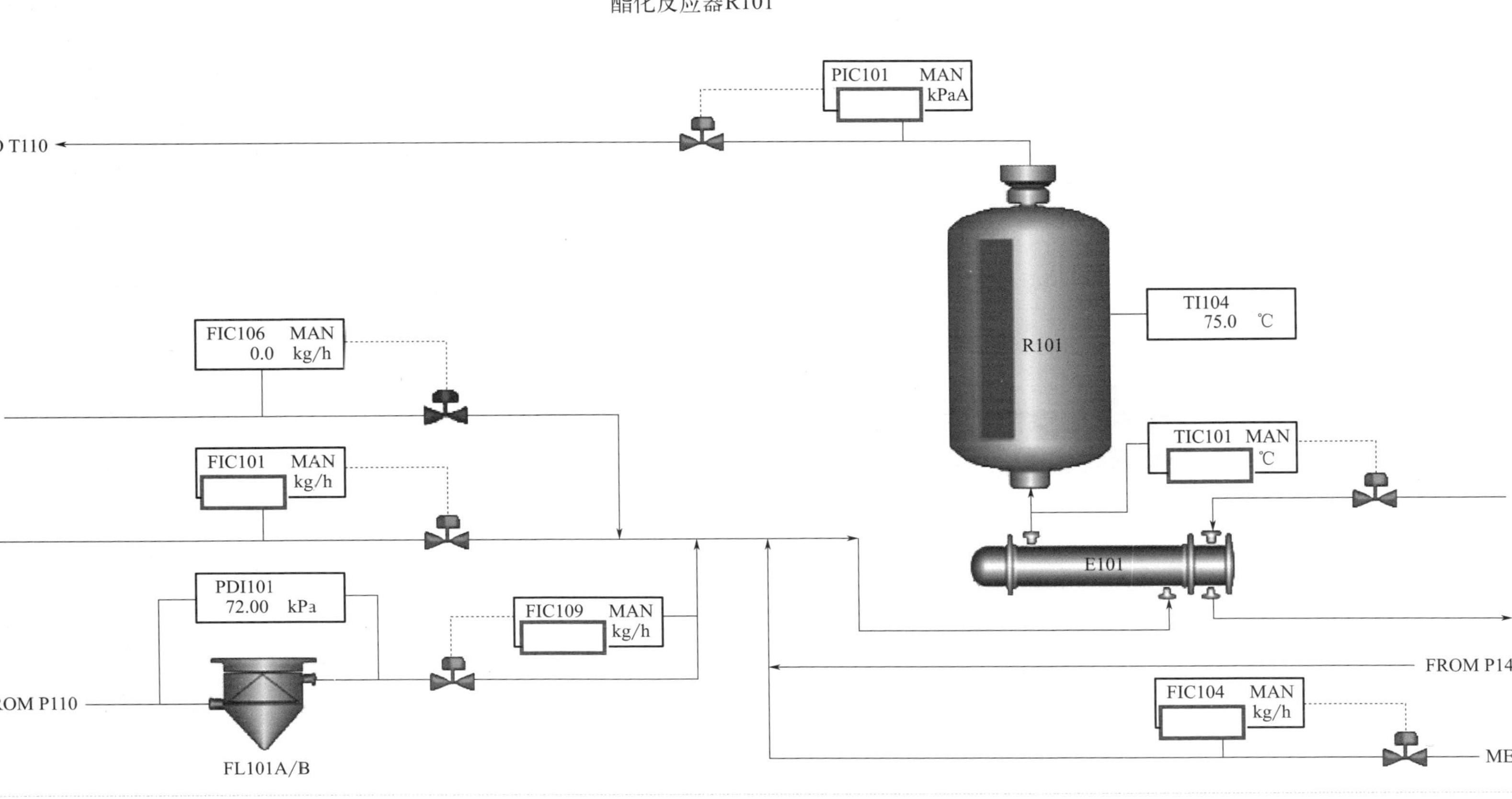

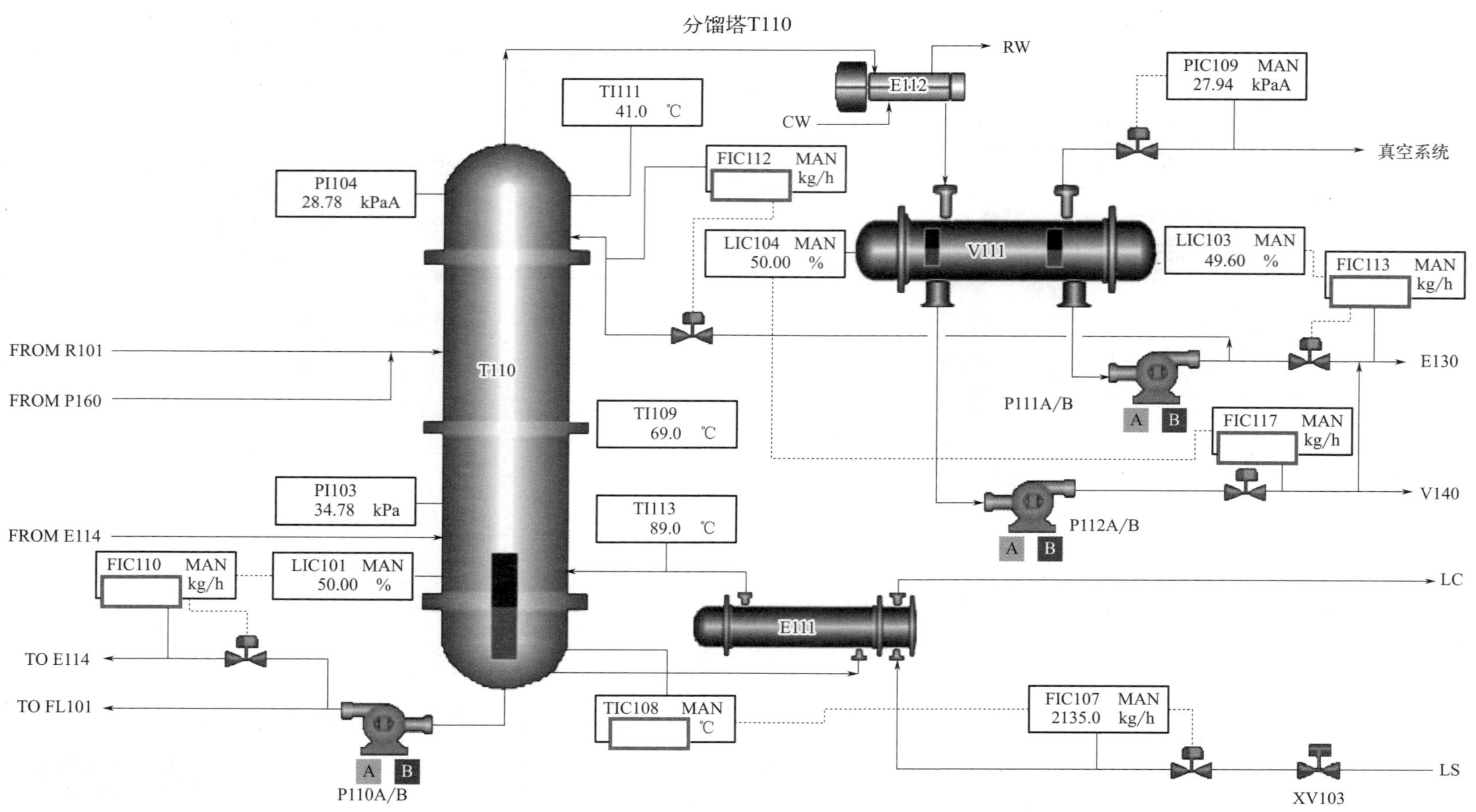

分馏塔T110
RW
E112
CW
PIC109 MAN
27.94 kPaA
真空系统
TI111
41.0 ℃
FIC112 MAN
kg/h
PI104
28.78 kPaA
V111
LIC104 MAN
50.00 %
LIC103 MAN
49.60 %
FIC113 MAN
kg/h
FROM R101
T110
E130
FROM P160
P111A/B
TI109
69.0 ℃
FIC117 MAN
kg/h
PI103
34.78 kPa
V140
TI113
89.0 ℃
P112A/B
FROM E114
FIC110 MAN
kg/h
LIC101 MAN
50.00 %
LC
E111
TO E114
TO FL101
TIC108 MAN
℃
FIC107 MAN
2135.0 kg/h
LS
P110A/B
XV103

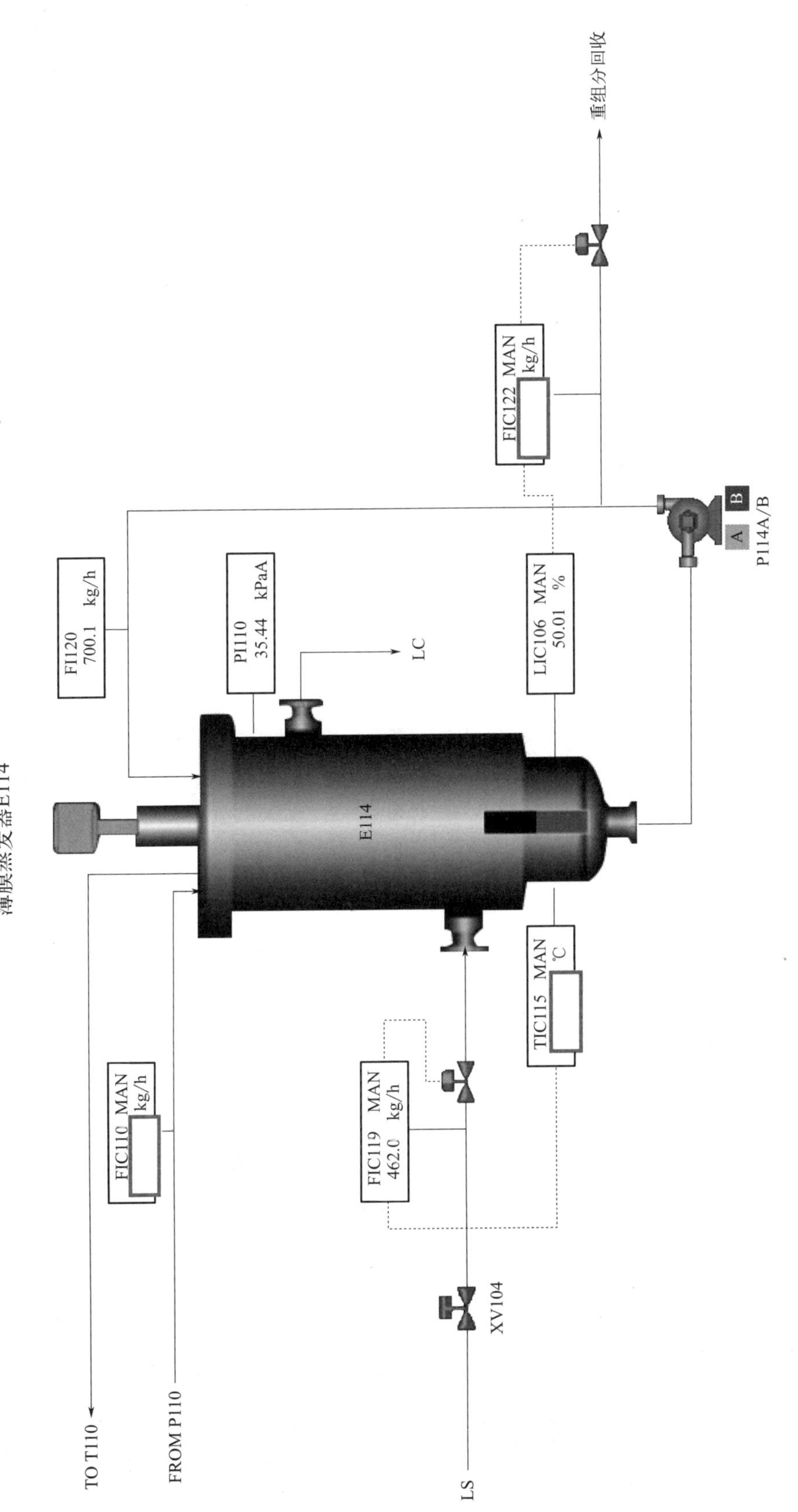
薄膜蒸发器E114
E114
FI120
700.1 kg/h
PI110
35.44 kPaA
LC
LIC106 MAN
50.01 %
FIC122 MAN
kg/h
重组分回收
P114A/B
A
B
TIC115 MAN
℃
FIC119 MAN
462.0 kg/h
FIC110 MAN
kg/h
XV104
TO T110
FROM P110
LS

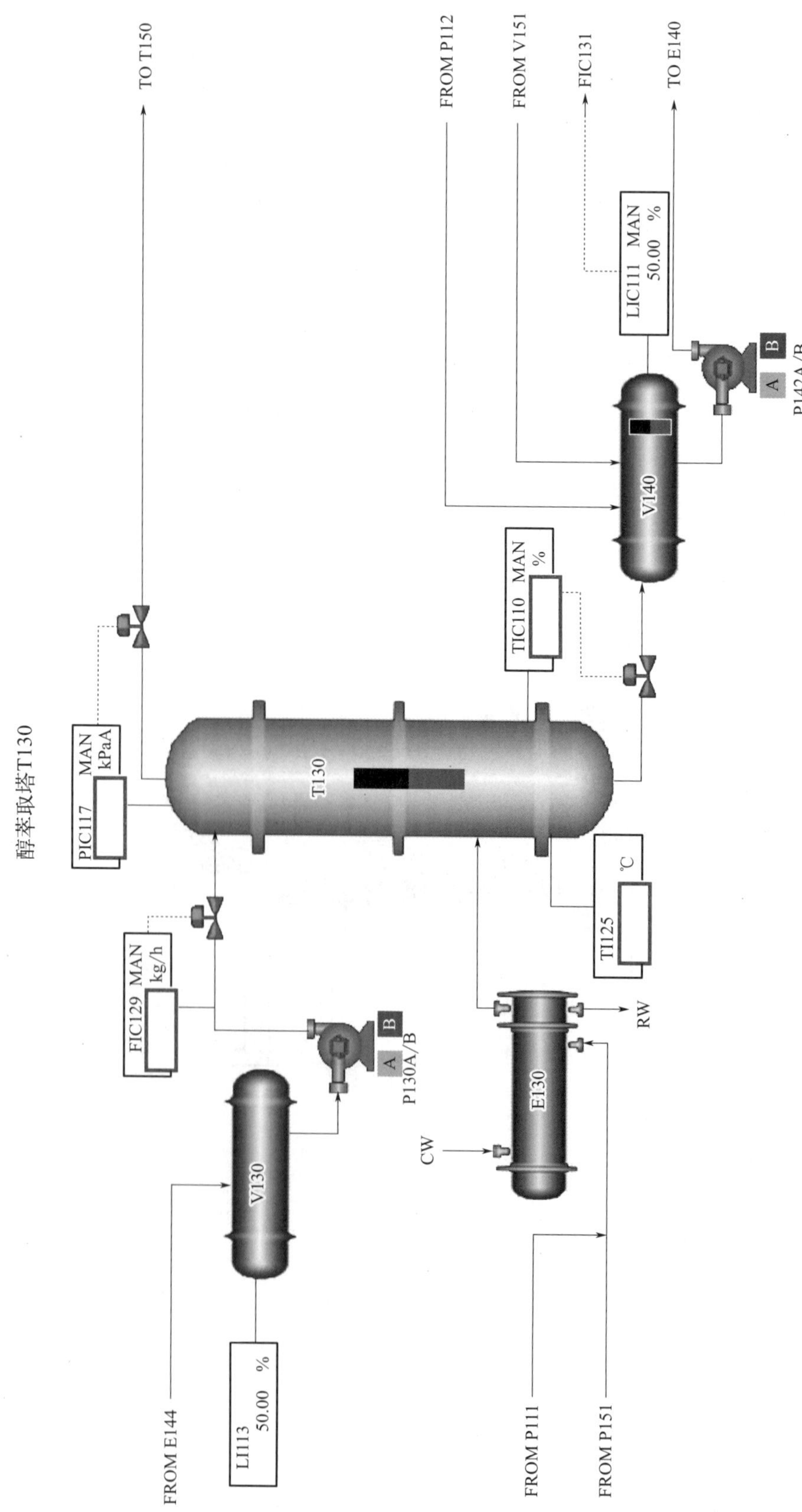
醇萃取塔T130
TO T150
FROM P112
FROM V151
FIC131
TO E140
PIC117 MAN kPaA
T130
TIC110 MAN %
LIC111 MAN 50.00 %
V140
P142A/B
A
B
FIC129 MAN kg/h
P130A/B
A
B
V130
LI113 50.00 %
FROM E144
TI125 ℃
E130
CW
RW
FROM P111
FROM P151

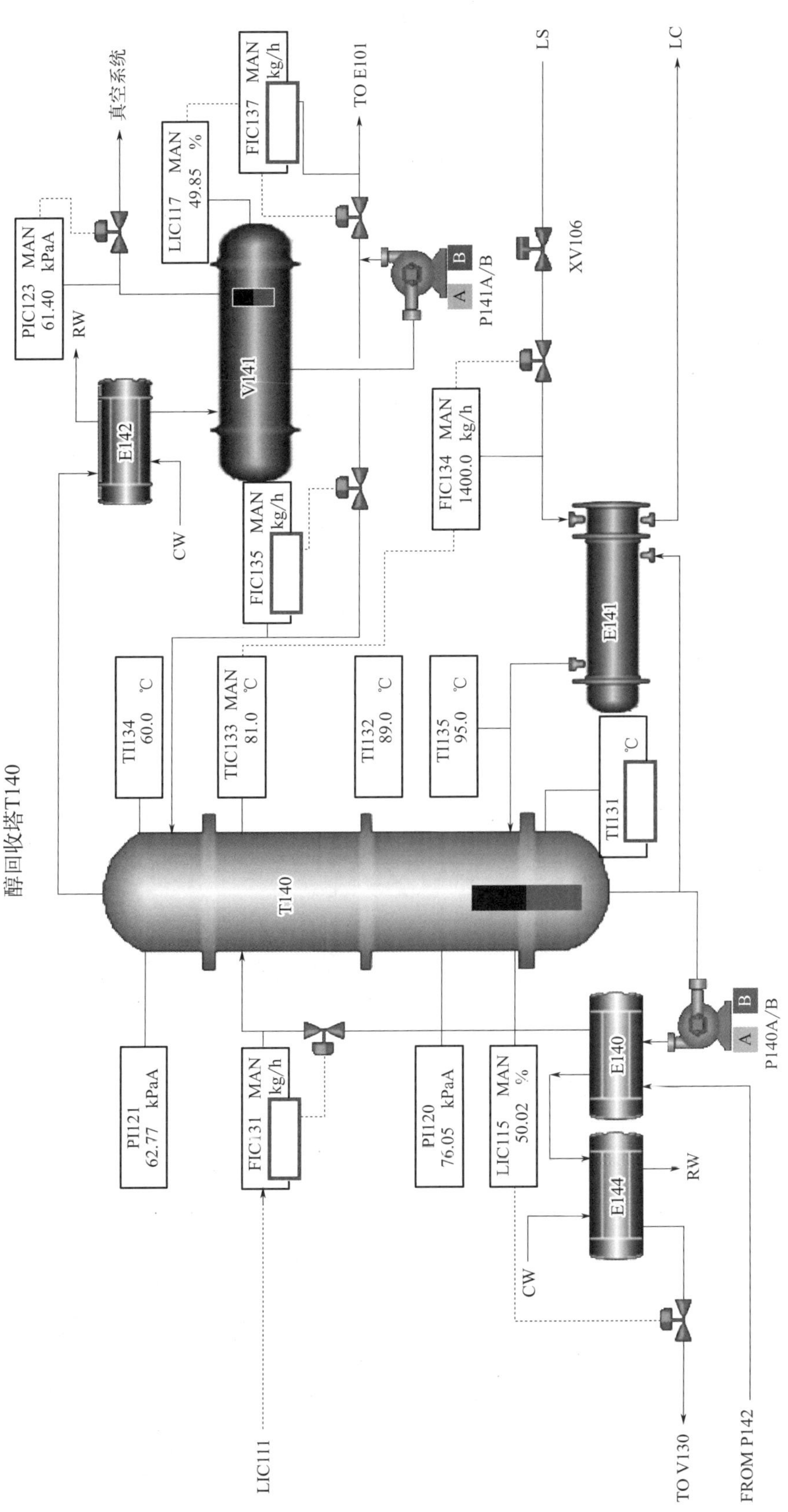
醇回收塔T140
PIC123 MAN 61.40 kPaA
RW
真空系统
LIC117 MAN 49.85 %
FIC137 MAN kg/h
TO E101
LS
LC
XV106
P141A/B
A
B
V141
E142
CW
FIC135 MAN kg/h
FIC134 MAN 1400.0 kg/h
E141
TI134 60.0 ℃
TIC133 MAN 81.0 ℃
TI132 89.0 ℃
TI135 95.0 ℃
TI131 ℃
T140
PI121 62.77 kPaA
FIC131 MAN kg/h
PI120 76.05 kPaA
LIC115 MAN 50.02 %
E140
E144
P140A/B
A
B
RW
CW
LIC111
TO V130
FROM P142

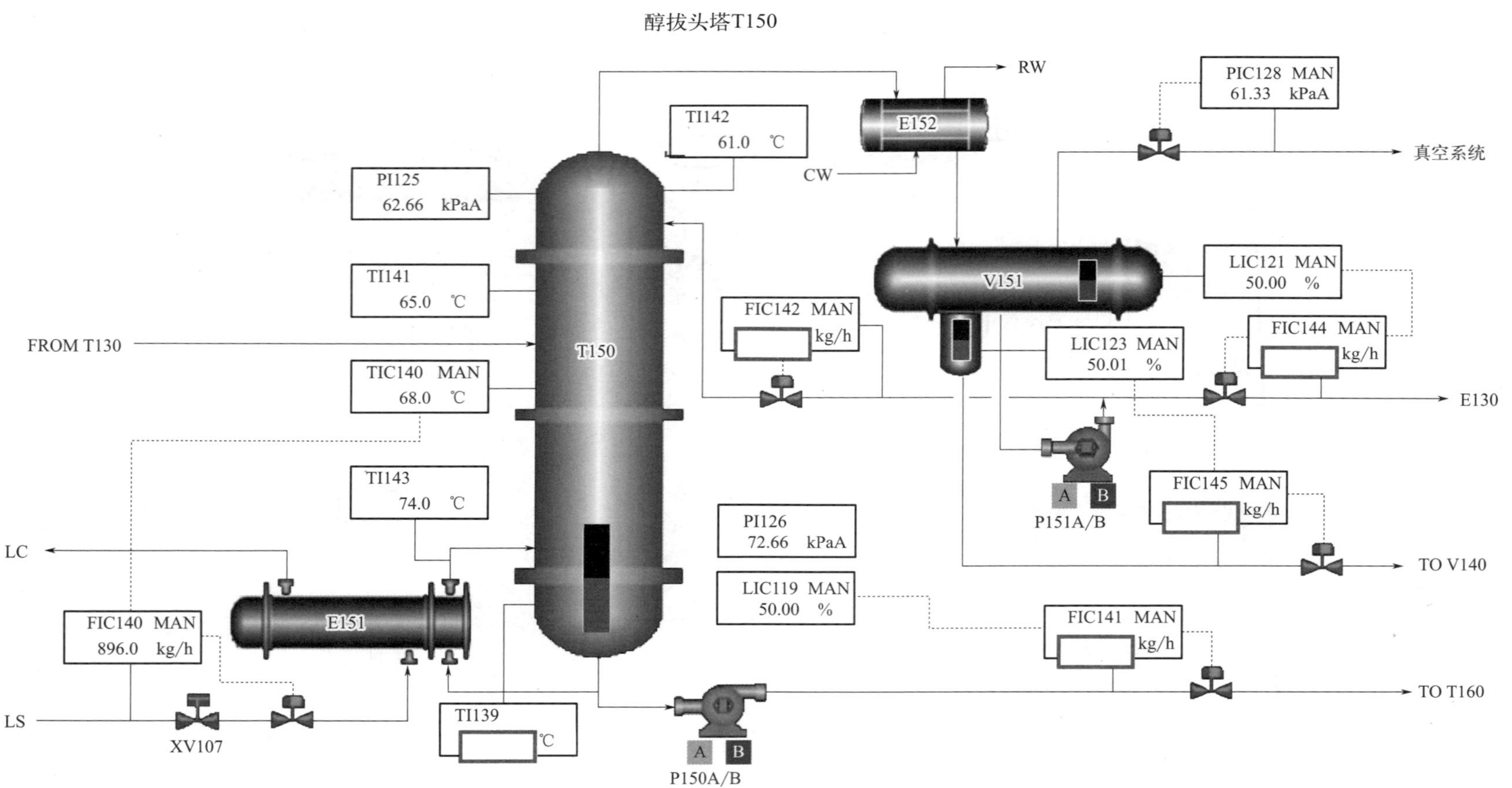

醇拔头塔T150
RW
PIC128 MAN
61.33 kPaA
TI142
61.0 ℃
E152
CW
真空系统
PI125
62.66 kPaA
TI141
65.0 ℃
V151
LIC121 MAN
50.00 %
FIC142 MAN
kg/h
FIC144 MAN
kg/h
FROM T130
T150
LIC123 MAN
50.01 %
TIC140 MAN
68.0 ℃
E130
TI143
74.0 ℃
A
B
P151A/B
FIC145 MAN
kg/h
PI126
72.66 kPaA
LC
TO V140
LIC119 MAN
50.00 %
FIC141 MAN
kg/h
FIC140 MAN
896.0 kg/h
E151
LS
XV107
TI139
℃
TO T160
A
B
P150A/B

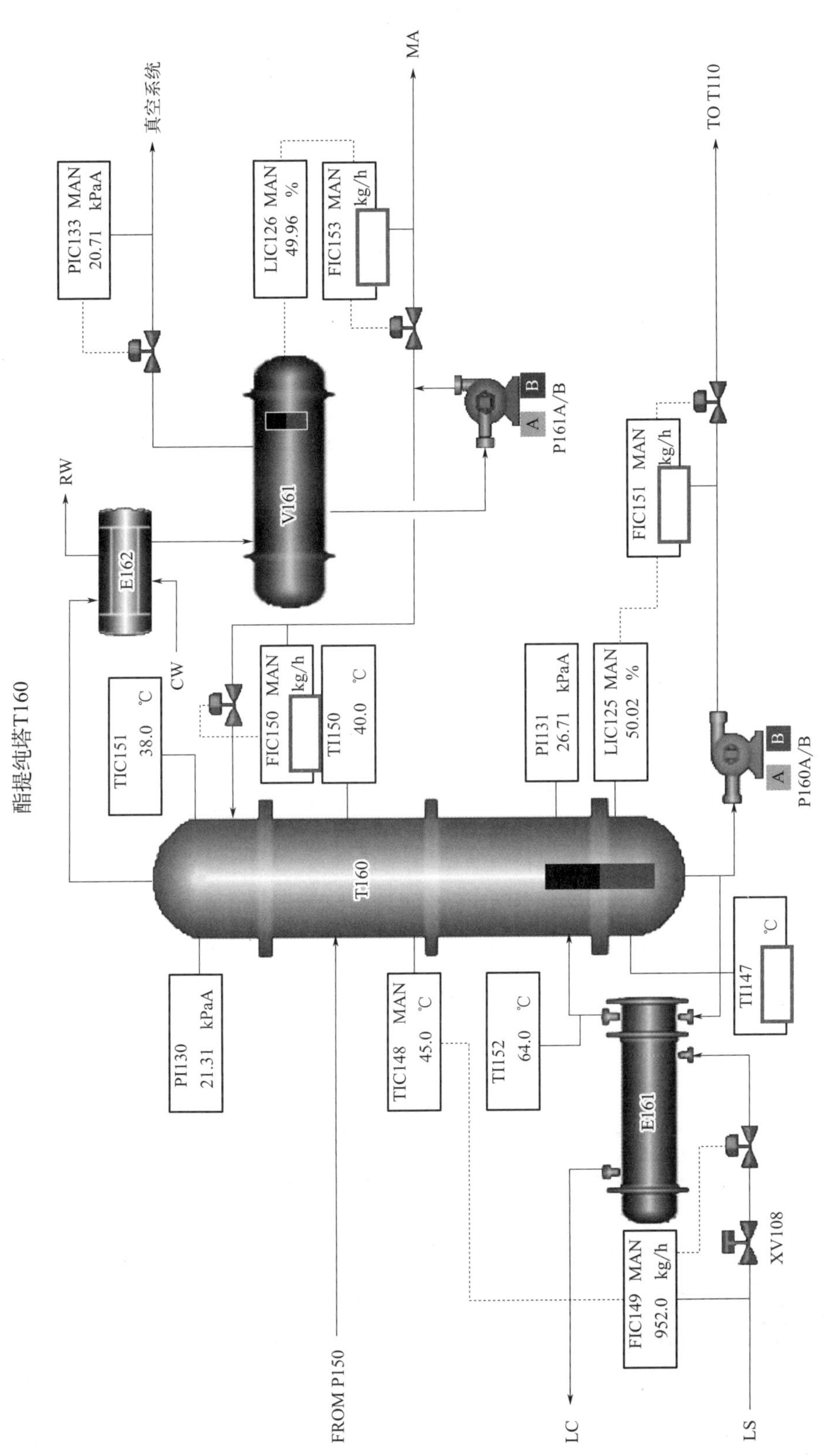
酯提纯塔T160
PIC133 MAN 20.71 kPaA
真空系统
LIC126 MAN 49.96 %
FIC153 MAN kg/h
MA
TO T110
RW
E162
V161
A B
P161A/B
FIC151 MAN kg/h
CW
TIC151 38.0 ℃
FIC150 MAN kg/h
TI150 40.0 ℃
PI131 26.71 kPaA
LIC125 MAN 50.02 %
A B
P160A/B
T160
TI147 ℃
PI130 21.31 kPaA
TIC148 MAN 45.0 ℃
TI152 64.0 ℃
E161
XV108
FIC149 MAN 952.0 kg/h
FROM P150
LC
LS

2. 补充完整下列内容。

（1）当 PI103 ≥______kPa 时，报警指示灯______闪烁，提示______压力达到报警值。

（2）当 PI120 ≥______kPa 时，将触发联锁信号，阀门______和______将自动关闭。

（3）摘除 T110 系统联锁，需要将______打向______。恢复 T110 系统联锁，需要点击复位按钮______。

微课 6-7-1
状态分出现
“红叉”

微课 6-7-2
支路流量

微课 6-7-3
质量分评价

教师点拨 练习过程中，你是否有以下疑问或出现以下问题？

1. 为什么有些质量步骤前出现“红叉”？

解答：见微课 6-7-1。

2. 为什么有些控制阀输入值没有改变但是其实际值却发生明显变化？

解答：见微课 6-7-2。

3. 为什么工艺条件的数值指标已经达到标准数值，但是质量分却很低？

解答：见微课 6-7-3。

任务评价

1. DCS 操作过程评价

练习得分：______ ______ ______ ______ ______ ______ ______

2. 学习成果自我评价

□对工艺报警和联锁系统有一定的了解 □对工艺报警和联锁系统还不够了解

□已熟悉正常生产工况的各项参数 □未熟悉正常生产工况的各项参数

□软件操作已完成 □软件操作未完成

□软件操作已取得满分 □软件操作未取得满分

3. 教师评价

（1）软件操作成果评价

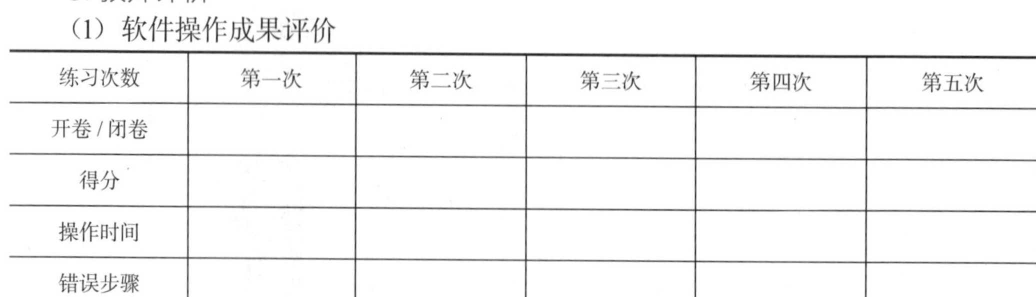

练习次数	第一次	第二次	第三次	第四次	第五次
开卷 / 闭卷					
得分					
操作时间					
错误步骤					

（2）本次任务最终完成情况评价

□闭卷 □开卷

□分数达标 □分数不达标

□完成时间达标 □完成时间不达标

□整体完成情况合格 □整体完成情况不合格

阅读材料

院士说专业——化工不是“天坑”

每到高考报志愿，总有“化工专业是天坑”一类的声音冒出来，真的是这样吗？“院士说专业”节目邀请中国工程院院士、北京化工大学校长谭天伟，对化工类专业进行了全面而深入的解读。

化工类专业具体做些什么？学化工危险吗？学化工就业情况怎么样，行业前景如何？到底什么样的同学适合学化工？

作为我国化工行业的领路人之一，同时也作为一名一直坚守在讲台上的大学老师，谭院士对于化工的总结非常通俗易懂：“化工就是如何将化学产品工业化，使我们每一位老百姓都能用得起化学产品。”

谈及考生关心的“天坑”传闻，谭院士直言：“说化工专业是‘天坑’是错误的，其实我们的衣食住行都和化工有关。最简单的，酱油、醋、盐都是化工产品。”

谭院士介绍，在几千年的人类历史发展过程中，人们所发现的、从自然界中提取出来的物质不到 300 万种，而自化学、化工诞生起不到 200 年的历史中，化工已经合成了近 3000 万种新分子。

“一个创造如此多新物质的专业，怎么能说它是‘天坑’呢？”谭院士表示。实际上，化工在我国国民经济中占据了非常重要的地位。

消炎用的青霉素是大家常用的。20 世纪 30 年代初，青霉素刚发现的时候，一公斤要 1.6 万美金，比黄金还贵。白求恩来中国，带给八路军的见面礼，就是 3 支青霉素。现在，5 个 9 纯度的青霉素，仅需每公斤约 100 元。

青蒿素，中国科学家屠呦呦因发现它而获得了诺贝尔奖。20 世纪七八十年代，我们从种植的青蒿中提取它，种植面积再扩大，一年也只能种一茬。而现在，用微生物发酵生产青蒿素，一年 365 天都能做。一个 $50m^3$ 反应器的青蒿素产量，相当于种 10 万亩[1]青蒿。

芯片，是我国被“卡脖子”最严重的领域。卡在哪儿？谭院士表示他参观过华为公司新建的基础研究实验室，其中有一个就是化学实验室。化学和芯片也有关系？原来，生产芯片所需的高纯试剂与材料，是通过化工方法得到的。谭院士说，搞科研，最后就是要比拼谁搞出了新东西，而只有化学和化工才能产生新分子。

在他看来，世界如此缤纷多彩，化学和化工功不可没。而这，也恰恰是化工的魅力所在。

他想对考生们说：“化工总是在不断进步，你都不知道未来还会产生哪些新的分子，所以如果你对未来充满了好奇，想搞发明创造，就应该到化工这个领域。因为总会有你意想不到的新东西产生。”

那么，学习化工是不是像传说中的那么危险呢？污染、爆炸能够避免吗？

谭院士坦言，在化学品的生产过程中，确实有时需要一定的高温高压条件，如果操作不当会产生爆炸、泄漏等问题，也可能伴随一些有毒有害物质的产生。他说：“但有这种风险并不代表它一定会产生环境的问题、安全的问题，关键是看我们怎么去管控。如果我们严格按照化工的操作规程去做，这种风险完全是可以被杜绝的。”

[1] 1 亩 $=666.67m^2$。

他补充道：“另外一方面，化工行业非常多，比如用生物体系来进行生产，基本都是在常温常压条件下，就避免了传统化工的一些高温高压的生产体系。”

有人认为学化工需要“动手”，可能比较辛苦。对此，谭院士表示，实验有苦，更有乐。

他举例说，在生物化工领域，有一类常见的发酵实验，比如啤酒发酵。他说：“啤酒发酵的过程就是产生化学反应的过程。最典型的，用的原料不同，可能有各式各样的大麦或者燕麦等，再有加的‘佐料’不同，条件不同，温度不同，可能调的 pH 值也不同，就会发现生产出来的啤酒的味儿，是完全不一样的。”同学们在做实验的过程中，可以深切地体会到科学的神奇和有趣，尽管失败和挫折在所难免，但也可以获得意想不到的收获。

什么样的学生适合学化工呢？谭院士带过许多学生，他认为，好奇心强，有志于创新，且动手能力比较强的同学，很适合学习化工类专业。

他认为，好奇心是探索发现新东西的动力之一；此外，动手能力强的人，在学化学的过程中和开启未来事业的过程中，能够充分发挥出这方面的优势。同时谭院士也表示：“如果你未来想选一个就业比较好的专业，就业面比较宽的专业，我建议也学化学、化工。”

谭院士充满激情地对考生说：“如果你想通过自己的努力改变人生，如果你还想通过自己的努力，用自己的双手去改变世界，为我们的世界更加丰富多彩贡献自己的聪明才智的话，那么我希望你报考化工专业，这个专业能助你梦想成真。”

模块三

化工 DCS 半实物仿真操作实训

项目七

德士古水煤浆气化 DCS 半实物仿真操作与控制

知识导图

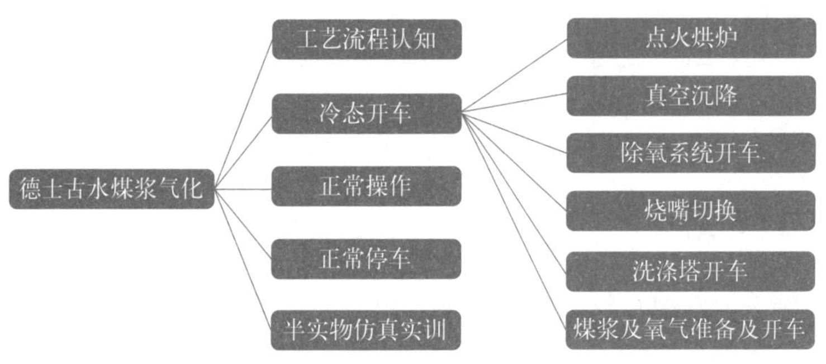

项目导入

我国作为煤炭资源比较丰富的国家，现代煤化工产业是我国能源结构低碳化转型的重要组成部分，如何高效清洁地利用煤炭资源，是当代煤化工发展的关键问题。煤化工产业潜力巨大、大有前途，要提高煤炭作为化工原料的综合利用效能，促进煤化工产业高端化、多元化、低碳化发展。作为高效清洁的转换煤至合成气的核心煤气化装置，显得尤为重要。

本项目主要介绍德士古水煤浆气化工段原理、设备、工艺及 DCS 操作与控制。

项目七

学习目标

知识目标

熟悉德士古水煤浆气化原理。

掌握德士古水煤浆气化工艺流程。

熟悉德士古水煤浆开车停车和正常操作。

技能目标

能熟记各参数的位号和标准值。

能解决软件练习过程中的事故。

能在闭卷模式下完成软件并获得 80 分以上的成绩。

素质目标

具备严谨认真、专注努力、团队协作的职业素养。

具备奋勇争先、敢于担当、爱岗敬业的职业品质。

养成严格遵守岗位操作规程的职业精神。

学习任务

任务一　德士古水煤浆气化工艺流程认知

任务二　气化点火烘炉

任务三　真空、沉降和除氧器系统开车

任务四　烧嘴切换、洗涤塔开车，煤浆及氧气准备及开车

任务五　系统正常操作，正常停车

任务六　煤气化 DCS 半实物仿真实训

任务一　德士古水煤浆气化工艺流程认知

任务内容

认识德士古水煤浆气化的主要设备，识读德士古水煤浆气化的工艺流程，绘制该生产的流程框图。

任务导入

查阅资料并回答：煤气化分为哪几个工序？各工序的主要任务是什么？

知识储备

一、工艺原理

水煤浆与氧气经工艺烧嘴混合后进入气化炉，在 4MPa、1200℃下进行气化反应，生成以 CO、H_2、CO_2 为主要成分的粗合成气。在气化炉中主要进行以下反应：

$$C_mH_n+\frac{m}{2}O_2 = mCO+\frac{n}{2}H_2+Q$$

$$C_mH_n+\left(\frac{m}{2}+\frac{n}{4}\right)O_2 = mCO_2+\frac{n}{2}H_2O+Q$$

$$C+CO_2 = 2CO-Q$$

$$C+O_2 = CO_2+Q$$

$$C+H_2O = CO+H_2-Q$$

$$CH_4+H_2O = CO+3H_2-Q$$

气化炉内的反应很复杂，一般认为分三步。

1. 煤的裂解与挥发分的燃烧

水煤浆与氧气进入燃烧室后，水分迅速蒸发为水蒸气，煤粉发生热裂解并释放出挥发分。裂解产物及挥发分在高温、高氧下迅速完全燃烧，同时煤粉变为煤焦，放出大量反应热。因此，在合成气中不含有焦油、酚类和高分子烃类。这个过程相当短暂。

2. 燃烧及气化反应

煤裂解后生成的煤焦一方面与剩余的氧气发生燃烧反应，生成 CO、CO_2，放出反

项目七

应热；另一方面，煤焦又和水蒸气、CO_2 发生气化反应，生成 CO、H_2。

3. 气化反应

经过前面两步的反应，气化炉内的氧气完全耗尽。主要进行的是煤焦、甲烷等与水蒸气、CO_2 发生的气化反应，生成 CO 和 H_2。

二、设备认知

设备认知见彩图 7-1-1 ～彩图 7-1-4。

彩图 7-1-1 气化炉 DCS 图

三、流程认知

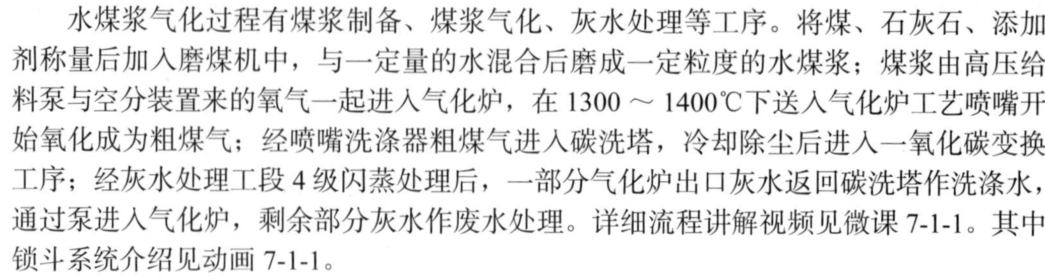

水煤浆气化过程有煤浆制备、煤浆气化、灰水处理等工序。将煤、石灰石、添加剂称量后加入磨煤机中，与一定量的水混合后磨成一定粒度的水煤浆；煤浆由高压给料泵与空分装置来的氧气一起进入气化炉，在 1300 ～ 1400℃下送入气化炉工艺喷嘴开始氧化成为粗煤气；经喷嘴洗涤器粗煤气进入碳洗塔，冷却除尘后进入一氧化碳变换工序；经灰水处理工段 4 级闪蒸处理后，一部分气化炉出口灰水返回碳洗塔作洗涤水，通过泵进入气化炉，剩余部分灰水作废水处理。详细流程讲解视频见微课 7-1-1。其中锁斗系统介绍见动画 7-1-1。

彩图 7-1-2 洗涤塔 DCS 图

我可以 画出德士古水煤浆气化工段的流程框图。

彩图 7-1-3 闪蒸系统 DCS 图

彩图 7-1-4 灰水及除氧现场图

微课 7-1-1 工艺流程

德士古水煤浆气化生产工艺流程较为复杂，需要严谨细致的态度才能掌握。在化工生产中严谨认真是基本的职业素养要求。

动画 7-1-1 锁斗系统

班级：__________　姓名：__________　学号：__________　日期：__________

任务实施

1. 补充完整下列内容。

（1）气化工段的主要原料是________和________。

（2）气化炉的反应条件是________和________。

（3）气化反应后主要的气体成分是________、________和________；其中有效成分是________和________。

2. 写出下列设备位号对应的设备名称。

设备位号	设备名称	设备位号	设备名称
V101		Z101	
D102		T101	
D103		V104	
D106		V105	

3. 回答下列问题。

（1）激冷水的作用是什么？

（2）锁斗程序有哪几个阶段？

任务评价

1. 学习成果自我评价

□已了解煤气化原理	□未了解煤气化原理
□已熟悉设备的名称及位置	□未熟悉设备的名称及位置
□已掌握煤气化工艺流程	□未掌握煤气化工艺流程

2. 教师评价

□工作页已完成并提交	□工作页未完成
□完成情况达标	□完成情况不达标
□完成时间达标	□完成时间不达标
□整体完成情况合格	□整体完成情况不合格

任务提升

煤气化工艺广泛应用于煤制天然气、合成氨、甲醇、乙酸、聚甲醛、聚丙烯乃至煤制油（FT 合成产品有汽油、柴油等）以及与石油化工融合发展——石油炼化裂解加氢工艺。根据不同工艺需求，煤气化工艺可分为固定床气化工艺、气流床气化工艺、流化床气化工艺等类型。不同类型的气化工艺又包含多种类型的气化炉。查阅资料，了解气化工艺有哪几种代表类型的气化炉，写出 4 种。根据目前行业发展来看，哪种类型的气化炉更符合行业发展趋势？

任务二　气化点火烘炉

任务内容

在闭卷模式下，完成 DCS 仿真软件“点火烘炉”大步骤的所有操作，软件步骤分能获得满分。

任务导入

查阅资料并回答：气化炉烘炉的目的是什么？

知识储备

一、气化炉炉砖结构

德士古气化炉展示见动画 7-2-1。水煤浆气化炉燃烧室反应温度高达 1200℃以上，为了保护设备，应设置耐火材料共三层，如彩图 7-2-1 所示。

动画 7-2-1
德士古
气化炉

① 彩图 7-2-1 的红色阴影部分即表示第一层炉砖。第一层为向火面砖，主要成分为 Cr_2O_3，为高密度高铬砖，能够保护绝热耐火材料免于渣蚀、氢蚀及火焰损害。

② 彩图 7-2-1 的绿色阴影部分即表示第二层炉砖。第二层为背衬砖，衬里层主要成分为 Cr_2O_3 与 Al_2O_3，即铬刚玉砖，主要作用为支撑拱顶砖，可大大减轻气化炉的重量。

③ 彩图 7-2-1 的黑色阴影部分即表示第三层炉砖。第三层为隔热砖（保温层），氧化铝空心球砖，主要成分为 Al_2O_3（铁含量低），可有效降低金属壳体的温度，提高壳体耐 CO 腐蚀的能力；纤维涂抹料（可压缩料）是由碎耐火纤维制成的绝热材料（一些设计中也使用 25.4mm 厚的耐火毡），可在耐火砖被加热发生膨胀的情况下被压缩，对壳体起到绝热保护的作用。

点火升温过程是开车前的准备工作，利用燃料气燃烧放出热量给炉砖加热，炉砖升温严格按照升温曲线升温至 1200℃以上；一方面除去炉砖吸附水和结晶水，保证炉砖使用寿命；另一方面炉砖蓄热，为开车创造温度条件。

彩图 7-2-1
气化炉
炉砖图

我可以 气化炉炉砖有哪几层？各自的作用是什么？

二、气化炉烘炉工艺流程

彩图 7-2-2 气化炉烘炉 DCS 流程图

彩图 7-2-3 气化炉烘炉现场图

微课 7-2-1 烘炉工艺流程

气化炉烘炉 DCS 流程图见彩图 7-2-2，气化炉烘炉现场图见彩图 7-2-3。气化炉烘炉工艺流程介绍见微课 7-2-1。

蒸汽走抽引管线，经过开工抽引器，蒸汽流速瞬间增大，开工抽引器形成负压状态，抽吸合成气管线和气化炉内的气体，使气化炉内呈负压状态。

烧嘴冷却水系统投用后保护烧嘴，防止烧嘴烧坏。

LPG 和空气通过预热烧嘴点火后，在负压状态下，火焰向下，给气化炉炉砖升温。

来自渣池预热水经 FV1005 和过滤器进入气化炉激冷环进行降温，预热水进入激冷室通过密封水槽管线回至渣池。

我可以 画出气化炉烘炉流程简图。

班级：__________　姓名：__________　学号：__________　日期：__________

任务实施

1. 补充完整下面的流程图，将选项填入正确的位置。
2. 在表 7-2-1 中，写出 DCS 控制仪表位号，并将部分位号填写到 DCS 控制界面中。

表7-2-1　仪表设备位号表

名称	位号	名称	位号
托板砖冲洗水流量控制仪表		托板砖温度显示仪表	
激冷室液位控制仪表		冷却水入口临时通路阀门	
过滤器		冷却水出口阀门	
炉膛温度显示仪表		空气进气阀	
激冷水流量控制仪表		低压燃气流量控制阀	

3. 记录软件操作时的关键数据和位号。

（1）打开预热水阀门________。

（2）打开阀门________。

（3）打开控制阀 FV1005 前后阀，通过流量控制 FIC1005 打开控制阀 FV1005，开度约________%，向激冷室充水，建立________mm 液位。

微课 7-2-2
烘炉过程
操作要点

（4）当激冷室液位接近________mm 时，打开阀门 VA1003，开度约________%，通过密封水槽向渣池排水。

（5）打开抽真空系统开关阀门________。

（6）缓慢微开蒸汽进气阀 HV1003，并随时调整维持气化炉压力为________ MPa。

（7）置换完成后关闭________（稍等 10s）。

（8）打开________，开度约 50%，流量控制在 100t/h。

微课 7-2-3
熄火后再次
点火操作
要点和烘炉
注意事项

（9）待燃气流量稳定后 FIC1016 投自动。

（10）打开空气进气阀门________，开度约 50%。

（11）点击点火按钮，点燃________。

（12）按照升温曲线进行烘炉，将炉温升至_______℃。

（13）点火成功后，开启托砖板冲洗水控制阀 FV1018 前阀_______。

（14）开启控制阀 FV1018 后阀_______。

（15）通过流量控制 FIC1018 打开 FV1018，流量控制在_______t/h。

（16）当 FIC1018 流量稳定后，投自动。

（17）打开破渣机冷却水阀门________，开度约 50%，投用破渣机。

（18）打开烧嘴冷却水临时进水阀________，开度为 50%。

（19）打开________，投用烧嘴冷却水。

（20）打开真空。

项目七

微课 7-2-4
烘炉过程中
的不正常现
象和处理

教师点拨 操作要点及注意事项。

1. 烘炉过程操作要点见微课 7-2-2。
2. 熄火后再次点火操作要点和烘炉注意事项见微课 7-2-3。
3. 烘炉过程中的不正常现象和处理方法见微课 7-2-4。

气化炉烘炉现场图

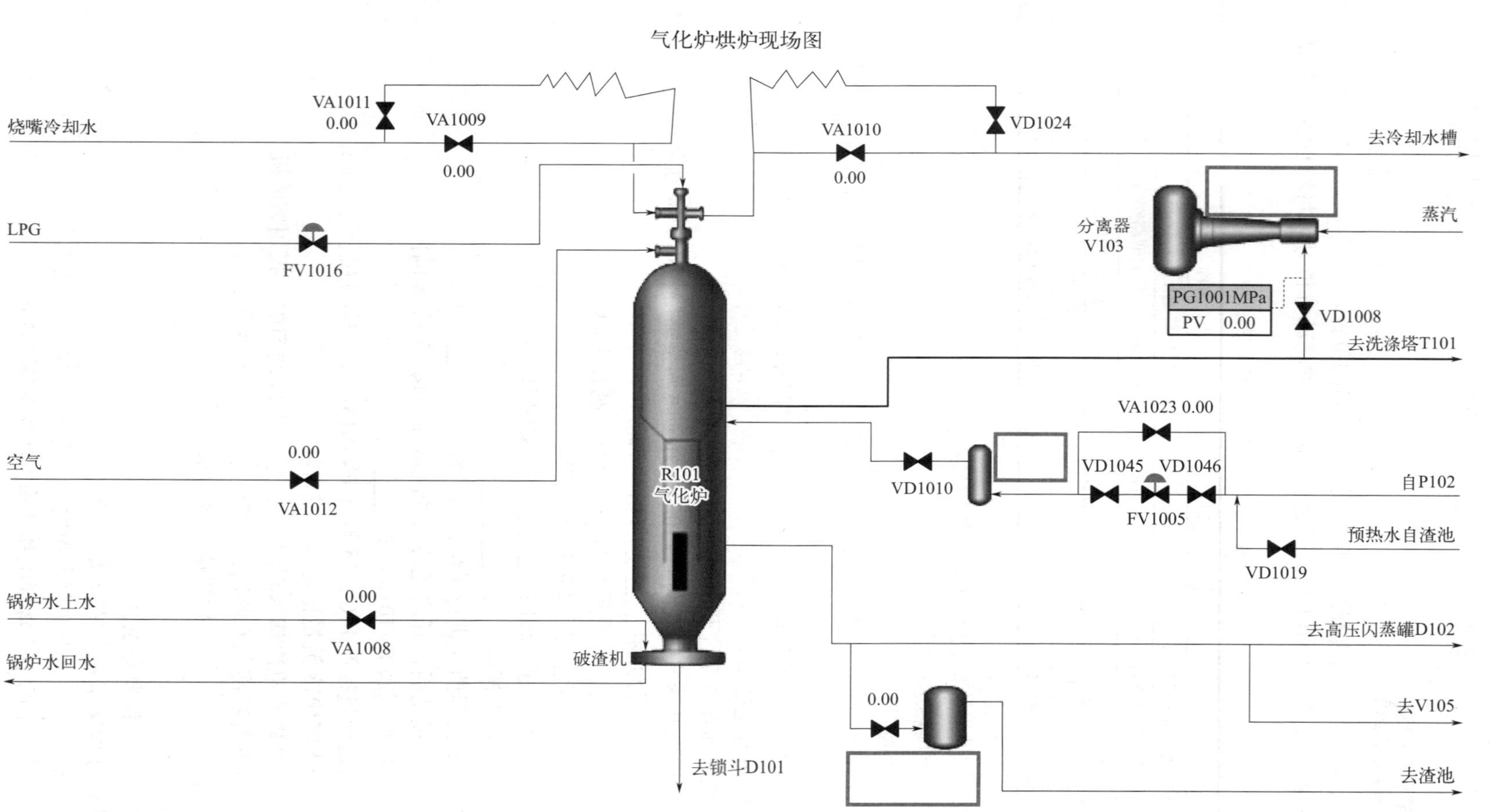

A. 开工抽引器 B. 密封水槽 C. 过滤器

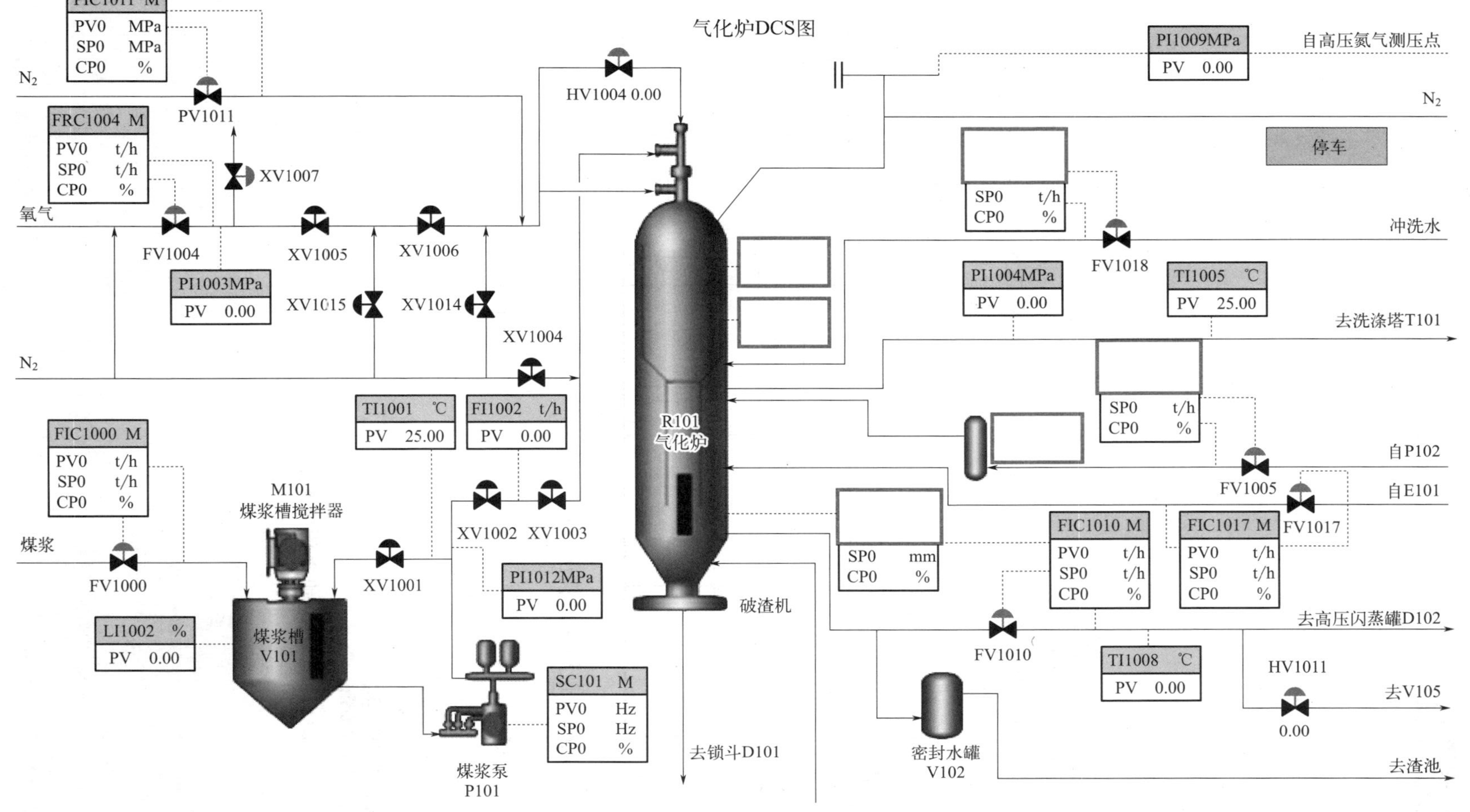
气化炉DCS图
PIC1011 M
PV0 MPa
SP0 MPa
CP0 %
N_2
PV1011
FRC1004 M
PV0 t/h
SP0 t/h
CP0 %
XV1007
氧气
FV1004
XV1005
XV1006
PI1003MPa
PV 0.00
XV1015
XV1014
XV1004
N_2
HV1004 0.00
TI1001 ℃
PV 25.00
FI1002 t/h
PV 0.00
FIC1000 M
PV0 t/h
SP0 t/h
CP0 %
M101
煤浆槽搅拌器
煤浆
FV1000
XV1001
XV1002
XV1003
PI1012MPa
PV 0.00
LI1002 %
PV 0.00
煤浆槽
V101
SC101 M
PV0 Hz
SP0 Hz
CP0 %
煤浆泵
P101
R101
气化炉
破渣机
去锁斗D101
PI1009MPa
PV 0.00
自高压氮气测压点
N_2
停车
SP0 t/h
CP0 %
冲洗水
FV1018
PI1004MPa
PV 0.00
TI1005 ℃
PV 25.00
去洗涤塔T101
SP0 t/h
CP0 %
自P102
FV1005
自E101
FV1017
SP0 mm
CP0 %
FIC1010 M
PV0 t/h
SP0 t/h
CP0 %
FIC1017 M
PV0 t/h
SP0 t/h
CP0 %
去高压闪蒸罐D102
FV1010
TI1008 ℃
PV 0.00
HV1011
0.00
去V105
密封水罐
V102
去渣池

项目七

任务评价

1. DCS 操作过程评价

练习得分：________、________、________、________、________、________

错误步骤及出错原因分析：

2. 学习成果自我评价

□已了解本步骤的工艺流程　　□未了解本步骤的工艺流程

□已熟悉 DCS 控制点位及阀门位置　　□未熟悉 DCS 控制点位及阀门位置

□软件操作已完成　　□软件操作未完成

□软件操作已取得满分　　□软件操作未取得满分

3. 教师评价

（1）软件操作成果评价

练习次数	第一次	第二次	第三次	第四次	第五次
开卷 / 闭卷					
得分					
操作时间					
错误步骤					

（2）本次任务最终完成情况评价

□闭卷　　□开卷

□分数达标　　□分数不达标

□完成时间达标　　□完成时间不达标

□整体完成情况合格　　□整体完成情况不合格

任务提升

气化炉烘炉为什么需要建立预热水循环？

任务三　真空、沉降和除氧器系统开车

任务内容

在闭卷模式下，完成 DCS 仿真软件“气化冷态开车—真空、沉降、除氧器系统开车”大步骤的所有操作，软件操作步骤能获得满分。

任务导入

查阅资料并回答：什么是闪蒸？闪蒸的原理是什么？

知识储备

一、灰水系统

图 7-3-1 为灰水及除氧流程图。气化炉在高温、高压环境下，反应生成一氧化碳、二氧化碳、氢气、甲烷等混合气体，还会生成少量酸性气体，如二氧化碳、硫化氢，经过激冷水冷凝以及激冷室水浴后，酸性气体溶解在灰水中，和洗涤下来的灰渣一起排入闪蒸系统。

若不经处理，循环累积，会造成管道腐蚀，结垢堵塞，严重制约气化长周期运行。气化工段产生的黑水，通过闪蒸以及沉降槽，在药剂作用下转为清洁，又返回系统重复利用（避免循环累积，少量的废水排至水处理工段，深度处理）。

我可以 为什么要设置沉降系统？

二、闪蒸系统

彩图 7-3-1 为闪蒸系统流程图。气化炉激冷室与洗涤塔黑水减压进入高压闪蒸罐，溶解在黑水中的酸性气体解析出来，同时一部分黑水经过闪蒸变成闪蒸气，黑水被浓缩，温度降低；高压闪蒸罐底部出来的黑水进入真空闪蒸罐，黑水进一步浓缩降温。

彩图 7-3-1
闪蒸系统
流程图

来自真空闪蒸的黑水进入沉降槽，加入药剂（絮凝剂），黑水中悬浮物加速凝聚，沉降在沉降槽底部排出，上清液溢流至灰水槽，返回系统再利用。

气化炉以及洗涤塔出来的黑水，经过高温高压，灰水系统处理后，以常压及较低温度（70℃左右）回到灰水槽，返回系统重新利用。

可见，闪蒸在气化系统的作用至关重要，其主要作用如下：

① 脱除部分溶解在黑水中的酸性气体；

② 浓缩黑水，最终排至澄清槽沉降，排出系统；

③ 降低黑水温度，循环带走气化系统热量；

④ 黑水处理后，循环利用，节约工业用水。

在化工生产中，往往是复杂系统，需要团队协作才能完成相关任务。本任务真空沉降和除氧系统就需要人员进行团队协作才能完成相关的开车工作。

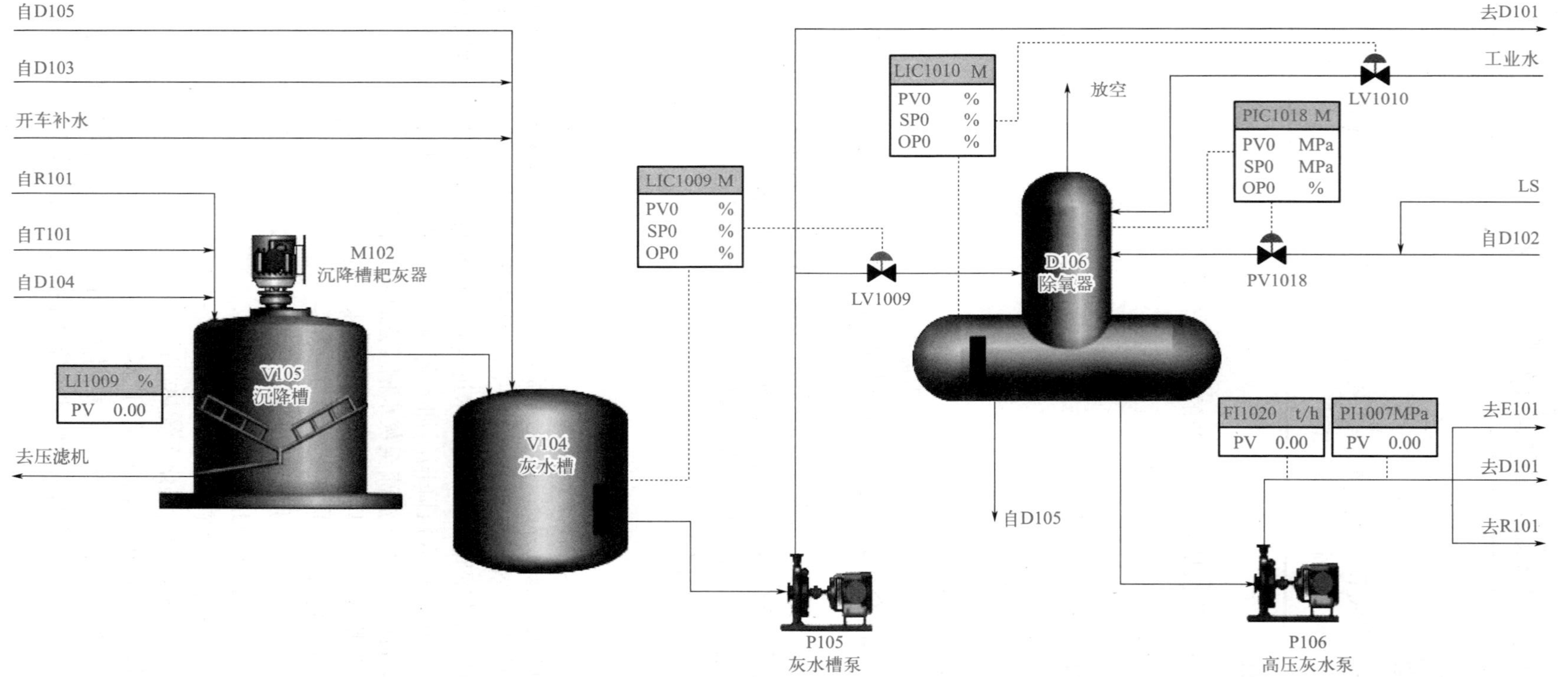

图 7-3-1 灰水及除氧流程图

班级：__________　姓名：__________　学号：__________　日期：__________

任务实施

1. 记录真空系统开车操作时的关键数据和位号。

（1）打开真空闪蒸冷凝器 E102 冷却水进口阀_____，开度约 50%。

（2）打开真空闪蒸罐 D104 加水阀_____，向 D104 注水。

（3）打开 LV1007 前阀_____。

（4）打开 LV1007 后阀_____。

（5）通过液位控制阀LV1007将水排至沉降槽_____，控制D104液位稳定在_____%。

（6）D104 液位稳定后，液位控制 LIC1007 投自动。

（7）启动真空泵_____。

（8）打开阀门_____，开度约 50%，D104 开始抽真空。

（9）打开控制阀 PV1017 前阀_____。

（10）打开控制阀 PV1017 后阀_____。

（11）通过压力控制 PIC1017 控制示数为_____MPa。

（12）真空度稳定后 PIC1017 投自动。

（13）当分离罐_____液位接近 60% 时，打开液相出口阀_____，开度为 50%。

2. 记录沉降系统和除氧系统操作时的关键数据和位号。

（1）D104 来的黑水进入_____，当液位达到 30% 时，开启沉降槽耙灰器_____。

（2）当 V105 液位达到_____% 时，打开 V105 排液阀 VA1018，开度约 10%。

（3）真空闪蒸罐 D104 注水的同时，打开______，开度为 50%，向灰水槽 V104 注水建立液位。

（4）打开灰水泵 P105 前阀 VD1030。

（5）当 V104 液位大于_____% 后，启动灰水泵 P105。

（6）打开泵后阀 VD1031。

（7）打开锁斗冲水阀 XV1012，当锁斗压力达到_____MPa 时，关闭 XV1012。

（8）打开泵 P103 前阀_____。

（9）启动泵 P103。

（10）启动泵 P103 后阀_____。

（11）打开液位控制阀 LV1009 前阀 VD1065。

（12）打开液位控制阀 LV1009 后阀_____。

（13）LIC1009 投自动，控制液位在_____% 左右。

（14）打开除氧器液位控制阀 LV1010 前阀_____。

（15）打开除氧器液位控制阀 LV1010 后阀 VD1070。

（16）打开除氧器液位控制阀 LV1010，向 除氧器_____加水。

（17）打开泵 P106 前阀 VD1032。

（18）当 D106 液位大于_____% 时，启动泵 P106。

（19）打开泵后阀 VD1033。

（20）控制 D106 液位在_____%。

（21）当 D106 液位稳定在_____% 后，LIC1010 投自动。

（22）打开除氧器 D106 开工蒸汽阀_____。

项目七

（23）打开压力控制阀 PV1018 前阀 VD1067。

（24）打开压力控制阀 PV1018 后阀 VD1068。

（25）打开压力控制阀 PV1018，开度约_____%，向除氧器 D106 通入加热蒸汽。

（26）当除氧器压力接近 0.05MPa 时，打开除氧器 D106 放空阀_____。

（27）控制除氧器压力为 0.05MPa，稳定后将 PIC1018 投自动。

（28）控制除氧器 D106 压力为 0.05MPa。

（29）当 D106 液位达到_____%，打开流量控制阀 FV1017 前阀 VD1071。

（30）打开流量控制阀 FV1017 后阀_____。

（31）打开气化炉合成气洗涤水控制阀 FV1017，调节流量为_____t/h。

（32）FIC1017 流量稳定后投自动。

（33）控制洗涤水流量 FIC1017 为_____t/h。

教师点拨 操作要点及注意事项。

微课 7-3-1 沉降系统和除氧系统设置的原因

1. 为什么要设置沉降系统和除氧系统？

解答：见微课 7-3-1。

2. 闪蒸系统运行控制要点见微课 7-3-2。

3. 沉降系统和除氧系统日常控制要点见微课 7-3-3。

微课 7-3-2 闪蒸系统运行控制要点

微课 7-3-3 沉降系统和除氧系统日常控制要点

任务评价

1. DCS 操作过程评价

练习得分：______、______、______、______、______、______，

错误步骤及出错原因分析：

2. 学习成果自我评价

□已了解本步骤的工艺流程　　□未了解本步骤的工艺流程

□已熟悉 DCS 控制点位及阀门位置　　□未熟悉 DCS 控制点位及阀门位置

□软件操作已完成　　□软件操作未完成

□软件操作已取得满分　　□软件操作未取得满分

3. 教师评价

（1）软件操作成果评价

练习次数	第一次	第二次	第三次	第四次	第五次
开卷 / 闭卷					
得分					
操作时间					
错误步骤					

（2）本次任务最终完成情况评价

□闭卷　　□开卷

□分数达标　　□分数不达标

□完成时间达标　　□完成时间不达标

□整体完成情况合格　　□整体完成情况不合格

任务提升

正常生产运行过程中，为保证气化水系统的水质，加入少量洁净的水的同时，向后系统水处理系统输送部分废水，深度处理。通过连续性置换，避免水系统指标累积恶化。查阅资料，了解气化废水的指标有哪些？至少写出 4 种。

任务四　烧嘴切换、洗涤塔开车，煤浆与氧气准备及开车

任务内容

在闭卷模式下，完成DCS仿真软件“气化冷态开车—烧嘴切换、水洗塔系统开车，煤浆及氧气准备及开车”三个大步骤的所有操作，软件步骤分能获得满分。

任务导入

观察图 7-4-1 和图 7-4-2，回答：图中设备的名称是什么？作用是什么？

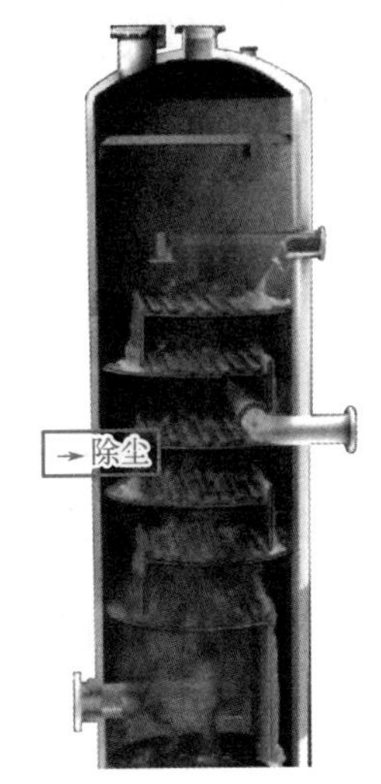

图 7-4-1 ________

图 7-4-2 ________

微课 7-4-1
气化炉工艺烧嘴

知识储备

一、气化炉工艺烧嘴的结构和作用

图 7-4-3 为德士古工艺烧嘴示意图，工艺烧嘴是气化工艺的关键设备，一般为三流道结构。如图 7-4-4 烧嘴头部示意图所示，中心管和外环隙走氧气，内环隙走煤浆。煤浆和氧气通过烧嘴，通道变小、节流，煤浆被高速氧气流充分雾化，以利于气化反应（一般中心氧量占总氧 10% ～ 20%，出烧嘴流速达到 100m/s）。详细介绍见微课 7-4-1。

由于德士古烧嘴插入气化炉燃烧室中，需承受 1400℃左右的高温，为了防止烧嘴损坏，在烧嘴外侧设置了冷却盘管，在烧嘴头部设置了水夹套，并有一套独立系统向烧嘴供应冷却水，该系统设置安全联锁，紧急情况联锁停车（如烧嘴盘管破损、合成

气泄漏)，冷却水进出口阀门自动关闭，切断隔离。氧气和煤浆通过烧嘴，节流后进入气化炉，增大流速；同时煤浆被氧气包裹在中间，氧气充分接触，保证反应效率。

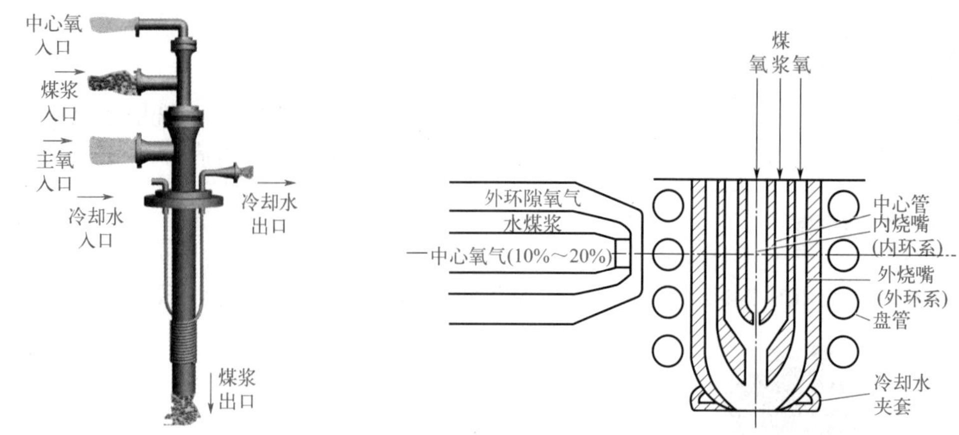

图 7-4-3　气化炉烧嘴示意

图 7-4-4　烧嘴头部示意

二、洗涤工艺流程

彩图 7-4-1
洗涤塔
DCS 图

彩图 7-4-1 为洗涤塔的 DCS 图，展示了洗涤工段的工艺流程，简述如下。

① 水洗塔补水：一路来自除氧器水经 E101 换热后，进入 T101 中部塔盘。

② 另一路补水：来自变换及开车补水进入 T101 上部塔盘。

③ 气化炉反应生成的混合气，从水洗塔底部导气管进入，折返穿过多层塔盘，在塔盘处与上部冲洗水接触，换热清洗后，从顶部排出。

④ T101 两路补水清洗混合气后，至 T101 底部，部分灰水经 P102 加压后送至气化炉，作激冷水。

⑤ 另一部分黑水，经 FV1008 排入高压闪蒸罐 D102。

三、气化炉的主要结构

动画 7-4-1
某气化炉
结构

气化炉的结构介绍见动画 7-4-1。德士古气化炉的顶部为烧嘴口，上部为燃烧室，下部为激冷室，上下部分连接部位为渣口，渣口继续向下为激冷环和下降管，外部圆筒状高压容器。燃烧室内部设有耐火砖，共三层，保护炉壁。正常运行过程中，炉温 1200℃以上（高于煤熔点 50℃，保证液态排渣)，煤浆和氧气通过烧嘴向下喷射、雾化，在高温环境中，水分迅速蒸发，挥发分裂解燃烧，碳和水蒸气反应生产一氧化碳、氢气。合成气夹杂灰渣穿过渣口，在激冷水的作用下迅速降温，顺着下降管流至激冷室，合成气穿过激冷水折返排出气化炉，灰渣垂直向下排至锁斗系统，锁斗进行定期排放。

我可以

1. 洗涤塔的主要部件和水洗塔的作用是什么？

2. 气化炉的主要结构有哪些？

班级：___________　姓名：___________　学号：___________　日期：___________

任务实施

1. 记录洗涤塔开车操作时关键数据和位号。

(1) 当 D106 液位达到____% 时，打开液位控制阀 LV1004 前阀 VD1051。

(2) 打开液位控制阀 LV1004 后阀_____，打开洗涤塔 T101 液位控制 LIC1004，向 T101 注水。

(3) 当 T101 液位达到____%，稳定后，LIC1004 投自动；打开流量控制阀 FV1012 前阀____；打开流量控制阀 FV1012 后阀____，打开流量控制 FIC1012，开度约____%，向 T101 注水。

(4) 洗涤水流量稳定后，FIC1012 投自动；控制洗涤塔 T101 洗涤水流量为___t/h。

(5) 当 T101 液位达到____% 时，打开激冷水泵 P102 前阀 VD1017；启动泵 P102；打开泵 P102 后阀____；确认 P102 流量稳定后（出口压力 PI1016 达到____MPa），关闭预热水阀门 VD1019。

(6) 打开流量控制阀 FV1010 前阀____；打开流量控制阀 FV1010 后阀____；激冷水切换完成后，打开流量控制 FIC1010；微开 HV1011，将激冷室黑水引至____。

(7) 关闭预热水至密封水槽阀门____。

(8) 控制洗涤塔 T101 液位 LIC1004 为____%。

2. 记录烧嘴切换操作时关键数据和位号。

(1) 当炉温升至_____℃或以上后，关闭空气进气阀 VA1012，关闭 LPG 流量控制阀门____。

(2) 关闭____，停用开工抽真空系统；关闭 VD1008。

(3) 通过 PIC1006 全开压力控制阀 PV1006。

(4) 打开压力控制阀 PV1011 前阀____；打开压力控制阀 PV1011 后阀____；打开氮气压力控制阀 PV1011，开度为____%。

(5) 打开氧气管线氮气手阀_____，对管线和燃烧室进行置换；置换完成后（仿真时间 5s 后置换完成），关闭压力控制阀 PV1011；关闭管线氮气置换阀门 VD1007。

(6) 打开激冷室氮气置换阀门 VA1005，开度约_____%，对激冷室进行置换；置换完成后（仿真时间 5s 后置换完成），关闭激冷室氮气置换阀 VA1005。

(7) 打开洗涤塔 T101 氮气置换阀门_____，对洗涤塔进行置换；置换完成后（仿真时间 5s 后置换完成），关闭洗涤塔氮气置换阀____。

(8) 打开气化炉取压管高压氮气阀门____。

3. 记录煤浆氧气开车操作时关键数据和位号。

(1) 打开煤浆流量控制阀 FV1000 前阀_____；打开煤浆流量控制阀 FV1000 后阀____。

(2) 打开流量控制 FIC1000 建立煤浆槽____液位。

(3) 当液位达到____% 时，启动煤浆槽搅拌器____。

(4) 打开煤浆循环阀门 XV1001；打开煤浆泵 P101 出口阀____；打开煤浆泵 P101 入口阀 VD1001。

(5) 启动高压煤浆泵 P101；调节 SC101 控制煤浆泵频率使_____流量保持在 157.05t/h。

(6) FIC1000 流量稳定后改为自动控制，并设定流量为 157.05t/h；打开____；打开 XV1003。

(7) 打开煤浆炉头阀 VA1001，开度约____%；控制煤浆进料流量为 157.05t/h。

(8) 打开氧气放空阀____；打开氧气管线充氮阀门 VD1005。

(9) 充压至与氧气管线压力相当，关闭充氮阀门 VD1005。

(10) 缓慢打开氧气进气阀 VA1002，开度为____%；打开氮气充压阀门____。

(11) 打开氧气流量控制阀 FV1004 前阀 VD1039；打开氧气流量控制阀 FV1004 后阀____。

(12) 当 FRC1004 流量稳定在 107.42t/h 后，投自动；调节 FRC1004 使氧气流量稳定在 107.42t/h。

(13) 激冷水流量稳定在 2600t/h 后，_____投自动；调节激冷水流量控制 FIC1005，流量在 2600t/h。

(14) 当系统稳定后，FIC1010 投串级。

(15) 当系统稳定且 FIC1010 投串级后，LIC1001 投自动，设定液位为____mm。

(16) 打开氧气切断阀 XV1005；打开氧气切断阀 XV1006。

(17) 打开中心氧手操器 HV1004，开度约_____%；关闭氧气管道氮气充压阀 XV1015。

(18) 打开氧气炉头阀______；关闭氧气放空阀 XV1007；打开 VA1009，开度为____%。

(19) 切换冷却水入口三通阀 VD1022 通道；打开 VA1010，开度为_____%。

(20) 切换冷却水出口三通阀 VD1023 通道；关闭 VA1011；关闭_____，切换烧嘴冷却水。

4. 记录气化炉升压和黑水切换操作时关键数据和位号。

(1) 当系统压力升至____MPa 时，打开激冷室去 D102 阀门____。

(2) 打开流量控制阀 FV1008 前阀 VD1053；打开流量控制阀 FV1008 后阀 VD1054。

(3) 打开洗涤塔灰水流量控制阀____；打开 D102 闪蒸汽去 D106 阀门 VD1026。

(4) 关闭除氧器开工蒸汽进气阀 VD1035；关闭激冷室去____手操器 HV1011。

(5) 调节流量控制 FIC1008，控制流量为____ t/h。

(6) 打开 D102 液位控制阀 LV1005 前阀 VD1055；打开 D102 液位控制阀 LV1005 后阀 VD1056。

(7) 当 D102 液位稳定后，LIC1005 投自动；通过液位控制 LIC1005 控制 D102 液位为____%。

(8) 关小 PV1006 开度，直至最终关闭，控制气化系统压力在____MPa。

(9) 当系统压力达到 4.0MPa，打开激冷室至锁斗阀门 XV1008。

(10) 打开锁斗至激冷室冲洗水阀门 VA1004，开度约____%。

(11) 当系统压力达到 4MPa 时，缓慢打开手操器____至 50%，向变换导气。

(12) 打开锁斗排液阀____；控制 D102 压力为 0.5MPa。

(13) 打开 PV1016 前阀 VD1061；打开 PV1016 后阀 VD1062。

(14) 当系统稳定，D102 压力为____MPa 时，PIC1016 投自动。

(15) 当 D103 有液位产生时，打开阀门____；打开阀门 VD1028。

(16) 打开 D103 液位控制阀 LV1006 前阀 VD1059；打开 D103 液位控制阀

LV1006 后阀 VD1060。

（17）D103 液位稳定后，LIC1006 投自动；通过液位控制 LIC1006 控制 D103 液位在 ____%。

教师点拨 操作要点及注意事项。

1. 烧嘴切换操作要点见微课 7-4-2。
2. 气化系统除尘系统的设置见微课 7-4-3。
3. 煤浆氧气开车准备操作要点见微课 7-4-4。
4. 气化炉投料前检查要点见微课 7-4-5。
5. 开车后操作控制要点见微课 7-4-6。

微课 7-4-2 烧嘴切换操作要点

微课 7-4-3 气化系统除尘系统的设置

微课 7-4-4 煤浆氧气开车准备操作要点

微课 7-4-5 气化炉投料前检查要点

微课 7-4-6 开车后操作控制要点

任务评价

1.DCS 操作过程评价

练习得分：______、______、______、______、______、______

错误步骤及出错原因分析：

2. 学习成果自我评价

□已了解本步骤的工艺流程　　□未了解本步骤的工艺流程
□已熟悉 DCS 控制点位及阀门位置　　□未熟悉 DCS 控制点位及阀门位置
□软件操作已完成　　□软件操作未完成
□软件操作已取得满分　　□软件操作未取得满分

3. 教师评价

（1）软件操作成果评价

练习次数	第一次	第二次	第三次	第四次	第五次
开卷 / 闭卷					
得分					
操作时间					
错误步骤					

（2）本次任务最终完成情况评价

□闭卷　　□开卷
□分数达标　　□分数不达标
□完成时间达标　　□完成时间不达标
□整体完成情况合格　　□整体完成情况不合格

任务提升

实际生产中，气化装置可以顺利开车除了需要氧气和煤浆等主要原料物料，还需要哪些公用工程物料和生产辅料？公用工程物料至少列出 6 种，生产辅料至少列出 2 种。

任务五　系统正常操作，正常停车

任务内容

保证煤气化工段稳态运行后，完成 DCS 仿真软件“气化正常停车”大步骤的所有操作，软件步骤分能获得满分。

任务导入

水煤浆煤气化中煤质是气化炉稳定运行最关键的指标之一，查阅资料并回答：影响水煤浆气化煤种选择的主要因素有哪些？

知识储备

一、正常操作时关键参数指标

正常操作时关键参数指标见表 7-5-1。

表7-5-1　正常操作时关键参数表

名称	位号	控制参数
氧气进气流量	FRC1004	107.42t/h
气化炉温度	TI1003	1200℃
气化炉激冷室液位	LIC1001	1000mm
托砖板温度	TI1004	211℃
系统压力控制指标	PIC1006	4.0MPa
洗涤塔洗涤水流量	FIC1012	1578.12t/h
洗涤塔液位	LIC1004	50%
高压闪蒸罐压力	PIC1016	0.5MPa

在化工生产中，当系统正常运行后，非常重要的一个任务就是实现生产装置的“安、稳、长、满、优”运行，确保控制指标的“卡边操作”，为企业和社会创造更大的效益。这就需要一种对工作不断进取、精益求精和追求完美的“奋勇争先”精神理

项目七

念。克服浮躁、减少差错，把热情、坚持、认真和创新落实到工作中去。

二、气化炉停车原因简述

德士古水煤浆气化炉长周期运行后，设备设施会出现各式各样的功能性衰退，最终影响气化系统稳定运行。如烧嘴喷头磨损严重，造成物料雾化效果差，反应效率低，甚至出现烧嘴偏喷，冲刷耐火砖；烧嘴冷却水盘管磨穿，合成气通过冷却水盘管泄漏；耐火砖减薄，炉壁温度上涨直至超温；设备及管道结垢堵塞严重，气化黑水中含固量高、硬度大，缓慢结垢，造成管道排水不畅、洗涤塔及高压闪蒸罐塔盘带液，水系统紊乱。因此气化炉需要定期切换，以便检查、保养、检修，一般来说德士古水煤浆气化炉运行 90 天左右，就需要切换，要定期保养、更换工艺烧嘴、检查耐火砖、清洗管道。

目前国内有使用干粉气化炉工艺，该工艺燃烧室为水冷壁设置，外表面为碳化硅（主要成分炉渣）捣打料，以渣抗渣，不使用传统的耐火砖，以克服德士古水煤浆气化炉耐火材料减薄需定期更换的不足；干粉工艺烧嘴采用组合式烧嘴，冷却水管内置套管式，不易损坏，烧嘴使用寿命达到 200 天以上，甚至有的企业可连续运行近 400 天。相对于水煤浆来说，干粉气化炉运行周期更长，开停车时间更短（无需像耐火砖一样按升温曲线升温），也更灵活。

我可以

1. 系统停车后为何需要控制泄压速率？

2. 很多厂家在气化炉停车前需要先提温再停车，为什么？

拓展阅读

DCS 操作人员在日常操作中应做到以下几点。

① 保持操作站清洁，定期对操作台和屏幕进行清扫。

② 发现 DCS 出现红色报警和操作故障，应立即通知 DCS 维护人员，并与维护人员密切合作。

③ 操作站上的复位开关、电源开关和其它开关未经允许不能随意动。

④ 不能同时按下操作员键盘上的多个按键或同时调用多个功能，以免造成系统死机。

⑤ 重要工艺参数和控制方案的修改调整要经车间和主管部门同意后方可交由 DCS 维护人员进行实施。

⑥ 当 DCS 控制器出现故障时，应与 DCS 维护人员紧密配合，迅速将此控制器包括的所有控制回路改手动，必要时工艺改副线。

⑦ 操作人员应严格按照每套 DCS 制定的《操作员手册》进行规范操作，不能动改的绝对不能动改，以免造成误操作。

班级：__________　姓名：__________　学号：__________　日期：__________

任务实施

1. 记录气化正常操作时的关键数据。

（1）氧气进气流量 FRC1004 为____t/h。

（2）煤浆槽 V101 液位为____%。

（3）气化炉 R101 炉温 TI1003 为____℃。

（4）气化炉激冷室液位 LIC1001 为____mm。

（5）托砖板温度 TI1004 为____℃。

（6）系统压力控制 PIC1006 示数为____MPa。

（7）洗涤塔 T101 洗涤水流量 FIC1012 为____t/h。

（8）洗涤塔 T101 液位控制 LIC1004 示数为____%。

（9）高压闪蒸罐 D102 液位控制 LIC1005 示数为____%。

（10）真空闪蒸罐 D104 液位控制 LIC1007 示数为____%。

（11）高压闪蒸罐 D102 压力 PIC1016 为____MPa。

（12）真空闪蒸罐 D104 压力控制 PIC1017 示数为____MPa。

2. 记录正常停车操作时的关键数据和位号。

（1）记录停车准备操作时关键数据和位号

① 逐渐关小 VA1001 开度至 25%，降低气化炉负荷至正常操作的____%。

② 粗煤气去火炬管线压力控制 PIC1006 投自动，并设定压力为____MPa。

③ 并逐渐关小去变换阀门____，直至关闭，粗煤气送往火炬。

（2）记录气化炉关键操作时的关键数据和位号

① 确认气化炉框架上所有人员撤离。

② 按下“停车”按钮，程序停车开始动作。

③ 立即关闭系统压力调节阀____，系统保压循环一定时间。

④ 氧气切断阀 XV1005 关闭；氧气切断阀 XV1006 关闭；氧气流量调节阀 FV1004 关闭。

⑤ 煤浆泵 P101 停车；煤浆切断阀 XV1002 延时 1s 关闭；煤浆切断阀 XV1003 延时 1s 关闭。

⑥ 氧气吹扫阀 XV1014 开启，吹扫 20s 后关闭。

⑦ 延时 7s，煤浆吹扫阀 XV1004 开启，吹扫 10s 后关闭。

⑧ 延时 30s，氧气切断阀间氮气保护阀 XV1015 打开。

⑨ LIC1001 改为手动；FIC1010 改为手动。

（3）记录吹扫完成后的关键数据和位号

① 关闭煤浆进料阀____，及其前后阀 VD1037、VD1038；调节 P101 频率为____。

② 打开 VD1003，将_____中煤浆排净；关闭 VD1003；关闭 VD1001；关闭 VD1002。

③ 关闭煤浆槽 V101 搅拌器 M101；关闭煤浆管道炉头阀____。

④ 氧气流量调节阀 FRC1004 改为手动后关闭，关闭前后阀 VD1039、VD1040。

⑤ 关闭氧气管道进气阀____；关闭氧气管道炉头阀____。

⑥ PIC1018 改为手动后关闭，同时关闭 PV1018 前后阀 VD1067、VD1068。

⑦ 将 PV1006 改为手动，调节 PV1006 全开，进行系统泄压，将压力降至____后关闭。

（4）记录切水关键操作时的关键数据和位号

① 关闭锁斗收渣阀___；关闭锁斗循环泵 P103 后阀 VD1014；停泵 P103。

② 关闭泵 P103 前阀 VD1013；关闭锁斗循环水阀门___。

③ 待锁斗压力 PI1008 降至常压后，关闭阀门 XV1009。

④ 当系统压力降至____MPa 时，打开激冷室黑水去 V105 管线阀门 HV1011；关闭 VD1004。

⑤ 打开洗涤塔黑水去 V105 管线阀门 VA1008，开度约___%。

⑥ 关闭 FV1008，并控制洗涤塔液位在____%，关闭 FV1008 前后阀 VD1063、VD1054。

⑦ FIC1005 改为手动控制并关闭 FV1005 及其前后阀 VD1045、VD1046；关闭 VD1010。

⑧ 关闭激冷水泵 P102 后阀 VD1018；停激冷水泵 P102；关闭激冷水泵前阀 VD1017。

⑨ 洗涤水流量控制 FIC1012 投手动后关闭，同时关闭前后阀 VD1047、VD1048。

（5）记录氮气置换关键操作时的关键数据和位号

① 打开 VD1041；打开 VD1042；打开 PV1011 开度约___%。

② 打开氮气管线阀门___，置换气化炉燃烧室；打开阀门___，置换激冷室。

③ 打开___，置换洗涤塔；置换完成后，关闭 PV1011。

④ 关闭 VD1041；关闭 VD1042；关闭 VD1007；关闭 VA1005。

⑤ 关闭 VD1021；关闭 HV1004；关闭 XV1015。

（6）记录吊出工艺烧嘴操作时的关键数据和位号

① 当气化炉温度降至____℃后，关闭托砖板冲洗水控制阀 FV1018 及其前后阀 VD1011、VD1012。

② 当气化系统压力降至常压后，将 FIC1017 改为手动并关闭 FV1017，同时关闭 FV1017 前后阀 VD1071、VD1072。

③ 关闭 FV1010 及其前后阀 VD1043、VD1044。

④ 关闭激冷室黑水开工排放阀___；打开工艺气去抽引器阀门___。

⑤ 微开抽引器进气阀门 HV1003（开度＜____%），将系统抽至微负压（____MPa）后关闭。

⑥ 关闭工艺气去抽引器阀门 VD1008。

⑦ 打开烧嘴冷却水临时通路入口阀___。

⑧ 将三通阀 VD1022 切至临时通路；将三通阀 VD1023 切至临时通路。

⑨ 打开 VD1024；关闭 VA1009；关闭 VA1010。

⑩ 温度下降后，关闭烧嘴冷却水临时通路入口阀 VA1011；关闭 VD1024。

⑪ 将三通阀 VD1022 临时通路关闭；将三通阀 VD1023 临时通路关闭；关闭上水阀 VA1006。

（7）记录黑水排放操作时的关键数据和位号

① 打开气化炉密封水槽进水阀____排净黑水；黑水排净后，关闭 VA1003。

② LIC1004 投手动，关闭洗涤塔液位调节阀 LV1004 及其前后阀 VD1051、VD1052。

③ 打开洗涤塔排污阀______，排净 T101 黑水；关闭阀门 VA1008；T101 黑水排净后关闭 VD1015。

（8）记录闪蒸系统停车操作时的关键数据和位号

① 当气化系统与闪蒸系统分离后，LIC1005 改为手动，全开液位调节阀 LV1005 将高压闪蒸罐 D102 内黑水排入_____。

② D102 液体排净后关闭 LV1005 及其前后阀 VD1055、VD1056。

③ LIC1006 改为手动，全开_____液位调节阀 LV1006，将水排至 V104 与 D106。

④ D103 液相排净后关闭 LV1006 及其前后阀 VD1059、VD1060。

⑤ 关闭阀 VD1029；关闭阀 VD1028。

⑥ D102 与 D103 液体排净后，PIC1016 改为手动，全开压力调节阀 PV1016。

⑦ 将系统压力降至常压后，关闭 PV1016 及其前后阀 VD1061、VD1062。

⑧ 关闭 D104 注水阀_____；停用真空泵_____；关闭真空泵阀门 VA1013。

⑨ PIC1017 改为手动，全开 D104 压力调节阀 PV1017，使 D104 压力恢复至常压。

⑩ D104 压力恢复常压后，关闭 PV1017 及其前后阀 VD1063、VD1064。

⑪ 通过 D104 液位调节阀 LV1007 将黑水排至______，排净后关闭，关闭前后阀 VD1057、VD1058。

⑫ 全开 D105 排液阀 VA1015，将水排至_____。

⑬ D105 液位排净后关闭 VA1015；关闭 VD1026；关闭 VA1014。

（9）记录沉降与除氧系统停车操作时的关键数据和位号

① 关闭 V104 开车补水阀______；全开 V105 排液阀 VA1018，排净 V105 液体。

② V105 液体排净后关闭 VA1018；停用沉降槽耙灰器_____。

③ 将 LIC1009 改为手动，V104 液位为 0 时关闭______及其前后阀 VD1065、VD1066。

④ 当 V104 液位 LIC1009 降至 0 时，关闭 P105 后阀 VD1031。

⑤ 停泵 P105；关闭泵 P105 前阀 VD1030。

⑥ 关闭 V104 液位调节阀______，关闭前后阀 VD1065、VD1066。

⑦ LIC1010 改为手动，关闭 D106 工业水补水阀______，关闭前后阀 VD1069、VD1070。

⑧ 关闭 P106 出口阀 VD1033。

⑨ 停泵 P106；关闭 P106 入口阀 VD1032。

⑩ 打开除氧器 D106 排液阀_____进行排液。

⑪ 除氧器 D106 液体排净后，关闭排液阀 VD1036；关闭放空阀 VD1034；关闭氮气阀 VD1009。

教师点拨 操作要点及注意事项。

1. 气化炉加减负荷控制要点见微课 7-5-1。
2. 中控操作员的岗位职责见微课 7-5-2。
3. 现场操作员巡检要点见微课 7-5-3。
4. 交接班要点见微课 7-5-4。
5. 停车后的工艺处理要点见微课 7-5-5。
6. 停车检查的内容及要点见微课 7-5-6。

微课 7-5-1 气化炉加减负荷控制要点

微课 7-5-2 中控操作员的岗位职责

微课 7-5-3 现场操作员巡检要点

微课 7-5-4 交接班要点

微课 7-5-5 停车后的工艺处理要点

微课 7-5-6 停车检查的内容及要点

任务评价

1. DCS 操作过程评价

练习得分：_______、_______、_______、_______、_______、_______

2. 学习成果自我评价

□已掌握正常停车相关操作　　□未掌握正常停车相关操作

□已熟悉设备的名称及位置　　□未熟悉设备的名称及位置

□已掌握该工艺流程　　□未掌握该工艺流程

3. 教师评价

□工作页已完成并提交　　□工作页未完成

□完成情况达标　　□完成情况不达标

□完成时间达标　　□完成时间不达标

□整体完成情况合格　　□整体完成情况不合格

任务提升

气化正常运行过程中，控制气化炉温度是核心。入炉氧气量和入炉煤浆量是调节气化炉温度的手段，专业术语为“氧煤比”。想一想，如果氧煤比过高会导致什么后果？氧煤比过低导致什么后果？

班级：__________　姓名：__________　学号：__________　日期：__________

任务六　煤气化 DCS 半实物仿真实训

任务内容

了解德士古实物模型；结合实物工厂，感知气化工段实际操作。

任务实施

1. 学生分组

根据生产模式，学员分成四组；一组负责中控操作、三组负责现场（分别负责一楼、二楼、三楼）操作。

2. 确认阀门状态

现场操作员根据表 7-6-1 查找阀门所在位置，并确认阀门状态，确认后，先填写自己的任务卡，然后报告中控操作员，由中控操作员汇总填写表 7-6-1，并检查所有阀门是否都已确认。

表7-6-1　阀门检查确认表

序号	名称	位号	楼层	阀门状态	确认人	确认时间
1	煤浆泵 P101 前阀	VD1001		关		
2	煤浆泵 P101 后阀	VD1002		关		
3	煤浆槽 V101 排液阀	VD1003		关		
4	激冷室黑水去 D102 阀门	VD1004		关		
5	高压氮气	VD1005		关		
6	氧气管线炉头阀	VD1006		关		
7	炉膛氮气吹扫阀	VD1007		关		
8	去抽引器阀门	VD1008		关		
9	测压氮气阀门	VD1009		关		
10	激冷水进 R101 阀门	VD1010		关		
11	泵 P103 前阀	VD1013		关		
12	泵 P103 后阀	VD1014		关		
13	T101 排液阀	VD1015		关		
14	T101 开车补水阀	VD1016		关		
15	泵 P102 前阀	VD1017		关		
16	泵 P102 后阀	VD1018		关		
17	预热水进装置阀门	VD1019		关		
18	泵 P102 循环阀	VD1020		关		
19	T101 氮气吹扫阀	VD1021		关		

续表

序号	名称	位号	楼层	阀门状态	确认人	确认时间
20	烧嘴冷却水入口三通阀	VD1022		关		
21	烧嘴冷却水出口三通阀	VD1023		关		
22	冷却水出口临时通路阀门	VD1024		关		
23	D104 开车补水阀	VD1025		关		
24	D102 蒸汽去 D106 阀门	VD1026		关		
25	D102 氮气吹扫阀	VD1027		关		
26	D103 冷凝液去 D106 阀门	VD1028		关		
27	D103 冷凝液去 V104 阀门	VD1029		关		
28	泵 P105 前阀	VD1030		关		
29	泵 P105 后阀	VD1031		关		
30	泵 P106 前阀	VD1032		关		
31	泵 P106 后阀	VD1033		关		
32	D106 放空阀	VD1034		关		
33	开工蒸汽进气阀	VD1035		关		
34	除氧器排液阀	VD1036		关		
35	煤浆流量控制阀前阀	VD1037		关		
36	煤浆流量控制阀后阀	VD1038		关		
37	氧气流量控制阀前阀	VD1039		关		
38	氧气流量控制阀后阀	VD1040		关		
39	氧气管线吹扫氮气压力控制阀前阀	VD1041		关		
40	氧气管线吹扫氮气压力控制阀后阀	VD1042		关		
41	激冷室液相出口流量控制阀前阀	VD1043		关		
42	激冷室液相出口流量控制阀后阀	VD1044		关		
43	激冷水流量控制阀后阀	VD1045		关		
44	激冷水流量控制阀前阀	VD1046		关		
45	T101 洗涤水流量控制阀前阀	VD1047		关		
46	T101 洗涤水流量控制阀后阀	VD1048		关		
47	托砖板冲洗水流量控制阀后阀	VD1049		关		
48	托砖板冲洗水流量控制阀前阀	VD1050		关		
49	T101 液位控制阀前阀	VD1051		关		
50	T101 液位控制阀后阀	VD1052		关		
51	T101 去 D102 流量控制前阀	VD1053		关		
52	T101 去 D102 流量控制后阀	VD1054		关		
53	D102 液位控制阀前阀	VD1055		关		
54	D102 液位控制阀后阀	VD1056		关		
55	D104 液位控制阀前阀	VD1057		关		

续表

序号	名称	位号	楼层	阀门状态	确认人	确认时间
56	D104 液位控制阀后阀	VD1058		关		
57	D103 液位控制阀前阀	VD1059		关		
58	D103 液位控制阀后阀	VD1060		关		
59	D102 压力控制阀前阀	VD1061		关		
60	D102 压力控制阀后阀	VD1062		关		
61	D104 压力控制阀前阀	VD1063		关		
62	D104 压力控制阀后阀	VD1064		关		
63	V104 液位控制阀前阀	VD1065		关		
64	V104 液位控制阀后阀	VD1066		关		
65	D106 压力控制阀前阀	VD1067		关		
66	D106 压力控制阀后阀	VD1068		关		
67	D106 液位控制阀前阀	VD1069		关		
68	D106 液位控制阀后阀	VD1070		关		
69	洗涤水流量控制阀前阀	VD1071		关		
70	洗涤水流量控制阀后阀	VD1072		关		
71	煤浆炉头阀	VA1001		关		
72	氧气管线进气阀	VA1002		关		
73	密封水槽进水阀	VA1003		关		
74	P103 水进激冷室阀门	VA1004		关		
75	激冷室氮气吹扫阀门	VA1005		关		
76	破渣机洗涤水阀门	VA1006		关		
77	托砖板冲洗水旁路阀	VA1007		关		
78	T101 开车排水阀	VA1008		关		
79	冷却水入口阀门	VA1009		关		
80	冷却水出口阀门	VA1010		关		
81	冷却水入口临时通路阀门	VA1011		关		
82	空气进气阀	VA1012		关		
83	D105 抽真空阀	VA1013		关		
84	E102 冷却水阀	VA1014		关		
85	D105 排液阀	VA1015		关		
86	V104 开车补水阀	VA1016		关		
87	V105 排液阀	VA1018		关		

3. 完成煤气化半实物仿真开车

中控操作员和现场操作员合作，完成煤气化半实物仿真开车，每完成一个步骤，由中控操作员及时填写表 7-6-2 的确认表。

表7-6-2　操作完成确认表

序号	操作内容	完成时间	操作人	确认人
1	现场学员完成现场阀门确认单			
2	建立预热水循环			
3	启动开工抽引，中控控制抽引压力在 -0.03MPa			
4	气化炉点火升温			
5	投用托砖板冲洗水			
6	投用破渣机			
7	投用烧嘴冷却水系统			
8	投用真空系统，控制真空闪蒸压力 -0.03MPa			
9	投用沉降槽耙料系统			
10	投用沉降系统			
11	投用除氧系统			
12	投用洗涤塔系统			
13	确认烘炉炉温达到 1050℃			
14	停用开工抽引系统			
15	氧气及燃烧室置换合格			
16	气化炉激冷室置换合格			
17	洗涤塔置换合格			
18	建立煤浆槽液位大于 30%			
19	启动高压煤浆泵，建立煤浆流量为 157.05t/h			
20	建立氧气流量为 107.42t/h			
21	气化炉投料：煤浆和氧气进入气化炉			
22	投料后调整气化炉激冷水量在 2600t/h			
23	烧嘴冷却水硬管切换			
24	系统升压和查漏，压力升至 1.0MPa、2.0MPa、3.0MPa、4.0MPa 时分别通知现场人员，对法兰部位进行查漏。有漏点，及时联系人员消除，没有漏点逐渐升压			
25	控制升压速率≤ 0.1MPa			
26	气化炉和洗涤塔压力升至 1.0MPa 时，将黑水切换至闪蒸系统			
27	调整工况至：煤浆槽液位为 50%、氧气进料量为 107.42t/h、气化炉温度为 1200℃、气化炉激冷室液位为 1000mm			

阅读材料

石油化工技术自主创新的先行者——闵恩泽

能把自己的一生与人民的需求结合起来，为国家的建设作贡献，是我最大的幸福。

——闵恩泽

闵恩泽（1924.2—2016.3）是我国炼油催化应用科学的奠基人、石油化工技术自主创新的先行者、绿色化学的开拓者，2007 年度国家最高科学技术奖获得者，中国科学院、中国工程院、第三世界科学院院士。他因病于2016年3月7日5时5分在北京逝世，享年 93 岁。

研发炼油催化剂，是闵恩泽院士事业的起点。催化剂技术是现代炼油工业的核心工序，被称作石化工艺的“芯片”。100 多年前，美国人率先用催化剂加工石油，从此决定了全世界炼油技术的方向。20 世纪 50 年代，中国完全没有研制催化剂的能力；60 年代，中国跃升为能够生产各种炼油催化剂的少数国家之一；80 年代，中国的催化剂超过国外水准；21 世纪初，中国的绿色炼油工艺开始走向工业化。这几次技术跨越，闵恩泽院士功不可没。值得一提的是，国际小行星中心 2010 年 9 月 23 日发布公报，将第 30991 号小行星永久命名为“闵恩泽星”。

一生四次转行　只为国家需要

1942 年，闵恩泽进入大学，在土木系读书。当时农业大省四川急需化肥专业人才，于是他在大学二年级时毅然转学化工。

1955 年 10 月，已经获得化学博士学位的他，辗转回到祖国。临危受命，开始进行催化剂研究。几年之后，终于成功研制出小球硅铝裂化催化剂、微球硅铝裂化催化剂等多种催化剂，解决了新中国在石油炼制方面的燃眉之急，填补了国内空白；后来，他又成功开发出钼镍磷加氢催化剂、一氧化碳助燃剂、半合成沸石裂化催化剂等，使我国的炼油催化剂品种更新换代，达到国际先进水平。20 世纪 90 年代后期，中国石化相继耗资 60 亿元，引进两套以苯和甲苯为原料的己内酰胺装置。但到 2000 年时这两套装置年亏损近 4 亿元。闵恩泽再次临危受命，转入他并不熟悉的化纤领域。他牵头组织全国的相关单位和人才联合攻关，指导开发成功“钛硅分子筛环己酮氨肟化”“己内酰胺加氢精制”“喷气燃料临氢脱硫醇”等绿色新工艺，仅花了 7 亿元就把引进装置的生产能力提高了 3 倍，而且从源头上消除了环境污染，使企业迅速扭亏为盈，开启了我国的绿色化工时代。

进入 21 世纪，能源危机日益凸显。年近八旬的他又把目光转向可再生的生物质能源开发，指导开发出“近临界醇解”生物柴油清洁生产新工艺，使我国在这一领域后来居上。

与闵院士共事 20 多年的何鸣元院士说，“搞科研的人往往强调兴趣。而闵先生则更强调社会需求。”面对赞誉，闵院士真诚地说：“能把自己的一生与人民的需求结合起来，为国家的建设作贡献，是我最大的幸福。”

“当团队头儿，就要学会吃亏”

闵院士的巨大贡献，不仅在于卓越的科研成果，更在于他带出了一支勇于攻关、善于团结、勤奋踏实的科研队伍，为石化研究储备了一个人才库。

这很大程度上归功于闵院士的“吃亏”哲学。何鸣元院士回忆道：“1984 年我回国之后，闵先生让我担任基础研究部的主任。他对我讲，当团队头儿，就要学会吃亏。第一位的是帮助别人出成果，而不是自己出成果。”

自 1978 年以来，闵院士共带出 20 多名博士研究生、16 名硕士研究生、10 名博士后，目前还在培养博士生。这些学生中，不少已经成长为我国石化领域的科研骨干和学术带头人。

闵院士说：“我还想做两件事。一件事是把我 50 多年的自主创新案例写下来，它贴近实际、真实生动，容易学习理解，可以培养创新型人才。另一件事就是面对油价飙升和大量进口石油的挑战，在利用生物质资源生产车用燃料和有机化工产品领域中继续努力，参加攻关和培养创新型人才。”

项目八

甲醇生产 DCS 半实物仿真操作与控制

知识导图

项目导入

甲醇（分子式 CH_3OH），又名木酒精或木醇，是一种透明、无色、易燃、有毒的液体，略带酒精味。熔点 -97.8℃，沸点 64.8℃，闪点 12.22℃，自燃点 47℃，相对密度 0.7915，爆炸极限为 6% ~ 36.5%，能与水、乙醇、乙醚、苯、丙酮和大多数有机溶剂混溶。甲醇是重要的有机化工产品，也是重要的有机化工原料，主要用于制造甲醛、乙酸、氯甲烷、甲氨、硫酸二甲酯等多种有机产品，也是农药、纤维、医药、涂料等的重要原料之一，同时也可代替汽油作燃料使用。甲醇的生产方法有很多，早期用木材或木质素干馏法制甲醇。目前工业上一般采用一氧化碳、二氧化碳加压催化氢化法合成甲醇。采用煤与焦炭作为制造甲醇粗原料气的主要固体燃料是近年来甲醇生产的主要方法，该工艺路线包括燃料的气化、气体的脱硫、变换、脱碳及甲醇合成与精制，涉及的单元操作种类也较多，因此选择煤制甲醇工艺软件开展半实物仿真教学既可以满足教学需求，又可以为学生毕业后进入工作岗位奠定基础。

本项目主要介绍甲醇合成与精制工段的工艺流程认知及半实物仿真系统的操作与控制。

学习目标

知识目标

熟悉甲醇合成与精制的原理。

掌握甲醇合成的工艺流程。

掌握甲醇精制双效三塔工艺的流程。

技能目标

能熟记甲醇合成与精制工段各参数的控制及关键步骤的操作。

能解决软件练习过程中出现的各种事故。

能在闭卷模式下完成整个软件并获得 80 分以上的成绩。

素质目标

树立节能减排、低碳环保的“双碳”意识。

具备积极探索、科学严谨的职业素养。

培养民族自信，锻造爱国情怀。

学习任务

任务一　甲醇合成与精制工艺流程认知

任务二　甲醇合成

任务三　甲醇精制

任务四　甲醇生产 DCS 半实物仿真实训

任务一　甲醇合成与精制工艺流程认知

任务内容

认识甲醇合成与精制的主要设备，识读甲醇合成与精制的工艺流程，绘制该生产的流程框图。

任务导入

查阅资料，了解甲醇的用途有哪些？列举出最重要的三个方面。

知识储备

一、甲醇合成概述

甲醇，又名木酒精或木醇，分子式为 CH_3OH，是重要的有机化工产品和原料，也是碳化工的基础。甲醇产品除少量直接用于溶剂、抗凝剂和燃料外，绝大多数被用于生产甲醛、乙酸、氯甲烷、甲氨、硫酸二甲酯等多种有机产品，也是农药、纤维、医药、涂料等的重要原料之一，还可代替汽油作燃料使用。

甲醇合成的方法有高压法、中压法和低压法。目前普遍采用的是低压法。低压法采用活性强的铜基催化剂，该方法消耗在副反应中的原料气和粗甲醇中的杂质都比较少，精制甲醇质量好，大大降低了生产过程中的温度和压力，易于操控，但设备庞大、生产能力较小且甲醇合成收率低。

二、甲醇合成及精制工艺流程

1. 原理

甲醇合成的主要原料是 CO、CO_2 和 H_2。在铜基催化剂作用下，采用 CO、CO_2 加压催化氢化法合成甲醇，在合成塔内发生的主要反应为：

$$CO_2 + 3H_2 \rightleftharpoons CH_3OH + H_2O + 49kJ/mol$$

$$CO + H_2O \rightleftharpoons CO_2 + H_2 + 41kJ/mol$$

总反应式为：

$$CO + 2H_2 \rightleftharpoons CH_3OH + 90kJ/mol$$

可以看出，甲醇合成实际上是一个放热、可逆且体积减小的反应。此外，反应过程中还伴随着副反应的发生，典型的副反应有：

$$2CO + 4H_2 \rightleftharpoons CH_3OCH_3 + H_2O$$

$$CO + 3H_2 \rightleftharpoons CH_4 + H_2O$$

$$4CO + 8H_2 \rightleftharpoons C_4H_9OH + 3H_2O$$

$$2CO + 2H_2 \rightleftharpoons CH_4 + CO_2$$

$$18CO + 27H_2 \rightleftharpoons C_{18}H_{18} + 18H_2O$$

$$CO_2 + H_2 \rightleftharpoons CO + H_2O$$

2. 工艺流程

彩图 8-1-1 甲醇合成与精制工艺总流程图

甲醇合成与精制工艺总流程图见彩图 8-1-1。合成塔入口气（H_2、CO 混合气）在进出料换热器 E401 中被合成塔出口气预热至 224.5℃后进入合成塔 R401，合成塔出口气由 255℃依次经进出料换热器 E401、甲醇水冷器 E402 换热至 40℃，与补加的 H_2 混合后进入甲醇分离器 V401，分离出的粗甲醇送往精馏系统进行精制。因甲醇合成的单程转化率较低，工艺气的大部分仍然未反应，为了使反应进行充分，提高气体转化率，节约原料，提高经济效益，V401 分离出的气相一小部分送往火炬，大部分作为循环气被送往压缩机 C401，被压缩的循环气与补加的混合气混合后经 E401 进入反应器 R401，回流也可以有效降低系统温度，节能降耗。

从甲醇合成工段来的粗甲醇进入粗甲醇预热器 E501 与预塔再沸器 E502 和边界来的蒸气进行换热后进入预塔 T501，经 T501 分离后，塔顶气相为二甲醚、甲酸甲酯、二氧化碳、甲醇等蒸气，经二级冷凝后，不凝气通过火炬排放，冷凝液中补充脱盐水返回 T501 作为回流液，塔釜为甲醇水溶液，经 P503 增压后用加压塔 T502 塔釜出料液在 E505 中进行预热，然后进入 T502。

经 T502 分离后，塔顶气相为甲醇蒸气，与常压塔 T503 塔釜液换热后部分返回 T103 回流，部分采出作为精甲醇产品，送中间罐区产品罐，塔釜出料液在 E505 中与进料换热后作为 T503 塔的进料。

在 T503 中甲醇与轻重组分以及水得以彻底分离，塔顶气相为含微量不凝气的甲醇蒸气，经冷凝后，不凝气通过火炬排放，冷凝液部分返回 T503 回流，部分采出作为精甲醇产品，送中间罐区产品罐，塔下部侧线采出杂醇油去回收。塔釜出料液为含微量甲醇的水，送污水处理厂处理。

三、甲醇合成及精制设备认知

如彩图 8-1-1 所示，甲醇合成及精制工段的主要设备包括甲醇分离器（V402）、甲醇合成塔（R401）、汽包（V401）、预塔（T501）、加压塔（T502）、常压塔（T503）及各类压缩机，换热器、透平机等。其中甲醇合成塔是甲醇合成的关键设备。选择稳定、节能、高产率、经济的合成塔对生产厂家至关重要，应从操作、结构、材料及维修等方面综合考虑。目前，广泛使用的甲醇合成设备主要有 ICI 多层冷激式绝热反应器和 Lurgi 管壳式反应器。

我可以 画出甲醇合成与精制的流程框图。

班级：__________ 姓名：__________ 学号：__________ 日期：__________

任务实施

1. 补充完整下列内容。

(1) 甲醇合成的主要原料是_______、_______和_______。

(2) 低压法合成甲醇常用的催化剂是_______。

(3) 甲醇合成的总反应方程式为______________________________________。

2. 在表 8-1-1 中，写出设备位号对应的设备名称，并将设备位号填写到总貌图中。

表8-1-1 设备表

设备位号	设备名称	设备位号	设备名称
V402		T502	
R401		T503	
T501			

3. 回答下列问题。

(1) 甲醇合成中原料气为什么要循环利用？

(2) 甲醇精制流程中有哪些主要分离设备？各有什么作用？

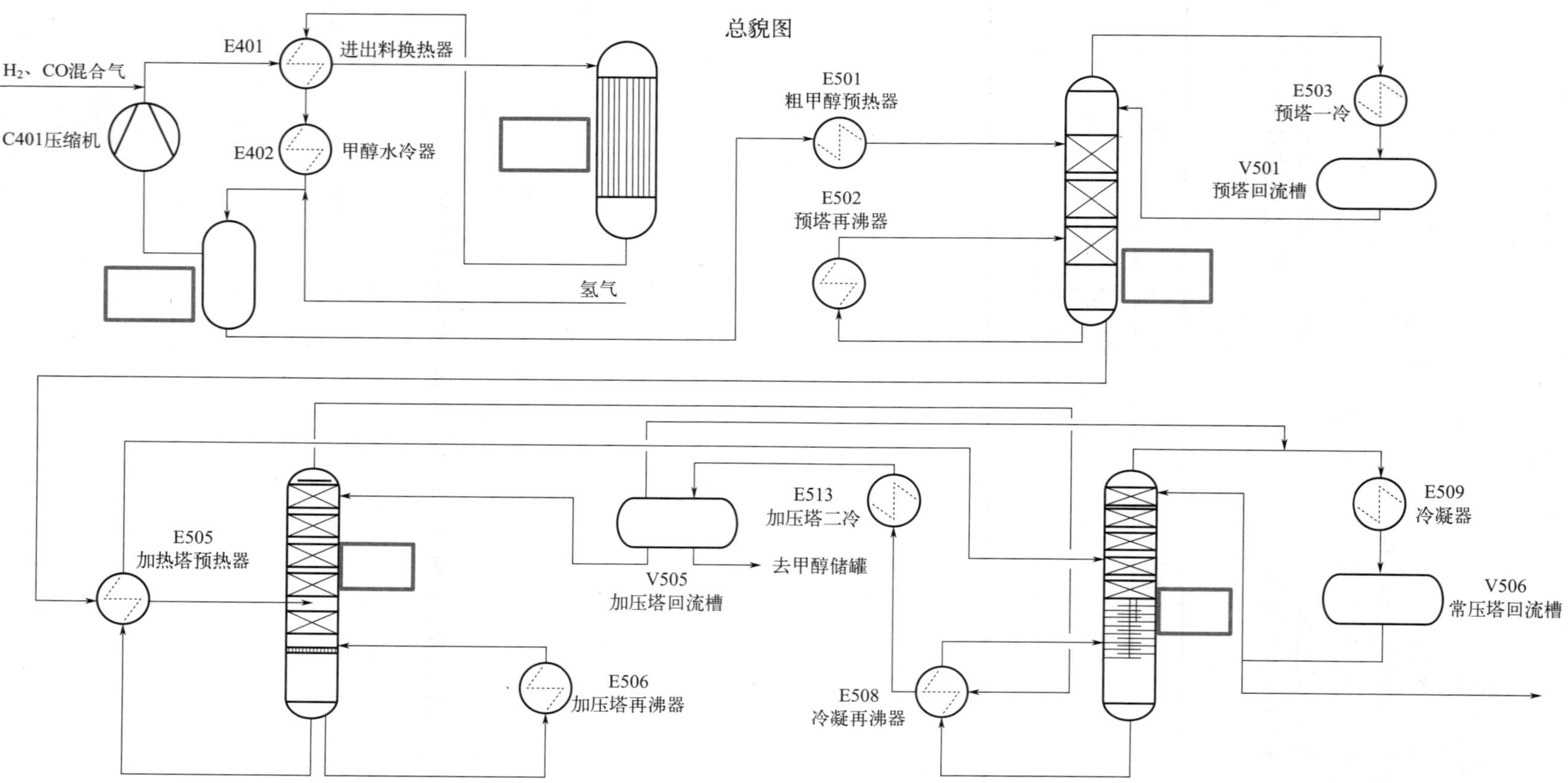
总貌图
H_2、CO混合气
C401压缩机
E401
进出料换热器
E402
甲醇水冷器
氢气
E501
粗甲醇预热器
E502
预塔再沸器
E503
预塔一冷
V501
预塔回流槽
E505
加热塔预热器
V505
加压塔回流槽
去甲醇储罐
E513
加压塔二冷
E506
加压塔再沸器
E508
冷凝再沸器
E509
冷凝器
V506
常压塔回流槽

任务评价

1. 学习成果自我评价

□已了解甲醇合成原理　　□未了解甲醇合成原理
□已熟悉设备的名称及位置　　□未熟悉设备的名称及位置
□已掌握甲醇合成与精制工艺流程　　□未掌握甲醇合成与精制工艺流程

2. 教师评价

□工作页已完成并提交　　□工作页未完成
□完成情况达标　　□完成情况不达标
□完成时间达标　　□完成时间不达标
□整体完成情况合格　　□整体完成情况不合格

任务提升

低压法合成甲醇即用一氧化碳与氢气为原料，在较低压力（5.0MPa）和 275ºC 左右的温度下，采用铜基催化剂（Cu-Zn-Cr）合成甲醇。甲醇低压合成法成功的关键是采用了铜基催化剂，它的活性和选择性比锌 - 铬催化剂活性好得多，使甲醇合成反应能在较低的压力和温度下进行。因此，消耗在副反应中的原料气和粗甲醇中的杂质都比较少。低压法合成工艺主要有英国帝国化学公司（ICI）和德国鲁奇公司（Lurgi）的合成工艺。

除低压气相合成法外，在此基础上还发展出一种压力为 10MPa 左右的甲醇中压合成法。它能更有效地降低建厂费用和甲醇生产成本。请查阅资料，了解甲醇中压合成法的优缺点。

任务二　甲醇合成

任务内容

在闭卷模式下，完成 DCS 仿真软件“合成工段”正常开车步骤的所有操作，软件步骤分能获得满分，并使质量操作评分系统中“H_2 置换充压”、“投原料气”和“甲醇合成塔升温”几个关键步骤变成绿色，完成时间不超过 20min（1200s）。

任务导入

查阅资料并回答：甲醇合成工段包含哪些关键性操作？

知识储备

一、甲醇合成工段流程简介

甲醇合成是强放热反应，进入催化剂层的合成原料气需先加热到反应温度（>230℃）才能反应，而低压甲醇合成催化剂（铜基催化剂）又易过热失活（>280℃），就必须将甲醇合成反应热及时移走。本反应系统将原料气加热和反应过程中移热结合，反应器和换热器结合连续移热，同时达到缩小设备体积和减少催化剂层温差的作用。低压合成甲醇的理想合成压力为 4.8 ～ 5.5MPa，在本仿真中，假定压力低于 3.5MPa 或温度低于 210℃时反应即停止。甲醇合成工段详细流程介绍见微课 8-2-1。

微课 8-2-1
甲醇合成
工艺流程

二、甲醇合成工段操作流程

甲醇合成工艺共包括 7 个操作步骤，分别为 N_2 置换、建立循环、建立汽包液位、H_2 置换充压、投原料气、甲醇合成塔升温和合成工段调至正常，甲醇合成工段半实物仿真工艺具体操作流程见微课 8-2-2。

微课 8-2-2
甲醇合成工
段半实物仿
真工艺操作
流程

三、甲醇合成工段参数控制

合成甲醇流程控制的重点是反应器的温度、系统压强及合成原料气在反应器入口处各组分的含量。

甲醇合成塔的温度主要通过蒸汽包来调节。操作过程中，如果合成塔的温度较高并且升温速度过快，此时可将蒸汽包蒸汽出口阀 PV4005 开度调大，增加蒸汽采出量，同时降低蒸汽包压强，使甲醇合成塔温度降低或温升速度变小。反之，如果甲醇合成塔的温度较低并且升温速度较慢，此时可将蒸汽包蒸汽出口阀调小，减少蒸汽采出量，缓慢升高蒸汽包压强，使甲醇合成塔的升温或降温速度减小。如果甲醇合成塔的温度仍然偏低或降温速度过快，还可通过开启开工蒸汽入口阀 VA4003 来调节，快速提高合成塔内温度。

合成塔内压强主要靠混合气入口流量（FIC4001）、H_2 入口流量（FIC4002）、放空量（PIC4004）以及甲醇在分离罐中的冷凝量（LIC4001）来控制。在原料气进入反应塔前设有一个安全阀（放空阀 VA4008），当系统压强超过 5.5MPa 时，安全阀会自动打开，当系统压强降回 5.5MPa 时，安全阀自动关闭，从而保证系统压强不至于过高。

合成原料气在甲醇合成塔入口各组分的含量是通过调节混合气入口控制阀 FV4001、H_2 入口流量控制阀 FV4002 以及循环量来控制的。冷态开车时，由于循环气的组成没有达到稳态时的循环气组成，需要慢慢调节才能达到稳态时的循环气组成。通过调节，使反应塔入口气中 H_2/CO 的体积比维持在（7 ～ 8）：1。随着反应进行，逐步投料至正常（FIC 控制约为 84.91t/h，FIC4002 控制约为 5.88t/h）。

我可以 简述调节甲醇合成塔入口气组成的方法。

拓展阅读

2022 年 11 月，国家能源集团 180 万吨 / 年煤制甲醇装置采用中国中化下属西南化工研究设计院有限公司（以下简称西南院）自主研发的 XNC-98-5 型甲醇合成催化剂实现满负荷生产；12 月，完成 72h 性能考核，各项工艺指标全部满足，单程转化率优于国外催化剂。这标志着我国大型煤制甲醇装置合成催化剂成功实现国产化。

由于我国“富煤、少油、缺气”的资源条件，充分利用煤制备甲醇等手段是弥补油气资源不足的重要途径。其中，催化剂是反应的关键，被称为“化工发动机”，而大型甲醇合成工艺包和催化剂，更被视为现代煤化工关键性技术难题之一。

西南院是国内知名的催化剂产品供应商，拥有自主研发的各类催化剂 50 余种。从 20 世纪 80 年代开始，西南院的催化剂累计出口 20 多个国家和地区，多项催化技术处于世界先进水平。近年来，西南院先后成功开发了一系列一段转化催化剂，应用于国内外 300 多套合成氨、甲醇、制氢装置。

为突破催化剂关键核心技术，西南院开发了多种系列中低压合成甲醇催化剂进行实验，本次实现国产化突破的中低压合成甲醇催化剂，各项技术经济指标达到且部分超过业内先进水平。

班级：__________　姓名：__________　学号：__________　日期：__________

任务实施

1. 记录“氮气置换和循环系统开车”操作时关键数据和位号。

（1）现场开启低压 N_2 入口阀 VA4004，向系统充 N_2，微开控制阀_____（10%）。

（2）在吹扫时，系统压力_____维持在 0.5MPa 附近，但不要高于 0.55MPa。

（3）当系统压力 PIC4004 和 PI4001、PI4003 接近 0.5MPa 时，关闭_____和_____，进行保压。

（4）保压一段时间（30s 以上即可），如果系统压力 PI4001 不降低，说明系统气密性较好，可以继续进行生产操作。

（5）打开甲醇水冷器冷却水入口阀_______，投用换热器 E402，使 TI4004 不超过 60ºC。

（6）开启空气压缩机，并全开压缩机出口流量控制_______，防止压缩机喘振，在压缩机出口压力 PI4006 大于系统压力 PI4002 且压缩机运转正常后关闭。

（7）开启循环气压缩机_____，待压缩机出口压力 PI4006 大于系统压力 PI4002 后，开启压缩机 C401 出口阀_____，打通循环回路。

2. 记录“建立汽包液位和氢气置换系统”操作时关键数据和位号。

（1）微开汽包 V401 的放空阀 VA4008。

（2）开启汽包 V401 锅炉水控制阀_____，将锅炉水引进汽包。

（3）当汽包液位接近 50% 时，LIC4002 投自动，如果液位难以控制，可手动调节。

（4）当汽包压力 PIC4005 超过 5.0MPa 时，汽包 V401 的放空阀_____会自动打开，从而保证汽包的压力不会过高，进而保证反应器的温度不至于过高。

（5）全开 H_2 进料控制阀 FIC4002，微开甲醇分离器压力控制阀_____，进行 H_2 置换，使 N_2 的体积含量在 1% 左右。

（6）充压至合成塔前混合气压力 PI4001 和出塔后反应气 PI4003 达到 2.0MPa，但不要超过_____。

（7）注意调节合成塔进气和出气的速度，使 N_2 的体积含量降至______，而系统压力 PI4001 升至 2.0MPa 左右。此时关闭 H_2 进料控制阀_____和压力控制阀 PIC4004。

3. 记录“投原料气和甲醇合成塔升温系统”操作时关键数据和位号。

（1）依次开启混合气进料控制阀前阀 VD4001、控制阀 FIC4001、后阀 VD4002。

（2）开启 H_2 进料控制阀_____。

（3）按照 H_2/CO 的体积比约为 7 ∶ 3 的比例，将系统压力缓慢升至 5.0MPa 左右（但不要高于 5.5MPa），将甲醇分离器压力控制 PIC4004 投自动，设为 4.9MPa。此时关闭 H_2 进料控制阀 FIC4002 和混合气。

（4）控制阀 FIC101，进行甲醇合成塔升温。

（5）开启甲醇合成塔开工蒸汽入口阀_______，注意调节其开度，使反应器温度 TI4006 缓慢升温至 230ºC。

（6）当 TI4005 接近_______时，开启汽包蒸汽出口压力控制阀 PV4005，并将 PIC4005 投自动，设为 4.3MPa，如果压力变化过快，可手动调节。

4. 记录“合成工段调至正常”操作时关键数据和位号。

（1）反应开始后，缓慢开启混合气控制阀_____和氢气控制阀_____。

（2）控制甲醇合成塔的出口压力为________MPa，然后打开粗甲醇采出控制阀前阀 VD4003 和后阀 VD4004。

（3）待甲醇分离器液位高于 30% 后，打开控制阀________，控制甲醇分离器液位为 50%，并将 LIC4001 投自动。

（4）随着反应进行，逐步投料至正常，控制混合气流量 FIC4001 为________t/h，达到后将 FIC4001 投自动。

（5）控制 H_2 流量 FIC4002 为______t/h，达到后将 FIC4002 投自动。

（6）将压缩机防喘振控制阀______投自动，并设定为 60t/h。

5. 操作中遇到的问题及解决方法。

教师点拨 任务实施过程中，是否有以下疑问？

1. 在进入甲醇分离罐之前为何设置甲醇水冷器（E402）？

答：合成反应过程释放大量的反应热，出合成塔的 120℃工艺气主要包括未反应的合成气和反应生成的气态甲醇蒸气，为了分离反应生成的甲醇需要将气态甲醇蒸气冷却至液相，因此在进入分离器之前设置水冷器。

2. 合成汽包加水为何是除盐水？

答：合成反应是放热反应，反应过程产生大量的热同时从化学平衡的角度来说需要将反应热及时移走，因此需要在汽包中补充大量的锅炉水提高锅炉水泵进行强制换热，及时将反应热移走。

汽包内高温高压条件因此对水质要求较高，需要无氧或者低氧、去除钙镁离子等盐类的锅炉水。

任务评价

1. DCS 操作过程评价

练习得分：________、________、________、________、________、________

错误步骤及出错原因分析：

2. 学习成果自我评价

□已了解甲醇合成工艺流程　□未了解甲醇合成工艺流程

□已熟悉 DCS 控制点位及阀门位置　□未熟悉 DCS 控制点位及阀门位置

□软件操作已完成　□软件操作未完成

□软件操作已取得满分　□软件操作未取得满分

3. 教师评价

（1）软件操作成果评价

练习次数	第一次	第二次	第三次	第四次	第五次
开卷 / 闭卷					
得分					
操作时间					
错误步骤					

（2）本次任务最终完成情况评价

□闭卷　□开卷

□分数达标　□分数不达标

□完成时间达标　□完成时间不达标

□整体完成情况合格　□整体完成情况不合格

任务提升

为了保证合成反应热能及时顺利地移出，汽包必须保证有一定的液位，同时为了确保汽包蒸汽的及时排放，防止蒸汽出口管中带水，汽包液位又不能超过一定的高限。试回答：蒸汽包液位如何控制？

任务三　甲醇精制

任务内容

在闭卷模式下，完成 DCS 仿真软件“甲醇精制工段预塔开车”和“甲醇精制工段加压塔和常压塔开车”冷态开车步骤的所有操作，软件步骤分能获得满分，完成时间不超过 20min（1200s）。同时能够熟练完成预精馏塔（简称预塔）操作系统、加压塔和常压塔操作系统调至正常这几个关键步骤的操作，完成时间不超过 20min（1200s）。

任务导入

结合所学专业知识，并通过查阅相关资料，简述精馏中回流的作用。

知识储备

下面对甲醇精制工艺流程进行介绍。

图 8-3-1 为精制工段预塔现场图，从甲醇合成工段来的粗甲醇进入粗甲醇预热器 E501 与预塔再沸器 E502 和加压塔再沸器 E506 来的冷凝水进行换热，预热至 70℃ 左右的粗甲醇补加碱液后进入预塔（T501），经预塔 T501 精馏分离后，塔顶气相为二甲醚、甲酸甲酯、二氧化碳、甲醇等蒸气，经二级冷凝后，不凝气通过火炬排放，冷凝液中补充脱盐水（防止设备结垢）返回预塔 T501 作为回流液，塔釜为甲醇水溶液，经粗甲醇塔底泵 P503 增压后用加压塔 T502 塔釜出料液在加压塔预热器 E505 中进行预热，然后进入加压塔 T502 中进行精馏。

图 8-3-2 为甲醇精制工段加压塔现场图，经加压塔 T502 分离后，塔顶气相为甲醇蒸气，与常压塔 T503 塔釜液换热经加压塔二冷后去加压塔回流罐 V505，加压塔回流罐 V505 中甲醇部分返回加压塔 T502 作为回流液进行回流，部分采出作为精甲醇产品去甲醇储罐。

图 8-3-3 为甲醇精制工段常压塔现场图，常压塔塔釜出料液在加压塔预热器 E505 与进料液换热后作为常压塔 T503 的进料。在常压塔 T503 中甲醇与水以及其他重组分得以彻底分离，塔顶气相为含微量不凝气的甲醇蒸气，经冷凝后，不凝气通过火炬排放，冷凝液部分返回常压塔 T503 作为回流液进行回流，部分采出作为精甲醇产品去甲醇储罐。常压塔塔釜出料液为含微量甲醇的水，送污水处理厂处理。甲醇精制工艺流程示意图见动画 8-3-1。

动画 8-3-1 甲醇精制工艺流程示意图

甲醇合成与精制过程中需要消耗大量能量，并产生废气、废液等有害废弃物，如果不及时采取有效的应对措施，将浪费大量资源并给自然生态环境造成污染。因此，对甲醇的合成与精制工艺技术需要不断优化和创新，对生产过程中产生的废气、废液等进行优化处理，降低其对生态环境的污染，实现资源的循环使用，为节约型、环保型社会的建立夯实基础。

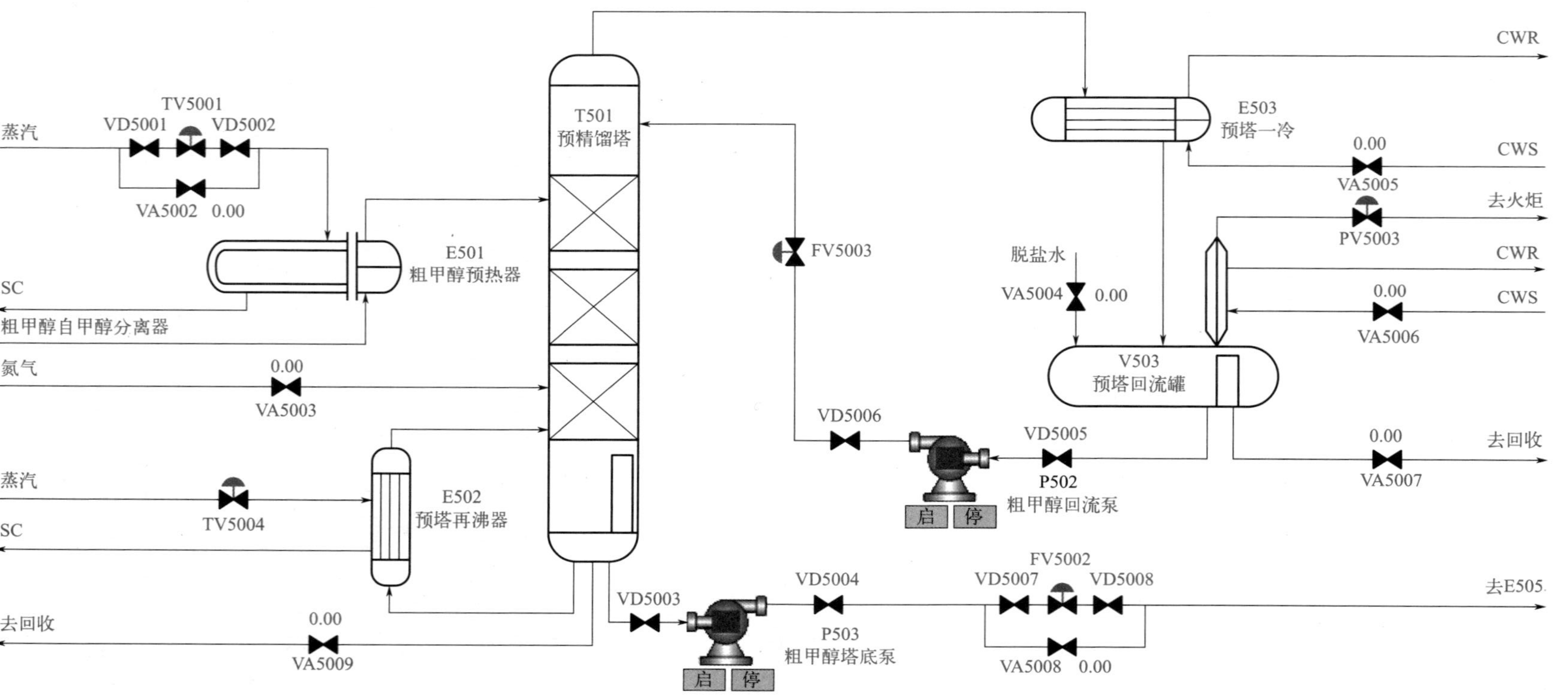

图 8-3-1　精制工段预塔现场图

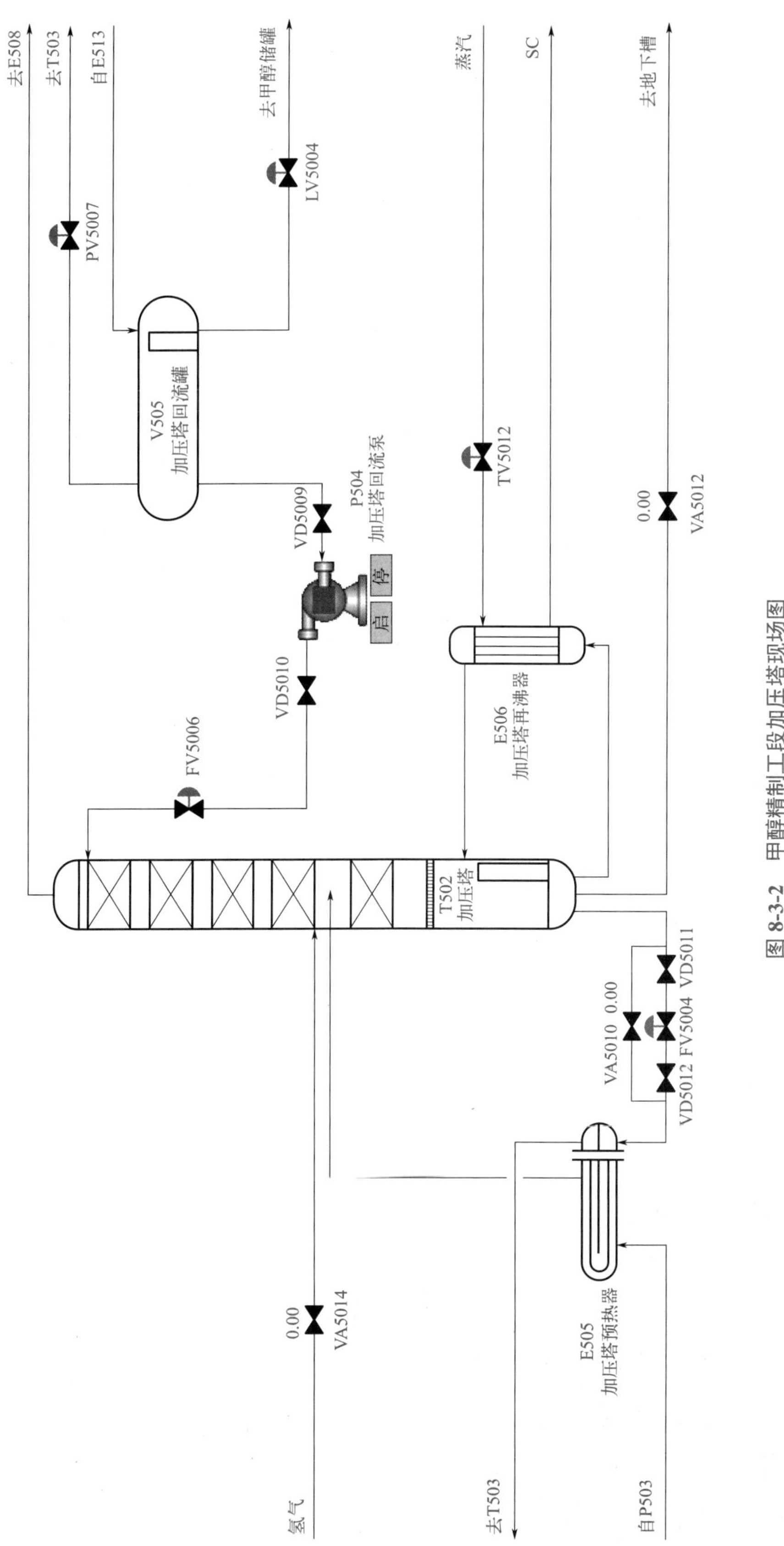

图 8-3-2　甲醇精制工段加压塔现场图

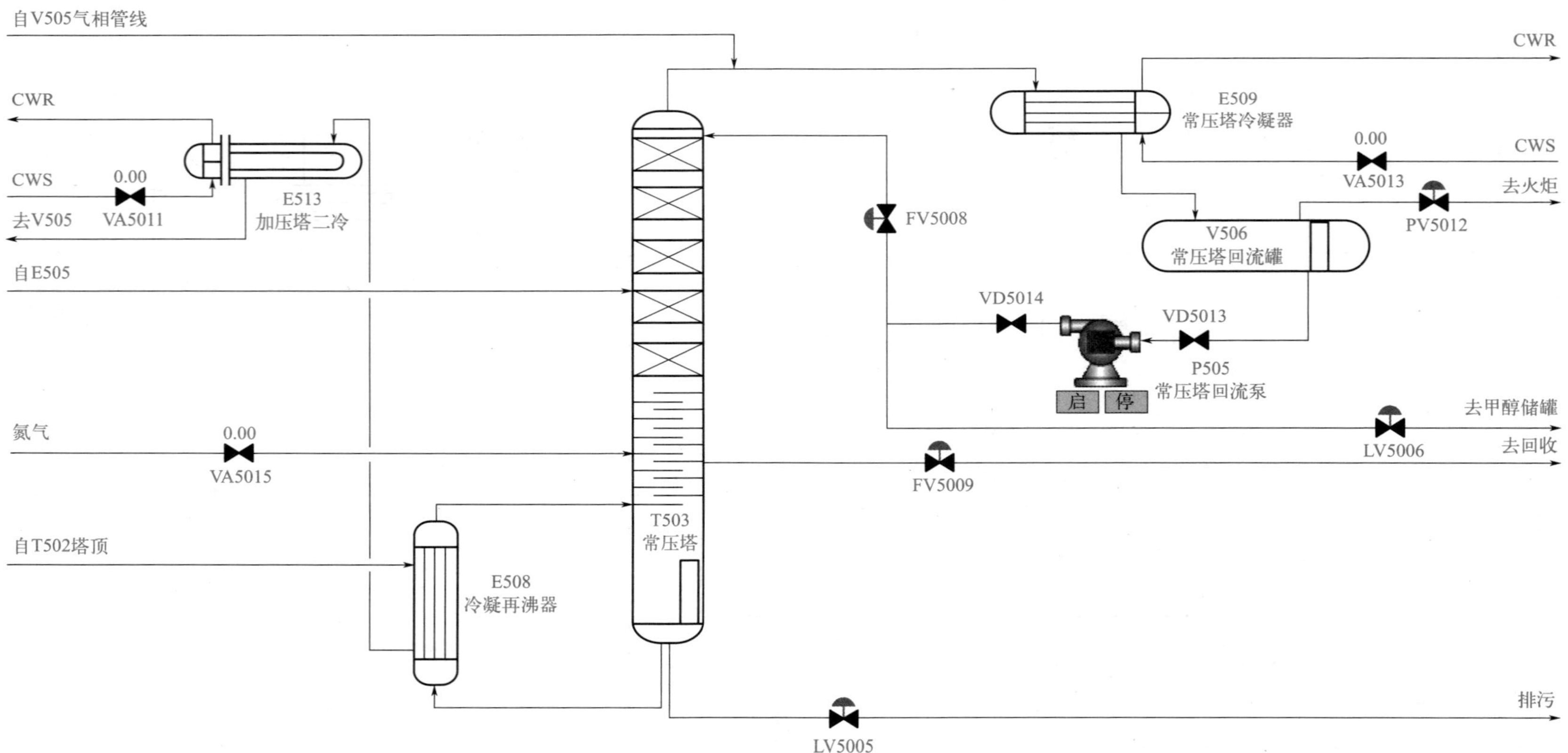

图 8-3-3 甲醇精制工段常压塔现场图

班级：＿＿＿＿＿＿　姓名：＿＿＿＿＿＿　学号：＿＿＿＿＿＿　日期：＿＿＿＿＿＿

任务实施

1. 在表 8-3-1 中，填写设备位号对应的设备名称。

表8-3-1　设备位号表

设备位号	设备名称	设备位号	设备名称
E501		E502	
T501		V503	
E505		E506	
T502		V505	
E508		E509	
T503		V506	

2. 记录关键数据和位号。

（1）“预塔系统开车”关键数据和位号

① 打开粗甲醇塔底泵 P503 的入口阀 VD5003，待预塔液位高于＿＿＿后，启动泵 P503，并打开粗甲醇塔底泵 P503 的出口阀 VD5004。

② 打开预塔塔釜出料控制阀 FV5002 的前阀 VD5007 和后阀 VD5008，然后打开控制阀 FV5002，向＿＿进料。

③ 打开 E501 的蒸汽进口控制阀＿＿＿＿＿的前阀 VD5001 和后阀 VD5002；打开＿＿＿＿，对粗甲醇进料进行预热。

④ 待预塔液位超过 20% 后，缓慢打开预塔再沸器＿＿＿＿＿的蒸汽进口控制阀 TV5004。

⑤ 打开并调节预塔回流槽排气控制阀＿＿＿＿，使预塔压力维持在 0.03MPa。

⑥ 当预塔回流槽有液体时，打开脱盐水阀＿＿＿至 50%，补充脱盐水。

⑦ 打开预塔回流泵 P502 入口阀 VD5005，待预塔回流槽液位高于 15% 后，启动泵＿＿＿。

⑧ 打开预塔回流泵 P502 出口阀 VD5006，缓慢开启＿＿＿＿控制 V503 液位在 40% 以上。

（2）“预塔系统调至正常”关键数据和位号

① 预塔进料温度 TIC5001 控制在 72℃，将＿＿投自动。

② 预塔塔顶压力 PIC5003 控制在 0.03MPa，将＿＿投自动。

③ 预塔回流槽液位 LIC5002 控制在 50%，将＿＿投自动；将 FIC5003 投串级。

④ 预塔液位 LIC5002 控制 50%，将＿＿投自动；将 FIC5002 投串级。

⑤ 预塔塔底温度 TIC5004 控制在 77.4 ℃，将＿＿投自动。

（3）“加压塔和常压塔系统开车”关键数据和位号

① 打开加压塔塔釜出料控制阀＿＿的前阀 VD5011 和后阀 VD5012。

② 待加压塔液位高于 20% 后，打开出料控制阀 FV5004，向常压塔＿＿。

③ 待常压塔液位超过 50% 后，打开侧线采出阀_____；打开塔釜出料阀_____。

④ 待加压塔液位超过 20% 后，打开 E506 的蒸汽进口控制阀_____。

⑤ 打开加压塔塔顶不凝气排气阀_____，使常压塔回流槽压力维持在 0.01MPa。

⑥ 当加压塔回流槽有液体时，开回流泵 P504 入口阀_____；待加压塔回流槽液位高于 15% 后，启动泵_____。

⑦ 打开加压塔回流泵 P504 出口阀_____。

⑧ 缓慢开启_____控制加压塔回流槽 V505 液位在 40% 以上。

⑨ 待加压塔回流槽 V505 无法维持时，逐渐打开_____，采出精甲醇产品。

⑩ 当常压塔回流槽有液体时，开回流泵 P505 入口阀_____。

⑪ 待常压塔回流槽液位高于 15% 后，启动泵_____；打开常压塔回流泵 P505 出口阀_____。

⑫ 开启_____控制常压塔回流槽 V506 液位在 40% 以上。

⑬ 待常压塔回流槽 V506 液位无法维持时，逐渐打开_____，采出精甲醇产品。

(4) “加压塔和常压塔系统调至正常”关键数据和位号

① 加压塔塔底温度 TIC5012 控制在 134.8 ºC，将_____投自动。

② 加压塔塔顶压力 PIC5007 控制在 0.65 MPa，将_____投自动。

③ 加压塔回流槽液位 LIC5004 控制在 50%，将_____ 投自动。

④ 加压塔塔顶回流量_____投自动，设为 51.43t/h。

⑤ 加压塔液位 LIC5003 控制在 50%，将_____投自动；将 FIC5004 投串级。

⑥ 常压塔塔顶压力 PIC5012 控制在 0.01 MPa，将_____投自动。

⑦ 常压塔回流槽液位 LIC5006 控制在 50%，将_____投自动。

⑧ 常压塔塔顶回流量 FIC5008 投自动，设为 9.13t/h。

⑨ 常压塔液位 LIC5005 控制在 50%，将_____投自动。

⑩ 常压塔侧线采出量控制为 7.16t/h；将 FIC5009 投自动。

教师点拨 任务实施过程中，是否有以下疑问？

1. 预塔回流槽加除盐水的作用是什么？

答：为了萃取粗甲醇中的高沸点的杂质，当粗甲醇中添加水后产生分层，高沸点的杂质漂浮在甲醇上面，在回流槽液面采出从而达到分离除杂的目的。

2. 预塔设置二级冷却的目的和作用是什么？

答：第一级冷凝温度较高，减少返回塔内的轻组分，以提高预精馏后甲醇的稳定性；第二级为常温尽可能回收甲醇。

任务评价

1. DCS 操作过程评价

练习得分：______、______、______、______、______、______

错误步骤及出错原因分析：

2. 学习成果自我评价

□已了解甲醇精制的工艺流程　□未了解甲醇精制的工艺流程

□已熟悉 DCS 控制点位及阀门位置　□未熟悉 DCS 控制点位及阀门位置

□软件操作已完成　□软件操作未完成

□软件操作已取得满分　□软件操作未取得满分

3. 教师评价

(1) 软件操作成果评价

练习次数	第一次	第二次	第三次	第四次	第五次
开卷 / 闭卷					
得分					
操作时间					
错误步骤					

(2) 本次任务最终完成情况评价

□闭卷　□开卷

□分数达标　□分数不达标

□完成时间达标　□完成时间不达标

□整体完成情况合格　□整体完成情况不合格

任务提升

1. 正常生产时，影响精馏液位的主要因素有哪些？

2. 甲醇三塔精馏中，气液分离器将预塔放空气进行气液分离，回收部分甲醇、杂醇，降低甲醇损耗，其液位变化间接反映了精馏系统操作稳定性和隐患问题，若预塔回流罐 V503 液位持续下降，可采取哪些措施？

班级：__________　姓名：__________　学号：__________　日期：__________

任务四　甲醇生产 DCS 半实物仿真实训

任务内容

了解甲醇合成与精制工艺实物模型；结合实物工厂，感知甲醇合成与精制工段实际操作。

任务实施

1. 学生分组

根据生产模式，学员分成四组；一组负责中控操作、三组负责现场（分别负责一楼、二楼、三楼）操作。

2. 确认阀门状态

现场操作员根据表 8-4-1 查找阀门所在位置，并确认阀门状态，确认后，先填写自己的任务卡，后报告中控操作员，由中控操作员汇总填写表 8-4-1，并检查所有阀门是否都已确认。

表8-4-1　阀门检查确认表

序号	名称	位号	楼层	阀门状态	确认人	确认时间
1	混合气进料控制阀旁路阀	VA4001		关		
2	分离器出料控制阀旁路阀	VA4002		关		
3	开工蒸汽进料阀	VA4003		关		
4	低压 N_2 进料阀	VA4004		关		
5	甲醇水冷器冷却水入口阀	VA4005		关		
6	甲醇合成塔排污阀	VA4006		关		
7	蒸汽包排污阀	VA4007		关		
8	蒸汽包放空阀	VA4008		关		
9	混合气进料控制阀前阀	VD4001		关		
10	混合气进料控制阀后阀	VD4002		关		
11	分离器出料控制阀后阀	VD4003		关		
12	分离器出料控制阀前阀	VD4004		关		
13	压缩机出口阀	VD4005		关		

续表

序号	名称	位号	楼层	阀门状态	确认人	确认时间
14	粗甲醇预热器蒸汽进料控制阀旁路阀	VA5002		关		
15	脱盐水阀	VA5004		关		
16	预塔一冷冷却水进口阀	VA5005		关		
17	预塔二冷冷却水进口阀	VA5006		关		
18	预塔回流槽排污阀	VA5007		关		
19	加压塔进料控制阀旁路阀	VA5008		关		
20	预塔排污阀	VA5009		关		
21	粗甲醇预热器蒸汽进料控制阀前阀	VD5001		关		
22	粗甲醇预热器蒸汽进料控制阀后阀	VD5002		关		
23	加压塔 P503 进料泵前阀	VD5003		关		
24	加压塔 P503 进料泵后阀	VD5004		关		
25	预塔回流泵 P502 后阀	VD5005		关		
26	预塔回流泵 P502 前阀	VD5006		关		
27	加压塔进料控制阀前阀	VD5007		关		
28	加压塔进料控制阀后阀	VD5008		关		
29	加压塔出料控制阀旁路阀	VA5010		关		
30	加压塔排污阀	VA5012		关		
31	加压塔回流泵 P504 后阀	VD5009		关		
32	加压塔回流泵 P504 前阀	VD5010		关		
33	加压塔出料控制阀后阀	VD5011		关		
34	加压塔出料控制阀前阀	VD5012		关		
35	加压塔氮气充压阀	VD5015		关		
36	加压塔二冷冷却水进口阀	VA5011		关		
37	常压塔冷凝器冷却水进口阀	VA5013		关		
38	常压塔回流泵 P505 后阀	VD5013		关		
39	常压塔回流泵 P505 前阀	VD5014		关		
40	常压塔氮气吹扫阀	VD5017		关		

3. 完成甲醇合成半实物仿真开车

中控操作员和现场操作员合作，完成甲醇合成半实物仿真开车，每完成一个步骤，由中控操作员及时填写确认表 8-4-2。

表8-4-2　操作完成确认表1

序号	操作内容	完成时间	操作人	确认人
1	现场学员完成现场阀门确认单			
2	建立 N_2 置换，将系统压力维持在 0.5MPa，并进行系统保压			
3	建立循环，投用换热器 E402，维持 TI4004 不超过 60℃			
4	建立汽包液位，利用中控控制液位在 50%			
5	H_2 置换充压，使 N_2 的体积含量在 1% 左右			
6	投原料气，按照 H_2 和 CO 的体积比约为 7 ∶ 3，将系统压力缓慢升至 5.0MPa			
7	甲醇合成塔升温，利用中控控制蒸汽出口压力 4.3MPa，同时控制合成塔温度为 255℃			
8	开车后将合成工段调至正常			

4. 完成甲醇精制半实物仿真开车

中控操作员和现场操作员合作，完成甲醇精制半实物仿真开车，每完成一个步骤，由中控操作员及时填写操作完成确认表 8-4-3。

表8-4-3　操作完成确认表2

序号	操作内容	完成时间	操作人	确认人
1	现场学员完成现场阀门确认单			
2	预塔进料，进料温度为 72℃			
3	预塔液位超过 20% 时，开启泵 P503			
4	加压塔进料			
5	加压塔液位超过 20% 后，向常压塔进料			
6	控制常压塔液位为 50%			
7	开启预热器控制阀，对粗甲醇进行预热			
8	维持预塔压力在 0.03MPa			
9	维持加压塔回流槽压力在 0.065MPa			

续表

序号	操作内容	完成时间	操作人	确认人
10	维持常压塔回流槽压力在 0.01MPa			
11	预塔回流槽有液体时，补充脱盐水			
12	控制预塔回流槽 V503 液位在 40% 以上			
13	控制加压塔回流槽 V505 液位在 40% 以上			
14	控制常压塔回流槽 V505 液位在 40% 以上			
15	开车后将精制工段调至正常			

阅读材料

石油领域的战略科学家——侯祥麟

侯祥麟（1912.04—2008.12），广东省汕头市人，石油化工专家，我国石油化工技术的开拓者之一。他领导团队成功研制原子弹工业分离铀-235 装置急需的油品和导弹所需的特种润滑油、脂；指导研究解决了国产喷气燃料对喷气发动机镍铬合金火焰筒的烧蚀问题；带领团队成功研究出催化重整、催化裂化、尿素脱蜡、焦化和相关催化剂、添加剂等 5 项重大新技术；组建石油科研机构；多次参与国家和部门科技发展规划的制订、协调和实施；多次获得国家及省部级奖励。侯祥麟 1955 年当选为中国科学院院士，1994 年当选为中国工程院院士。

我国 20 世纪五六十年代曾遭遇过西方国家的禁运，面临国内油品缺口严峻考验。时任国务院副总理的聂荣臻写信给石油工业部部长余秋里，信中说："航空油料仍完全依赖进口，煤油的技术问题还未解决，汽油只能生产部分型号，润滑油也有不少问题。这些情况使人担心，一旦进口中断，飞机就可能被迫停飞，某些战斗车辆就可能被迫停驶。"于是，侯祥麟带领研究团队勇挑重任，最终攻克了这一战略资源的"卡脖子"问题，为我国战略资源自主可控立下汗马功劳。他不仅精通技术，带领团队攻克技术难关，还高瞻远瞩谋划资源可持续发展，更在国际舞台拓展中国石油技术的影响力，是公认的石油领域的战略科学家。

我出去的目的就是为了回国

1912 年，侯祥麟在广东汕头出生。1925 年冬，13 岁的他听从父亲的安排去上海求学。1931 年，他考取了燕京大学化学系。受到马克思主义著作《资本论》和《反杜林论》以及进步报刊的影响，侯祥麟很早就认识到只有坚持马列主义的中国共产党才能真正肩负起抗日救国的使命。1938 年 4 月，他加入了中国共产党。1944 年 12 月，在党组织的支持下，侯祥麟留学美国。1945 年至 1948 年，他就读于美国卡乃基理工学院化学工程系，并获博士学位。

在美留学期间，他始终不忘求学初心——学习先进技术为祖国服务。与此同时，他也并没有只顾埋头念书，还注重深入实践了解美国社会。毕业后侯祥麟虽然获得了麻省理工学院副研究员的职位，但这并没有动摇他回国的决心。1950 年，在历时一个多月的航程后，他回到了百废待兴的祖国。后来有人问起他为什么当时选择回到一穷二白的祖国时，他坚定地说："为祖国的建设贡献力量是我的信念，是必须做的事。我出去的目的就是为了回国。"

油是战略物资

20 世纪 60 年代初，航空煤油进口锐减，全国性"油荒"蔓延。当时许多汽车顶着大煤气包在路上跑，比这更严峻的是，油料缺乏正直接威胁着国家的经济建设和国防安全。我国飞机所用的航空煤油一直靠进口，军用和民航飞机所用煤油的国产化迫在眉睫。

形势紧迫，侯祥麟组织起 6 个研究室的力量，与国内有关科研单位合作，亲自带领科研人员不分黑夜白昼地攻关，哪怕除夕夜也是在实验室里度过。经过了无数次失败，他们不断分析、总结、再尝试、再探索，“苦心人天不负”，终于找到了航空煤油烧蚀问题的原因。侯祥麟又一鼓作气带领大家研制出了用于解决这一问题的添加剂配方，终于攻下了生产航空煤油这个技术难题。

1959 年，为配合中国原子弹、导弹和新型喷气飞机的研制任务，侯祥麟又承担了制造特殊润滑油的紧迫任务。当时科研工作处于数据匮乏和技术力量薄弱的困境，还要随时面临中毒和爆炸的威胁，但即便这样，侯祥麟仍咬紧牙关，毫不松懈地带领大家反复研究实验。他们终于在 1964 年生产出了合格的全氟润滑油，确保了原子弹的爆炸成功，也使我国成为世界上仅有的几个能生产全氟碳油的国家之一。后来，也是在他的带领下，科研人员又研制成功了新型地地导弹和远程导弹所需的各类润滑油。为解决国内炼油技术落后提出的“五朵金花”（20 世纪 60 年代，人们借用电影《五朵金花》这个名称，把流化催化裂化、催化重整、延迟焦化、尿素脱蜡以及有关催化剂、添加剂 5 项炼油工艺攻关新技术，合称为“五朵金花”）炼油技术也在他的带领下研发成功。从那时开始，我国的炼油技术水平大大提升，炼油工艺技术实现了重大飞跃，接近国际先进水平。炼油技术的进步使当时我国的汽油、煤油、柴油、润滑油四大类产品产量达到 617 万吨，自给率达到 100%。

我现在考虑 2050 年以前，石油怎么解决供需的问题

1978 年，66 岁的侯祥麟被任命为石油工业部副部长，他开始关注全国石油战略的调整和发展，调整国家石油战略，应对国际能源危机。

经过多年的科研攻关和实践的积累，他提出了“把大型的炼油厂和以石油为原料的化工厂实行统一指挥、统一销售、统一外贸，同时加强原油深度加工”的思路。在领导的支持下，侯祥麟到上海高桥地区 8 家企业调查研究，他建议在这一地区组建跨部门、跨行业的联合企业。1981 年，国务院批准原来分属各部和地方的 8 家企业联合，组建上海高桥石化公司，在中国开创了资源整合、机构改革的先河。这一举措开启了系统整合的思路，不仅使资源得到了有效利用，也给企业和职工带来了经济效益。后来，侯祥麟还与有关部门领导和专家几经酝酿，提出建议，将原属中央几个部和地方的以石油为原料的炼油、化工、纺织三大领域的企业联合为一个经济实体，1983 年，中国石油化工总公司应运而生。几年后，中国石化工业成为我国发展最快、效益最好的支柱产业之一。

晚年的侯祥麟还组织负责了“中国可持续发展油气资源战略研究”工作。他以高度的责任心投入工作，深入思考研究思路和重点，做好统筹。虽然年事已高，但他并未放松对自己的要求，仍保持一贯严谨细致的工作作风，深入每一个专题，广泛听取大家的意见，面对面地提出指导意见并反复推敲研究数据。“中国可持续发展油气资源战略研究”咨询项目也成为我国支撑“十一五”发展规划和实现小康社会发展决策的重要依据之一。

这位当时已经年逾 90 高龄的科学家，在与课题组讨论时说：“咱们课题组只研究

到 2020 年，而我国油气资源供应最困难的时候应该是 2020 年到 2040 年之间，我们要考虑到 2050 年该怎么办？”在场的年轻人无不感到震惊。

尽管作出了卓越贡献，侯祥麟却很“平淡”地回顾自己的一生：“我深感国家的命运就是我们个人的命运。作为一个中国人，我为今天的中国感到骄傲；作为一名有着 60 多年党龄的中国共产党党员，我对我的政治信仰始终不悔；作为新中国的科学家，我对科学的力量从不怀疑，我为自己一生所从事的科学工作感到欣慰。”

参考文献

[1] 王绍良 . 化工设备基础 [M].3 版 . 北京：化学工业出版社，2020.

[2] 陈炳和，许宁 . 化学反应过程与设备 [M].4 版 . 北京：化学工业出版社，2020.

[3] 向丹波 . 化工操作工必读 [M].2 版 . 北京：化学工业出版社，2018.

[4] 武平丽 . 仪表选用及 DCS 组态 [M]. 北京：化学工业出版社，2019.

[5] 刘强 . 化工过程安全管理实施指南 [M]. 北京：中国石化出版社，2014.

附表

DCS 操作过程记录表

班级：____________ 姓名：____________ 学号：____________ 日期：____________

项目（　　　　　　　　　）任务（　　　　　　　　　）

练习得分：_______、_______、_______、_______、_______、_______

错误步骤及出错原因分析：

研讨记录表

时间		地点	
主题			
研讨过程			
研讨结论			